国家科学技术学术著作出版基金资助出版

安徽省矿产地质志系列成果

安徽南部典型金矿成矿系统

杨晓勇　段留安　吴礼彬　聂张星　王光杰　孙卫东　著

国家重点研发计划"深地资源勘查开采"重点专项（2016YFC0600404）
国家自然科学基金项目（41673040、41372087）
中国地质调查局项目（DD20190379-13、DD20208006）　　　　　资助
安徽省国土资源科技项目（2011-K-8、2014-K-4、2016-K-1）

U0303856

科 学 出 版 社

北 京

内 容 简 介

本书是第一部专门研究安徽省金矿床的专著。主要围绕安徽省近年来发现的具有一定规模的独立岩金矿床，依据大量的野外地质事实和找矿实践，配合成矿地球化学数据研究资料，系统总结了安徽南部金成矿条件和时空分布规律，划分了成矿远景区。本书主要对典型金矿地质特征进行了细致描述，配合年代学、元素–同位素地球化学等研究成果，进一步丰富和深化了该地区的成矿理论。

本书可供从事矿产勘查的地质勘查单位、科研单位，地质专业大学生、研究生和教师阅读参考，也可供一线生产单位参考。

图书在版编目(CIP)数据

安徽南部典型金矿成矿系统／杨晓勇等著.—北京：科学出版社，2020.6

（安徽省矿产地质志系列成果）

ISBN 978-7-03-065164-8

Ⅰ.①安… Ⅱ.①杨… Ⅲ.①金矿床–成矿系列–研究–安徽
Ⅳ.①P618.51

中国版本图书馆 CIP 数据核字（2020）第 085504 号

责任编辑：王 运／责任校对：张小霞
责任印制：吴兆东／封面设计：铭轩堂

科 学 出 版 社 出版

北京东黄城根北街 16 号

邮政编码：100717

http://www.sciencep.com

北京建宏印刷有限公司 印刷

科学出版社发行 各地新华书店经销

*

2020 年 6 月第 一 版 开本：787×1092 1/16
2020 年 6 月第一次印刷 印张：14 1/4 插页：5
字数：350 000

定价：139.00 元
（如有印装质量问题，我社负责调换）

序

　　《安徽南部典型金矿成矿系统》在近年来对安徽省独立的岩金矿床科学研究和生产实践的基础上，总结和梳理了安徽南部地区金成矿地质背景、物化探条件，选取近年来新发现的典型独立的有一定规模的岩金矿床做了科学研究和分析，对该区金成矿条件、成矿规律、时空分布规律等做了分析研究总结，划分了 5 个金预测远景区，并指出了每个预测区的找矿方向，同时提出了抛刀岭金矿深部和外围为下一步工作的重点靶区。该书填补了安徽省没有专门针对金矿床研究专著的空白。

　　作者针对皖南地区金及多金属矿构造背景、成矿物质来源、成矿条件等开展了系统深入的研究。主要对与成矿有关的侵入岩开展研究，重点研究了与 Au 成矿密切的燕山期花岗岩，从年龄、地球化学属性、同位素等多个指标开展测试分析，获得了大批测试数据。对矿床地质特征、成矿条件和控矿因素开展研究，对矿床形成的时代精确定年，在这些研究成果的基础上，开展矿床成矿机理的研究，对矿床成矿物质来源和演化及与成矿系统演化和矿体定位关系进行探讨；比较系统地总结区域成矿规律，初步建立区域矿床成矿模型，提出了皖南地区有利的金矿成矿远景区。

　　从工作方法上看，作者进行了大量的地球化学测试，包括主微量元素、同位素和年代学的工作，开展地球物理方法验证，取得了一批高精度的岩石-同位素地球化学数据，研究成果总体居于国内领先水平，为区域金多金属成矿和找矿提供了科学依据和理论支持。

　　杨晓勇教授近年来在安徽沿江及皖南地区开展了深入的研究，取得了可喜的成果。据我所知，他主持了多项国家自然科学基金和省部级科研项目，获得了安徽省自然科学奖二等奖等多项科技奖励，先后在《国际地质论评》组织出版了长江中下游地区和华南燕山期岩浆岩及多金属成矿专辑，发表了数十篇高水平的科学论文，受到业内人士的好评。相信该专著的出版，会对安徽南部地区的金矿成矿理论的探索及找矿实践有指导和借鉴价值，在此大力推荐。

中国科学院院士
中国工程院院士
2020 年 2 月

前　言

安徽省地处华东腹地，承东启西，跨江近海，是长三角经济区重要的能源、钢铁、有色金属、化工原料、建材基地，是国家中部崛起战略重点发展区域，是连接东部和西部地区的重要纽带，区位条件十分优越。矿产资源丰富、矿种多，已发现矿产158种（含亚种），列入资源储量表89种，煤炭、铜矿、铁矿是优势矿产，截至2015年底，全省查明资源储量的固体矿产地1437处，其中大型矿床241处、中型矿床297处、小型矿床389处。但是金矿资源储量相对全省其他金属矿种或全国金矿资源储量来讲还是比较小的，发现的金多以共（伴）生形式产于铜铁硫矿床中，具有分布散而广、储量小、独立金矿少、共（伴）生金矿多，且主要分布在安徽南部地区的特点。长期以来前人以铜–铁–硫矿床为主要研究对象的专著、论文等科研成果丰富，理论指导实践意义重大，然而以金为主要研究对象的成果少之又少，尤其是关于独立的岩金矿床研究的专著基本是空白。本书是第一部专门针对安徽省金矿床进行系统研究的专著。

本书主要在近年来对安徽省独立的岩金矿床的科学研究和生产实践的基础上，收集了部分地质同行关于该类型金矿的成果资料，总结和梳理了安徽南部地区金成矿地质背景、物化探条件，选取近年来新发现的典型独立的有一定规模的岩金矿床（铜陵杨冲里、贵池抛刀岭、休宁天井山、泾县乌溪等金矿）做了科学研究和分析，同时对休宁上村—白石坑、绩溪和阳—榧树坑、休宁冯村—汪村、东至中畈等金矿床（点）做了成果介绍，通过前述工作，对该区金成矿条件、成矿规律、时空分布规律等做了分析研究总结，划分了5个金预测远景区，并指出了每个预测区的找矿方向，同时提出了抛刀岭金矿深部和外围为下一步工作的重点靶区。

本书共6章，第1章由杨晓勇执笔；第2章由吴礼彬执笔；第3章由段留安、杨晓勇、聂张星、王光杰、孙卫东共同执笔；第4章、第5章、第6章由段留安、杨晓勇执笔。段留安对全书各章进行了统稿、校对；杨晓勇对全书进行了审定。此外，本书的多数地球化学图件及原始数据资料，都是来源于我们在国内外公开发表的论文，为了节约版面，大部分原始数据没有附在书中，但对于数据的来源，我们在图件说明中均写了详细的出处，便于读者查找。

本书在成稿过程中得到了安徽省地质矿产勘查局311、313、321、322、324、332等地质队和华东冶金地质勘查局综合地质大队，武警黄金第六、第七及第十一支队等有关单位及同行的帮助，李双、古黄玲、邓江洪、亓华盛博士及万芬、胡青、郭云成硕士等也给予了帮助，安徽省冠华稀贵金属集团公司、泾县鑫洲黄金有限责任公司、休宁黄山黄金有限公司等相关矿山部门在成书过程中也给予了大力支持，在此深表感谢。

李曙光院士、翟明国院士审定了专著初稿，并热情推荐申报国家科学技术学术著作出版基金，使得本书获得出版资助；安徽省地质调查院杜建国总工程师对本书初稿进行了审定，并提出宝贵意见和建议；谨此一并致以最衷心的感谢！

常印佛院士对本研究进行了长期指导，并热情洋溢地为本书作序，特此致谢。

由于作者水平有限，书中不当或疏漏之处敬请读者批评指正。

目 录

第1章 绪 论

1.1 安徽南部成矿背景

皖浙赣地区是我国华南一个重要的 Au、Ag、Cu、Pb、Zn、W、Mo、Sb 成矿区带,安徽南部地区先后发现了东源、白石岗、天井山等多处有重要经济价值的钨钼金等多金属矿床(点),尤其是近年来发现了抛刀岭、杨冲里、渚湖岭、赵家岭等一批独立的岩金矿床(图版Ⅰ-1),显示出该地区较好的金成矿潜力。随着邻省金矿找矿突破(如江西金山金矿),在位于同一构造单元的皖南地区开展金矿的综合性研究显得尤为迫切。进一步完善对本区金成矿条件认识,深化本区金成矿规律,将有助于为区域金及多金属矿找矿突破奠定基础。

狭义的皖南地区是指周王断裂以南、高坦断裂以东,直至浙赣两省省界的广大地区。本书研究的范围略大于上述范围,大体为周王断裂以南、长江深断裂以东的安徽省内南部行政区域,即黄山市、池州市、宣城市、铜陵市四个区域,研究范围重点为黄山市休宁县、祁门县、黄山区,宣城市宣州区、泾县、宁国市、绩溪县、郎溪县,池州市东至县、贵池区、青阳县、石台县及铜陵地区等。本书研究涉及的主要金矿类型为蚀变岩型、石英脉型、斑岩型、中低温热液型等独立的岩金矿床等。

1.2 国内外金矿床研究现状及发展动态

1.2.1 剪切带与金成矿

在全球范围内,与剪切带相关的金矿床普遍发育。世界上许多大型、超大型金矿床或金矿带的产出均与大型线性剪切带构造密切相关。自从 1986 年加拿大国际金矿床讨论会召开以来,特别是 Bonnemaison 首先提出"含金剪切带型金矿"的概念后,国内外的研究者们对该类金矿床开展了大量研究(Burrows and Jemielita, 1989)。不同级别剪切带构造控制着矿化集中区矿床、矿体的分布,矿脉形态、产状、矿化类型和韧性剪切带有着空间上的密切联系,具有上部石英脉型、中部石英细脉薄脉型、下部构造蚀变岩型金矿的矿化分带模式。

近年来构造蚀变岩金矿成矿理论方面不断取得新认识和新进展,在金矿勘探方面取得了许多新突破,在前寒武纪剪切带中发现了许多大型、超大型金矿床,并相继发现一批世界级的构造蚀变岩型金矿,如加拿大阿比蒂比金矿,探明储量近 2000t,成为加拿大最大的金矿(Ercier-Langevin et al., 2007)。剪切带内金的聚集,就是通过构造应力作用–热液蚀变发生的，简称为构造蚀变岩型金矿。该类型金矿主要发育在太古宙—元古宙绿岩带中，如南非、澳大利亚、加拿大等大型克拉通地区，普遍形成大型-超大型金矿。构造蚀变岩型金矿在我国也是重要的金矿类型，如秦岭、胶东、新疆等地也相继发现多处大型构造蚀变岩型金矿（白凤军，1999；尹意求等，2004；崔来运，2005；王庆飞等，2007；汪在聪等，2008）。特别是胶东地区，在没有充分认识到这类金矿化之前，金矿储量和产量的提高一直受到很大的制约，因为传统的找金都局限于石英脉型金矿。构造蚀变岩型金矿理论获得突破之后，胶东的金矿找矿取得长足进展，连续实现多个超（特）大型金矿的找矿突破。秦岭地区的前河金矿床，矿体赋存于低绿片岩相变质的中元古界熊耳群安山质火山岩地层中，严格受断裂控制，也是此类型（张灯堂等，2014）。

　　江南古陆东南缘（赣浙皖相邻区的安徽境内），属于扬子准地台与华南褶皱系的结合部位。晋宁运动结束了华夏古陆向江南古陆俯冲、碰撞和拼贴过程，导致了扬子板块呈准稳定状态，并开始了稳定地块的盖层沉积发育新阶段（陈江峰，1989；邢凤鸣等，1991，1992）。晋宁期后的皖南及其东南侧的华南地区属于边缘海域，具有多列沟、弧、盆体系和小型地块的复杂大陆边缘特征，它是 Rodinia（罗迪尼亚）超大陆裂解后的不同陆块（如扬子陆块、华夏陆块等）的大陆边缘沉积，经 830~780Ma 之晋宁运动期碰撞造山，进而构成新元古代中-晚期扬子古陆新的增生大陆边缘（王自强等，2012）。加里东运动-印支运动使三叠纪以前的沉积盖层普遍发生大规模的褶皱和断裂，形成了一系列北东向和北东东向展布的褶皱断裂带，燕山运动转入大陆边缘活动带，以强烈差异性块断运动为主（杨四春，2009）。本区域经历了多期次构造、岩浆和成矿活动，是我国重要的有色及贵金属成矿带（图 1-1）。

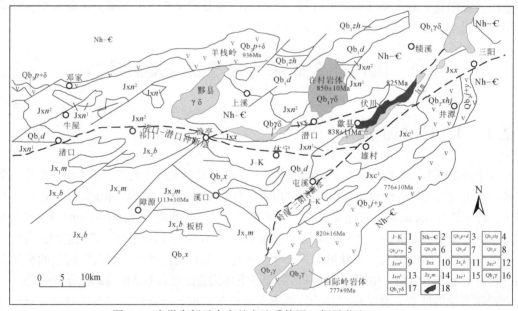

图 1-1　安徽南部元古宙基底地质简图（据马荣生，2002）

1. 侏罗系—白垩系；2. 南华系—寒武系；3. 铺岭组-邓家组；4. 周家村组；5. 井潭组-营川组；6. 镇头组；7. 大谷运组；8. 小练岩组；9. 牛屋岩组上段；10. 西村岩组；11. 板桥岩组；12. 昌前岩组上段；13. 牛屋岩组下段；14. 木坑岩组；15. 昌前岩组下段；16. 青白口纪晚期花岗岩；17. 青白口纪早期花岗岩；18. 蛇绿岩块

20世纪80年代以来，在江南地块变质基底上的金矿找矿获得重大突破，相继在江西金山和湖南沃溪、雪峰山地区找到一批大型、特大型构造蚀变岩型金矿床。同时还发现一些中小型金矿点，如：桂北的福平包、麻岭界、分水坳、潘内、岩山背、金石和浙江的庙下畈金矿等（莫江平等，2007）。这说明，江南地块前寒武纪变质基底具备优越的成矿地质条件和巨大的找矿前景。江南古陆过渡带安徽段的金矿以天井山金矿为代表，也是一个典型的石英脉+构造蚀变岩型金矿（段留安等，2011）。在金矿的构造–岩浆–蚀变等矿化条件上，天井山金矿与邻省浙江诸暨庙下畈、璜山金矿和江西金山金矿等类似。这些金矿往往和区域韧性剪切带密切相关，具有一些共同的规律：

（1）剪切带构造与金矿关系密切，深断裂控制着金矿化集中区，次级、更次级脆–韧性剪切带控制着矿床和矿体分布，以及与矿脉形态、产状和矿化类型有空间上的密切联系。

（2）剪切带中金矿类型可以细分为石英脉型、石英细脉–薄脉型和构造蚀变岩型金矿，与秦岭地区的同类型金矿矿化很相似。通过野外观察发现，金矿体严格受韧性剪切带或构造破碎带控制。构造带的蚀变类型以硅化、钾长石化、绢云母化为主，次为高岭土化；金属矿化主要有黄铁矿化、方铅矿化、褐铁矿化等。而与金矿化关系最为密切的是硅化、绢云母化、黄铁矿化，可以作为金矿找矿标志。薄片观察发现有绿泥石±绿帘石±钠长石±阳起石±绢云母±石英等矿物组合，并保留清晰的交织、斑状等变余火山结构和变杏仁状构造。杏仁体中充填着大量不规则状肉红色钾长石及少量石英、绿帘石、绿泥石、方解石等新生热液矿物，部分杏仁体还显示出黄铁矿等金属硫化物的矿化痕迹。

1.2.2 斑岩与金成矿

斑岩型矿床是世界上最重要的铜钼和铜金矿床成矿类型。自1905年第一个斑岩型矿床——美国犹他州宾厄姆（Bingham）铜金矿（金储量933t）发现以来，Sillitoe基于大量弧环境斑岩型矿床研究而建立了经典斑岩铜成矿模型（Sillitoe，1972），后来在环太平洋成矿带斑岩型矿床的勘查中取得了重大突破（如Mitchell and Garson，1972；Jorhan et al.，1983；Bektas et al.，1990；芮宗瑶等，2004a，b），陆续发现一大批超大型富金斑岩矿床，如印度尼西亚的Grasberg（格拉斯伯格）（2500t），巴布亚新几内亚的Panguna（潘古纳）（766t），阿根廷的Bajo de la Alumbrera（下德拉阿伦布雷拉）（516t），菲律宾的Lepanto-FSE（远东南）（441t），印度尼西亚的Batu Hijau（巴都希贾乌）（366t），巴布亚新几内亚的Ok Tedi（奥克特迪）（287t）。

1.2.2.1 分布特点与产出的大地构造环境

斑岩型矿床主要产于大洋板片俯冲产生的岛弧和陆缘弧环境。陆缘弧环境的经典成矿省包括安第斯中部（如阿根廷Bajo de la Alumbrera，Marte等矿床）（Guilbert，1995；Camus et al.，1996）、美国西部（如Bingham，DosPobers矿床）（Tooker et al.，1990；Babcock et al.，1995）和巴布亚新几内亚—印度尼西亚伊利安爪哇（如Grasberg，Oki Tedi，Freida River矿床等）（Macdonald and Arnold，1994；Rush and Seegers，1990；Clark et al., 1990），岛弧环境的斑岩型矿床则环绕西太平洋广泛分布，如印度尼西亚的 Batu Hijau 和菲律宾的 Lepanto-FSE 等（Meldrum et al., 1994）。从全球范围看，斑岩型矿床多形成于古近纪和新近纪（64%），成矿年龄为 1.2 ~ 38 Ma，含矿斑岩多属钙碱性（岛弧）和高钾钙碱性（陆缘弧），矿带规模均为世界级，单个矿床的铜储量多在 1000 万 t 以上，品位变化于 0.46% ~ 1.30%，金储量在 300t 以上（300 ~ 2500t），品位为 0.32×10^{-6} ~ 1.42×10^{-6}（Kerrich et al., 2000）。由此说明岛弧和陆缘弧环境具有产出斑岩型矿床的巨大成矿潜力（侯增谦，2004）。当然不是所有的岛弧和陆缘弧环境都产出斑岩型矿床。有火山成因块状硫化物矿床（VMS）产出的岛弧环境，通常不发育斑岩型矿床。例如日本古近纪和新近纪岛弧，大量发育黑矿型（Kuroko-type）块状硫化物矿床（Cathles et al., 1983），却一直没发现工业规模的斑岩型矿床。Uyeda 和 Kanamori（1979）对此解释为：发育弧间裂谷为标志的张性弧，产出 VMS 矿床；以发育中酸性火山岩浆岩套为特征的压性弧，产出斑岩型矿床。

近年来发现大陆碰撞造山带也是斑岩型矿床产出的重要环境，例如藏东玉龙和冈底斯斑岩铜矿带就是其典型代表（Hou et al., 2003, 2004）。这两大成矿带均产于印度板块和亚欧板块碰撞形成的喜马拉雅-西藏造山带，但形成于碰撞造山的不同阶段和不同环境。藏东玉龙斑岩铜矿带长约 300km，宽 15 ~ 30km，铜储量在 1000 万 t 以上，其中玉龙铜矿铜储量在 628 万 t，伴生 Au 约 100t，具有世界级规模（芮宗瑶等，1984；唐仁鲤和罗怀松，1995）。成矿带分布于碰撞造山带东缘的构造转换带，成矿系统发育于大陆强烈碰撞后的应力释放期或压扭向张扭转换期（图 1-2a）（Hou et al., 2004）。冈底斯斑岩铜矿带东西延伸约 350 km，南北宽约 80km，铜资源量在 1000 万 t 以上，具有世界级矿带的潜力远景（曲晓明等，2001）。该成矿带发育于碰撞后地壳伸展环境（图 1-2b）（侯增谦，2004）。

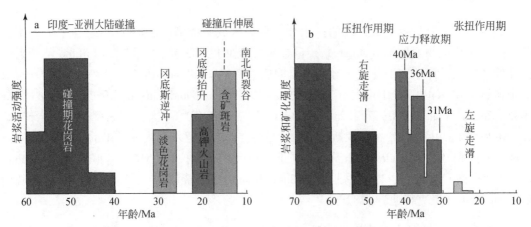

图 1-2　青藏高原碰撞造山带构造岩浆事件与斑岩成矿作用的关系（Hou et al., 2004）

a. 冈底斯带岩浆事件的年代格架及其与斑岩铜矿关系；b. 青藏高原东缘构造岩浆事件的年代
格架及其与玉龙斑岩铜矿带的关系

总之，斑岩型矿床既可以产出于弧造山环境（弧造山型斑岩矿床），也可形成于碰撞造山环境（碰撞造山型斑岩矿床）。

1.2.2.2 含矿斑岩特征及其与同期火山岩的关系

富金斑岩型矿床通常在地壳浅部（1~2km）侵位（芮宗瑶等，2003），与同期的火山岩紧密共生。而典型的斑岩型铜钼矿床多形成于地壳浅部 1~3km 深度内，并不总伴有同期火山岩。且这些与富金斑岩型铜矿床共生的火山岩在成分上具有典型的安山质–英安质或者粗面安山质–安粗质特征，通常形成层状火山地貌，但其地貌特征一般只有部分被保存。圆柱状垂向延伸（1~2km）的斑岩体是富金斑岩型铜矿床的中心，包含全部或者大部分的矿石，直径范围通常从 100m 到大于 1km。而且通常是复式的，早期的斑岩体被成矿期和成矿后的岩相侵入，导致岩体幕式的膨胀（inflation）。后期的斑岩相常侵入到早期岩体的轴部，从而形成鸟巢状套合的几何特征（nested geometry）（李金祥等，2006）。

与富金斑岩型矿床成因相关的斑岩体属于 I 型、磁铁矿系列，具有高氧化性的特征（Ishihara，1981，1988；Blevin，2004）。斑岩体的岩性变化范围从低钾钙碱性闪长岩、石英闪长岩和英云闪长岩到高钾钙碱性石英二长岩再到碱性的二长岩及正长岩。而且，Blevin（2004）研究表明，富金斑岩型铜矿床与氧化性高、分异演化程度较低的花岗闪长质岩浆（闪长质斑岩等）有关；而斑岩型钼矿床主要与氧化性较低、高度演化的花岗质岩浆（花岗质的斑岩等）有关；斑岩型锡矿床主要与高度分异演化、还原性的花岗质岩浆（流纹英安质斑岩）有关（图 1-3）。

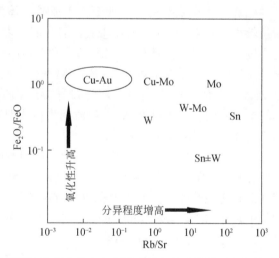

图 1-3 花岗质岩浆分异程度和氧化状态与斑岩型矿床的矿化类型之间的关系（李金祥等，2006）

与富金斑岩型铜矿有关的斑岩 $w(SiO_2)$ <65%，分异系数 DI 较低（58~70）；而与铜–钼矿床有关的斑岩 $w(SiO_2)$ >65%，DI 较高（68~80）；而斑岩型钼矿床的斑岩大多 $w(SiO_2)$>70%，DI 最高（>84）（Lang et al.，1995；芮宗瑶等，2004b）（图 1-4）。由此可见，富金斑岩型铜矿床的形成对斑岩体的岩性有选择性，多偏中性或碱性且分异程度较低（李金祥等，2006）。

热液爆破角砾岩常常与富金斑岩型铜矿床共生，包含早期正岩浆期、后期火山喷气期和岩浆蒸气期（phreatomagmatic）产物，以及最后形成的火山通道。角砾岩通常形成较

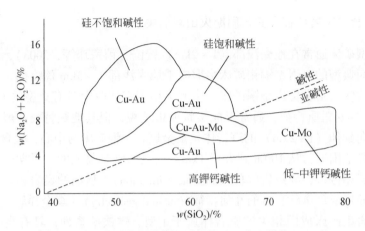

图 1-4　斑岩型矿化与岩浆性质的关系（李金祥等，2006）

早，是典型的中期岩浆侵入体相的岩浆流体释放的产物。热液爆破角砾岩金属含量通常较高，高于周围的网脉状、浸染状的矿化，如加拿大西岸 Mount Polley 铜金矿区。

1.2.2.3　矿床特征

据 Gustafson 和 Hunt（1975）、Beane 和 Titley（1981）、Sillitoe 和 Gappe（1984）、李金祥等（2006）等文章，总结斑岩矿床主要的特征如下：①成矿岩体为中性到长英质岩石，直径小（<2km）；②侵位较浅，一般为 1~4km；③成矿岩体具斑状结构，长石、石英和镁铁矿物斑晶被细晶基质包围；④侵入体具多相特征，可以有成矿前、成矿期和成矿后的侵入相，晚期火山角砾岩筒是西太平洋火山弧背景的标志特征；⑤每个成矿侵入体都伴随多期次热液蚀变；⑥在斑岩侵入体和邻近围岩中广泛发育裂隙构造控制的蚀变和矿化；⑦早期为不连续不规律的细脉和网脉（A 型网脉），过渡期为板状细脉（B 型脉），晚期为贯入脉（D 型脉）和角砾岩体，呈递进演变；⑧热液蚀变从早期的中心钾硅酸盐化和外围青磐岩化，演变为晚期的绢云母化，中深程度的黏土化；⑨硫化物和氧化物，从早期斑铜矿–磁铁矿，经黄铜矿–黄铁矿，向晚期黄铁矿–赤铁矿、黄铁矿–硫砷铜矿或黄铁矿–斑铜矿组合演变；⑩早期蚀变和铜矿化温度范围主要集中在 400~600℃，据最新的研究，最高温度可达 800℃；成矿流体为 $w(NaCl)=30\%~60\%$ 的岩浆水，晚期蚀变和矿化流体包括大气降水组分，盐度低（<15%），温度低（200~400℃）。

1.2.2.4　找矿标志及规律

前面从含矿斑岩的产出背景、与同期火山岩的关系、矿床特征，对不同构造环境下的含矿斑岩岩石地球化学特征等进行了综述。其目的为：一是在今后生产实践过程中准确判别斑岩的属性、产出背景、成矿流体来源、矿床成因等，方便对假定的斑岩体做科学研究；二是为生产实践服务，理论指导实践，为高效地质找矿提供科学决策，进而为国民经济做出贡献。

1. 地质标志

几乎所有的富金斑岩型矿床都符合一个统一的模式（图 1-5），该模式与斑岩型铜矿床模式几乎没有什么不同。金-铜矿化位于复合斑岩岩株中心，复合斑岩岩株在横剖面上呈环形到卵圆形，至少在 2km 范围内基本上是直立的。这些岩株一般包含成矿期间和成矿晚期的 2 个相，这 2 个相含少量的金和铜，因为它们是在蚀变-矿化过程中晚期侵位的。晚期斑岩脉通常沿先期岩株轴带侵入。矿化可能主要局限在岩株内（如格拉斯伯格），或者明显延伸到围岩中（如菲什湖、圣托马斯Ⅱ）。大多数矿床位于与岩株大致同期的火山岩中，铜和金出现在钾硅酸盐蚀变中，并叠加在从现代地表到至少 2km 深的中等泥质蚀变之上，而其他矿床则产在较老的"基底"岩石中。在斑岩型铜-金成矿系统内，金与铜密切相关，而且一般是非线性的。特别是以铜为主的斑岩矿床中，金与铜的关系更为密切。黑云母是普遍存在的钾硅酸盐蚀变矿物，并可能与钾长石和（或）阳起石伴生。绝大多数斑岩型铜-金矿床都产有网状石英细脉，而且它们是主要含金和铜的载体。值得注意的是，绝大多数矿床中热液磁铁矿作为成矿前和成矿期金属细脉和浸染颗粒构成的矿石占矿石总体积 5% 以上。钾硅酸盐蚀变向外逐渐变为绿磬岩化蚀变；绢云母化蚀变和（或）最内部的绿磬岩化蚀变通常与黄铁矿晕吻合。少部分矿床最上部附近保存有泥质岩盖的残余，说明矿床剥蚀程度较深。

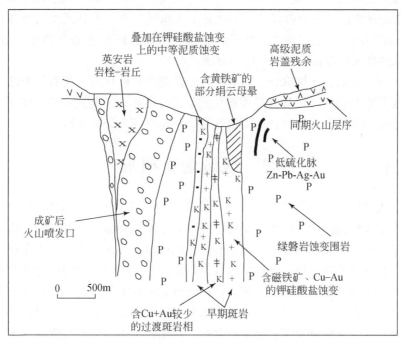

图 1-5　环太平洋地区的富金斑岩矿床模式（引自 Sillitoe, 1997）

从空间上来说，斑岩型铜-金矿床通常与夕卡岩型和低温热液型铜-金矿床相连。在菲律宾的远东南矿床顶部，产有一个高硫化低温热液金矿床，而远东南矿床周围有 4 个低硫化低温热液金矿床产出。斑岩型矿床与低温热液矿床在空间上存在叠置现象，即在低温热液矿床下面可能有斑岩型矿床产出，对于指导深部找矿具有重大意义。对于野外地质工作者来说，斑岩型铜-金矿床地质模型起着十分重要的作用。在斑岩型铜-金地质模型指导下，要充分注意蚀变及其分带现象，确定斑岩体系的存在，然后部署地球化学取样（通常是土壤测量和岩屑取样)。

2. 地球物理标志

斑岩型铜-金矿床一般富含磁铁矿,这可能是由于富金斑岩成矿液体的岩浆处于较高的氧化状态,从而使斑岩型铜-金矿床中磁铁矿含量升高。尽管磁铁矿含量不能用来判别富金斑岩矿床,但这类磁铁矿的存在至少可以帮助确定斑岩系统是富含金的。值得注意的是,磁铁矿含量足以利用航磁测量探测出来。近年来一些研究表明,在阿根廷的下德拉阿伦布雷拉、印度尼西亚的格拉斯伯格和巴都希贾乌矿床都存在明显的"牛眼状"磁力高异常。在巴布亚新几内亚的奥克特迪矿床发现过程中,最初检查化探异常时,在河床中发现了含黄铜矿的磁铁矿转石,从而确定了斑岩成矿系统。因此,磁铁矿或其形成的磁异常,可以作为斑岩系统存在的一个依据。

对局部靶区的评价,地面磁法和激发极化法以及瞬变电磁法至关重要,它有助于确定斑岩体以及矿床产出的具体部位。

3. 地球化学标志

斑岩型铜-金矿床上方通常不同程度地存在 Cu、Au、Mo、Ag、Zn、Pb、As、Hg、Sn、S 等元素的异常或元素组合异常。因此对于未知区来说,水系沉积物地球化学测量方法是筛选靶区的有效方法,印度尼西亚的巴都希贾乌、巴布亚新几内亚的比尼山 (Mt Bini) 等矿床的发现过程就是利用了这一方法。

在确定远景区之后,土壤取样、岩屑取样是圈定斑岩矿化系统的有效方法。在这过程中,如果化探异常与物探 (磁法或激发极化法) 异常相吻合,更进一步证实斑岩成矿系统的存在。对于覆盖层较厚的地区,则需要地质、物化探综合分析资料。

1.3　区域金矿概况

本区及邻近地区内已发现的矿床 (点) 众多,金矿床在基底和盖层岩石中均有分布。分布于基底中的金矿其围岩主要为浅变质基底或晋宁晚期火山岩,受侵入岩围岩接触带以及区域构造带控制。矿化规模较大,部分矿床深部可以见到韧性剪切带型金矿,成矿伴有硅化和金属硫化物蚀变如毒砂、黄铁矿和辉锑矿化。产于沉积盖层中的金矿其成矿对围岩没有特殊要求,主要受断裂、断层控制。矿床附近通常有中酸性岩体 (岩株) 产出。其中斑岩型金矿床代表有抛刀岭金矿 (叠加有浅成低温热液型金矿化) 等;低温热液型金矿床主要有花山锑金矿、查册桥金矿、赵家岭金矿;风化壳型矿床主要有查册桥牛头高家金矿段、马头金矿等,其原生矿也多属热液型矿床。

第2章 区域地质特征

2.1 区域地质背景

安徽南部位于扬子陆块北缘，跨下扬子拗陷、江南隆起及浙西拗陷3个Ⅲ级构造单元。本区西北与下扬子前陆拗陷盆地相毗邻，南部的江南隆起带、浙西拗陷属江南造山带的一部分，是大别造山带和江南叠覆造山带相互作用的地区，其地质构造位置较特殊。在晚古生代以前，本区主要属扬子陆块北部的大陆边缘带，江南断裂以北地区属扬子陆块北缘拗陷带，即下扬子前陆带，江南断裂以南地区扬子陆块内发育以升降运动为主的内陆海盆或陆地。至晚古生代—中三叠世下扬子前陆带与江南隆起同成为大陆内海盆地。中三叠世以后本区进入大陆造山活动期，伴有大规模构造–岩浆–成矿活动（安徽省地质矿产局，1987；图版Ⅰ-2）。

2.1.1 地层

据《安徽省岩石地层》（1997）资料，安徽南部地层属华南地层大区下扬子地层区和江南地层分区，地层出露较为齐全（马荣生和王爱国，1994），从中–新元古界到第四系均有出露（表2-1）。大致以祁门县东源—黄山区汤口一线为界，分为陆块的盖层沉积地层分布区（北部地区），扬子陆块变质褶皱基底出露区（南部地区）。基底由中–新元古代地层构成，占了安徽南部总面积的80%以上，为区内的主要赋矿地层；盖层以古生代、中生代和新生代地层为主。分述如下。

1. 盖层区

本区北部在南华—震旦纪为华南沉积盆地的形成阶段，海水由浅变深，形成以砾岩为底（磨拉石建造）、顶部为深水相硅质岩建造的沉积旋回。该套地层以碎屑岩、泥岩、碳酸盐岩、硅质岩为主。受江南隆起的影响，该套地层大多分布于盖层区的南部，太平拗褶带与江南基底隆起区的结合部位，呈北东向、北东东向展布，多构成区内背斜构造的核部。往北，该套地层鲜有出露，仅在江南过渡带七都–横百岭复背斜的核部有零星出露；寒武—志留纪形成沉降带，地层厚度巨大，具有前陆拗陷盆地沉积的某些特征。该套地层在区内广泛分布，为一套碳酸盐岩、泥岩、碎屑岩岩性组合。受印支期造山运动的影响，该套地层呈北东向多连片展布，多分布于区内复式向斜的核部，如太平复向斜等；泥盆—三叠纪为浅表海相沉积，岩性为碎屑岩、碳酸盐岩、泥岩、硅质岩组合，主要分布在盖层的中北部地区，构成贵池复向斜核部。在太平复向斜内多呈残留盆地或残缺构造块体出现。

表 2-1 皖南地区岩石地层序列表

地质时代（代/纪/世）	地层分区（组）	代号	厚度/m	主要岩性	邻区地层及相近地层
新生代 第四纪 全新世	芜湖组/大桥组	Qhw	5~30	含砾粉砂质黏土、砂砂亚黏土、粉砂亚黏土、顶部为砾石层	
更新世 晚	下蜀组/戚家矶组	Qp3x′/Qp3d	5~37/5~10	粉砂质亚黏土、砂质亚黏土、含铁锰结核黏土、含铁锰结核及薄膜	
中	马冲组	Qp2q	5~15	蠕虫状黏土	
早	朱冲组	Qp2h / Qp2m	2~8 / 2~6	上部灰黄色砂质黏土、含少量细砾、下部杂色泥砾、砂砾石	
新近纪 中新世	安庆组	N2a	5~402	上部砾石层夹细砂、下部砾卵石、砂砾石	
	洞玄关组	N1d	8.63~50	细砾岩与含砾粗砂岩互层、细砂与白色薄层泥质粉砂，上部为白、浅灰色黏土层	
古近纪 渐新世	吴雪岭组	E3w	30	紫红、砖红色半胶结砂砾岩、砾岩夹层	双塔寺组
	双塔寺组	E2s	356~1171	杂色砾岩、砂岩、泥质粉砂岩、钙质泥岩互层	
	渲湖组	E1d	>560.77	紫红色厚层砾岩、中-粗粒砂岩	
	望虎墩组	E1w	>1213.54	紫红色厚层砂岩、细砂岩	
中生代 白垩纪 晚世	小岩组/赤山组	K2c	1755~7605 / 753~920	紫红、棕红色（含砾）砂砾岩、泥质粉砂岩、下部砾岩	宣南组
	齐云山组/七房村组	K2qf / K2gy	147~284 / 207~485	暗紫色砾岩、凝灰质砂砾岩、钙质砂岩、砂岩、砾岩	横山组
早世	徽州组/杨湾组	K1y	800~1619 / 1294~2520	紫红色砾岩、中部紫红色砂岩、上部暗紫色石英砂岩、粉砂岩及粉砂质泥岩、局部	横山组（祁门）
	岩塘组/广德组	K1g	370 / 107~380	上部灰黄色岩屑砂岩及粉砂岩及粉砂质泥岩，下部紫红、黄绿色细砂岩，夹安山岩、含铁质细砂岩、夹灰质砂岩及凝灰岩	娘娘山组
	嶂科山组/蝴蝶山组	K1k	>1288 / 480	火山碎屑岩、熔岩及基、中、酸性火山熔岩、流纹质凝灰熔岩、凝灰熔岩、粗面岩、晶屑凝灰岩	姑山组
	赤沙组/黄尖组	K1ch / J3K1sh	90.24~218.11 / 217~2280	灰紫、灰绿色流纹质，含晶屑凝灰岩、粗面岩、流纹岩夹板，少量凝灰质凝灰岩	大王山组
	中分村组	K1z	351	浅灰、浅紫色凝灰岩夹中粗砂岩	龙王山组
侏罗纪 晚世	劳村组/砀丘组	J3b / J3l	120~307 / 177~402	棕黄、暗紫色砂岩、粉砂岩夹（碳质）页岩夹煤层	罗岭组
中世	渔山组/洪琴组	J2h / J2y	235~1562 / >100	暗紫、灰紫色中厚层细粒岩屑石英砂岩、砂岩、粉砂岩夹含铁质页岩、顶部夹安山岩	
	马涧组	J2m	840	灰、灰白、灰黄色砂岩，页岩夹煤层，中部灰黄、灰白色砂岩及砾岩	磨山组
早世	月潭组/钟山组	J1y	792 / 21~150	上段灰-厚层灰质微晶灰岩、蠕虫状灰岩、下段灰白色石英砂岩、含砾砂岩	磨山组
三叠纪 晚世	安源组/范马青组	T3a	18~75 / 138~361	深灰色细砂岩、粉砂岩夹页岩、下部灰色含铁质灰岩夹页岩、煤层	
中世	黄马青组	T2h	1268~1714.81	上部为褐灰色粉砂岩夹粉砂质页岩、紫红色粉砂岩、下部黄灰色含钙质砂岩	罗岭组
	周冲村组	T2z	99.62~114.93	灰、灰白色灰质泥灰岩白云岩、青灰色角砾岩、下段灰白色微晶白云岩	磨山组
早世	南陵湖组	T1n	160~645	灰薄-厚层灰绿色微晶灰岩、刀砍状灰质微晶白云岩、褐黄色薄层灰至中厚层白云岩	
	和龙山组	T1h	21~235	灰、浅灰色微晶灰岩、条带状含云灰岩夹同生角砾状灰岩及钙质泥岩	青龙群
	殷坑组	T1y	49~286	黄绿、灰绿色页岩、钙质页岩夹薄层灰岩、或二者互层	

地质时代 代	纪	世	下扬子	江南	代号	厚度/m	主要岩性	邻区地层及相近地层
古生代	二叠纪	晚世	大隆组	长兴组	P_3d	7~70 / 29~61	灰黑色硅质页岩夹黑色微晶灰岩；生物屑微晶灰岩，白云质灰岩	吴家坪组
			龙潭组	龙潭组	$P_{2\text{-}3}l$	61~460	上部上黑色细色微晶、粉砂岩，页岩夹煤层，下部黄褐、灰黄色中厚层中粗粒长石石英砂岩、长石石英砂岩、粉砂岩；下段灰黑色粉砂质泥岩、页岩，碳质页岩夹煤线	武穴组
		中世	孤峰组		P_2g	10~107	黑色薄层硅质页岩、页岩、硅质岩；硅质岩，含磷结核	茅口组
			栖霞组	栖霞组	P_2q	72~434	顶部微晶灰岩，上部硅质岩、中部燧石结核微晶灰岩，下部薄层硅质岩，底部沥青质硅质灰岩	栖霞组
		早世	梁山组	梁山组	P_1l	0.16~2.76	灰黑、灰绿色页岩、粉砂质页岩夹煤线	
	石炭纪		船山组	船山组	C_2P_1c	5~90	上部灰色厚层含溪球微晶生物灰岩与生物屑灰岩夹生物屑灰岩，下部生物屑灰岩夹微晶灰岩	
		晚世	黄龙组	黄龙组	C_2h	28~90	浅灰微带肉红色厚层生物屑灰岩、微晶灰岩，底部为粗晶灰岩，中部夹燧石灰岩	
		早世	老虎洞组	老虎洞组	C_2l	2~61	浅灰色巨厚层粉细晶白云岩夹云质灰岩	
			高骊山组	高骊山组	C_1g	1~80	杂色粉砂岩、泥岩、长石石英砂岩夹煤线	
			王明村组	王明村组	C_w	5~25	浅灰、灰黄色石英砂岩、细砂岩夹页岩	金陵组
			陈家边组	陈家边组	$C_1\check{c}$	6~14	黑灰色薄层泥质粉砂岩与灰色薄-中厚层泥质细粒石英砂岩互层	
	泥盆纪	晚世	五通组 擂鼓台组	擂鼓台组	D_3C_1w / D_3C_1l	17~95 / 200~250	灰白色中厚层含砾粗石英砂岩、石英岩状砂岩、含砾石英砂岩夹石英粉砂岩，底面石英砂岩	五通群
			观山组	观山组	D_3g	69.73~150.17	浅灰白色中厚层石英砂岩、石英砂岩夹砾岩及石英粉砂岩	
	志留纪	晚世	茅山组	唐家坞组	S_3m / S_3t	55~433 / 1500~2100	紫红、灰绿色石英砂岩及粉砂岩夹细砂岩；上中段紫红、灰色石英砂岩夹细砂岩，红色岩屑石英砂岩，石英砂岩、粉砂质岩互层	
		中世	牧头组	康山组	S_2f / S_2k	236~630 / 470~2100	上段灰黄绿、粉砂质泥岩夹细砂岩，下段灰绿、黄绿色石英砂岩夹粉砂岩；紫色块状长石石英砂岩，泥岩互层，中部粉砂质泥岩，下段黄绿色及粉砂质泥岩	
		早世	高家边组	河沥溪组	S_1g / S_1h	1102~1491 / 370~981	厚层块状长石石英砂岩；下段黄绿色，粉砂岩及粉砂质泥岩	
				霞乡组	S_1x	660~1710	黄绿、深灰色细砂岩、粉砂岩及粉砂质泥岩	
	奥陶纪	晚世	五峰组	长坞组	O_3w / O_3c	0.8~15.28 / 168~2000	灰黑、灰绿色薄层含硅质泥岩、泥岩、页岩；灰绿色薄层细砂岩、粉砂岩夹粉砂质泥岩和砂岩	新岭组
			汤头组	黄泥岗组	O_3t / O_3y	2~16 / 24~192	瘤状泥质灰岩、泥质岩、泥岩；下段灰绿色细砂岩、粉砂岩夹粉砂质泥岩，局部夹瘤状灰岩	
			宝塔组	砚瓦山组	O_3b	6~57 / 10~50	瘤状泥质灰岩、龟裂纹泥质灰岩；青灰、局部紫红色钙质结核泥灰岩，含钙质瘤状灰岩	
		中世	大田坝组	胡乐组	$O_{2\text{-}3}d$ / $O_{2\text{-}3}h$	1~10 / 70~180	灰色瘤状灰岩；下部灰色硅质、砂质页岩，硅质岩，上部综色泥质、砂页岩	南坡组

地质时代			地层分区		代号	厚度/m	主要岩性	邻区地层及相近地层
代	纪	世	下扬子	江南				
古生代	奥陶纪	中世	牯牛潭组		O₂g	5~130	深灰色瘤状灰岩与微晶灰岩	
		早世	大湾组	宁国组	O₁₋₂d / O₁₋₂n	3~87 / 39~276	灰绿状钙质泥岩或微晶灰岩；灰绿、黄绿、暗色泥岩，粉砂质泥岩	东至组/紫台组
			红花园组	印渚埠组	O₁h / O₁y	24~443 / 236~1046	深灰色中厚层-厚层生物碎屑灰岩，鲕粒灰岩，灰色含燧石条带状微晶灰岩；青灰色薄层-厚层(瘤状钙质页岩，含粉砂质泥岩	
			仑山组	西阳山组	O₁l / €₃O₁x	59~617 / 220~605	灰色中厚层至厚层白云岩与泥质灰岩互层；灰色中厚-中厚层微晶灰岩，网纹及条带状砂屑灰岩	
	寒武纪	晚世	青坑组		€₃g	220~453	灰、深灰色泥质微晶灰岩，砾屑灰岩	
			团山组	华严寺组	€₃t / €₃h	221~256 / 103~334	灰、深灰色泥质微晶灰岩夹薄层微晶灰岩；灰色条带状灰岩夹薄层微晶灰岩，含碳钙质泥岩	炮台山组
		中世	杨柳岗组		€₂y	260~600	上部灰、深灰色厚层饼条状灰岩，泥质灰岩，下部深灰、灰黑色碳质灰岩	
		早世	大陈岭组		€₁d	50~88	黄绿、深灰色条带状灰岩及瘤状微晶灰岩，钙质页岩，泥质灰岩，碳质页岩	幕府山组
			黄柏岭组 荷塘组		€₁h / €₁ht	194~482 / 165~419	灰色薄层粉砂岩，硅质页岩(上段)，碳质硅质泥岩夹碳质页岩，底部夹磷矿层间厚层硅质岩	
新元古代	震旦纪	晚世	皮园村组		Z₂€₁p	56~195	黑色薄层硅质泥岩，硅质岩(下段)，浅灰色黑白条纹相间厚层硅质岩	灯影组
		早世	蓝田组		Z₁l	208~123	上段浅灰色薄层微晶灰岩，页岩夹含锰质灰岩，底部为含锰白云岩	
	南华纪	晚世	南沱组	志棠组	Nh₂n / Nh₂z	152~383 / 989~1246	上下段为灰-灰绿色冰碛含粉砂岩，含砾泥岩，底部砾岩；灰绿、中段为含锰灰岩及含锰粉砂岩	周岗组
		早世	休宁组	井潭组	Nh₁x / Qnj	1300~1600 / >5100	青灰、灰绿色薄-中厚层板岩，千枚岩，变沉凝灰岩；上部浅灰绿色凝灰岩化变安山岩，杏仁状变安山岩，变安质安流纹岩，变英安质凝灰熔岩	张八岭岩群
	青白口纪		历口群 QbL 小安里组		Qnx	36.5~379.61	上部浅灰黄、浅灰绿、浅紫灰色中厚层石英砂岩，粉砂岩，纹斑岩；下部浅灰白色中厚层石英砂岩，粉砂岩	
			铺岭组		Qnp	11~572	玄武岩，安山岩夹沉凝灰岩，石英砂岩	
			邓家组	周家村组	Qnd / Qnzh	362 / 2020	青灰、灰白色石英砂岩夹含砾砂岩，石英砂岩及粉砂岩；青灰、灰绿色粉砂岩夹板岩，千枚状粉砂岩板岩，流纹岩	镇头组
			葛公镇组		Qng	932	灰、深灰色含砾凝灰岩夹泥质板岩，石英砂岩夹粉砂岩	
中元古代	蓟县纪		溪口岩群 Pt₂X 昌前岩组		Pt₂n	>900	下部青灰色千枚状板岩与变粉砂岩，底部有含碳酸盐岩，粉砂质千枚岩	
			牛屋岩组	昌前岩组	Pt₂m / Pt₂ch	>450 / 1460	中部变粉砂岩质板岩，砂岩，上部变粉砂岩与板状千枚岩，砂岩夹千枚岩	
			木坑岩组 板桥岩组		Pt₂b	3480~3690	灰绿、浅灰绿，灰绿色砂岩干枚岩，碳质板岩与千枚状粉砂岩互层	环沙岩组
			樟前岩组	西村岩组	Pt₂zh / Pt₂xc	2600 / 4600	灰黑、灰绿色细碧岩及夹安质变流纹岩，构造片岩，糜棱岩，千糜岩，原岩多为千枚岩	

2. 江南基底隆起区

基底地层连片分布于本区的南部（图版Ⅰ-2）。以璜茅–屯溪–伏川断裂为界，西侧为溪口岩群，历口群的浅变质复理石建造、碎屑岩建造夹部分中基性火山岩。溪口岩群自下而上划分为樟前岩组、板桥岩组、木坑岩组、牛屋岩组，岩性为片岩、板岩、千枚状粉砂岩组合。历口群自下而上包括葛公镇组、邓家组、铺岭组、小安里组，为一套浅变质粗碎屑岩、变质火山岩组合。祁门–潜口东西向断裂以南的障公山地区变质地层变形较强，发育以近东西向、北东向为主的构造。而东侧白际山地区为浅变质的火山岩、火山碎屑岩，划分为西村岩组和井潭组。西村岩组发育在璜茅–伏川断裂与三阳断裂之间，其下部为镁铁、超镁铁质岩，中部为细碧–角斑岩，上部为泥质、硅质板岩，含碳千枚岩。井潭组发育在三阳断裂以南，下部为基性–中基性的玄武岩、安山岩夹碎屑岩，中部为中酸性、酸性的英安岩、流纹岩和凝灰岩，上部为凝灰质板岩、千枚岩夹火山碎屑岩。

基底之上发育有新元古代—早古生代的第一盖层和晚古生代—中生代第二盖层。新元古代—早古生代的第一盖层分布于黟县蓝田一带，呈残余盆地不整合于基底之上。晚古生代—早中生代的第二盖层，主要发育在汪村至休宁流塘一带，呈残缺构造块体发育在基底千枚岩之上。

2.1.2 构造

安徽南部位于扬子陆块江南古隆起东段，扬子准地台与华南褶皱系的结合部位。区内晋宁运动结束了华夏古陆向江南古陆俯冲、碰撞和拼贴的过程，导致了扬子板块呈准稳定态，并开始了盖层沉积的新阶段（邢凤鸣等，1992）。晋宁期后皖南及其东南侧的华南地区属于边缘海域，具有多列沟、弧、盆体系和小型地块的复杂大陆边缘特征。印支运动使三叠纪以前的沉积盖层普遍发生大规模的褶皱和断裂，形成了一系列北东向和北东东向展布的褶皱断裂带，燕山运动转入大陆边缘活动带，以强烈差异性块断运动为主（杨四春，2009）。

（1）区域内主要见皖南拗褶带和皖–浙拗褶带，皖南拗褶带以大型复式褶皱为主，全由短轴状正常褶曲组成，多见纵向断层与褶皱伴生。皖–浙拗褶带以较紧密的长轴状正常褶曲组成大型复式褶皱，偶见倒转褶曲，与褶皱伴生的断层较发育，纵向断层尤为突出。

（2）区内褶皱和断裂构造发育，具有多期多阶段活动特点。深大断裂以北东向和近东西向两组为主，对区内岩浆活动和金属成矿具明显控制作用，区内主要有景德镇–祁门断裂带、虎岭关–月潭深断裂、休宁–歙县深断裂、绩溪–宁国大断裂和白际岭–天目山大断裂五个大的断裂（带）（图2-1）。

景德镇–祁门断裂带：呈北东向展布，由数十条较均匀排列的、彼此平行的北东、北东东向韧性剪切带和脆性断裂组成，具有多期活动的特点；控制着侏罗纪盆地的沉积；控制着大多数岩浆岩、岩株及岩脉的分布；宽30～40km，区内长约100km，分布于五城—休宁一带。五城—休宁一带西部以张扭性断裂为主，东部以压扭性断裂为主。其表现形式为正、逆断层，一般长几十千米，宽几十米至近百米，倾角一般60°～80°，或近直立，其平行的次一级断裂亦较发育，北西向断裂不发育，数量少、规模小，长几千米，宽几米至

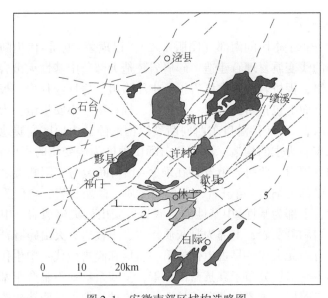

图 2-1　安徽南部区域构造略图

1. 景德镇–祁门断裂带；2. 虎岭关–月潭深断裂；3. 休宁–歙县深断裂；
4. 绩溪–宁国大断裂；5. 白际岭–天目山大断裂

几十米。

虎岭关–月潭深断裂：走向北东，该断裂亦称为"皖浙赣深断裂"，斜贯皖东南地区，自北而南经广德县虎岭关、宁国市宁国墩、绩溪县大坑口、歙县、黄山区、休宁县瑶溪和月潭，向南与江西丰城–婺源深断裂相接。该带是江南地体与钱塘地体长期碰撞产生的一条动力变质带，在皖南地区宽数十千米至 35km（朱钧和张景垣，1964），由一系列北东向逆断裂、剪切带、挤压破碎带、密集裂隙带及低序次的北西向断裂和南北向、近东西向共轭扭性断裂组成。具有强烈的韧性剪切带特征；形成于晋宁运动 Ⅱ 幕，后经历多期次构造运动叠加而复杂化（余心起等，2007），切入上地幔，为壳型深断裂带，是岩浆和深源成矿物质上升的通道，最终形成于燕山运动（余心起等，2007；潘国林等，2014）。由于其长期多次活动，侵位的岩体受挤压而形成片理、片麻理构造、片理化带、构造破碎带、网状裂隙带和低序次断层，为成矿提供了有利场所（付怀林和辛厚勤，2004；段留安，2016）。应该说该带控制了区内地层、构造、岩浆岩等展布特征，是区域上重要的金、银、铜、铅、锌、铁及钨等多金属成矿带，目前已发现十余处多金属矿床（点），例如金山超大型金矿床、银山银金矿、德兴斑岩铜金矿及休宁天井山、小贺、古祝金矿床（点）、江湾钨矿点、举林铁矿（杨文思，1991；段留安等，2011）。

休宁–歙县深断裂：走向近东西，断裂自祁门县历口，向东经休宁、歙县岩寺以南、三阳坑之北，于昱岭关北进入浙江境内，东西横贯全区。该断裂形成于皖南旋回的晚期，燕山中期活动强烈，喜马拉雅早期又有活动。青白口纪酸性侵入岩及燕山中期超基性、基性、中酸性侵入岩沿断裂呈弧形分布。断裂切割古近纪之前的所有地层，中新元古代变质岩普遍压碎、糜棱岩化，岩层强烈揉皱。历口至岩寺一带，破碎带一般宽数十米，局部宽达 300～500m，白垩纪红层中也见有宽达数米至 20m 以上的破碎带，断层面南倾，局部直立。重力异常反映为正负异常交变带，磁场表现为北侧高背景值与南侧低背景值正异常突变带。

绩溪–宁国大断裂：走向北东，自北而南由郎溪县庙西经广德县独树街、宁国市、绩溪县、休宁县，向南进入江西境内，向北延入浙江境内。断裂起于燕山中期，燕山晚期活动强烈。断层面倾向南西，倾角30°~45°，局部50°~70°；破碎带宽数米至数十米，断距数百米至数千米。断裂主要发育于上溪群至志留系中。沿断裂岩石破碎、角砾岩化、糜棱岩化、硅化、片理化强烈，褶曲发育，时见擦痕及构造透镜体。早白垩世火山岩沿断裂呈串珠状分布，寒武系自东向西逆冲在早白垩世地层之上。磁场特征清晰，西侧为高背景正异常密集带，东侧为低缓而零星的正异常。重力仅于北段有异常显示，说明断裂切割深度由南而北变深。

白际岭–天目山大断裂：走向北东，起自浙江，经岭南、盘岭，延入江西境内。断裂起始于燕山中期，燕山晚期活动强烈。断裂发育于中元古界溪口岩群变质碎屑岩和青白口系历口群变质火山岩的接触部位，为一条区域性韧性剪切带。断裂带两侧岩石挤压破碎、硅化、糜棱岩化及片理化发育，并见有断裂角砾岩和糜棱岩。燕山晚期花岗岩岩体呈串珠状沿断裂两侧分布。

除以上五个大断裂外，还有下面一些断裂。

江南深断裂：该断裂斜贯皖南山区，自北而南经宣城、泾县、石台县七都、东至县平原（葛公镇）与江西古沛（修水）–德安深断裂相接，向北延至江苏潭阳一带，省内长约265km。断裂面在南、北两段向南倾斜，中段七都一带倾向北西，倾角60°~70°。该断裂对本区早古生代地层厚度、岩相、岩性、生物群等具有明显的控制作用（翟文建等，2009）。断裂北西侧的寒武系—奥陶系以灰岩和白云岩为主；南东侧以泥质条带灰岩、钙质页岩及砂页岩为主，晚奥陶世还发育复理石沉积（丁宁，2012）。此外，章家渡、广阳晚白垩世盆地沿断裂串珠状排列，章家渡—蔡村一线，该断裂还控制着燕山早期花岗岩及二长花岗岩的分布。断裂对内生金属矿产的控制作用也较明显，其北西侧成矿较好，南东侧较差（董胜，2006）。

周王深断裂：该断裂为横亘于皖南山区北麓的隐伏深断裂。西起贵池区北，向东经青阳县木镇、南陵县烟墩铺、泾县田坊、宣城市周王、广德县独树街后延入浙江省境内，省内长约200km。断裂北侧主要为白垩系，组成沿江丘陵，南侧为古生界，组成皖南山区。沿断裂岩石硅化、角砾岩化强烈，在泾县、周王、清峰山、水东一线形成所谓"稽亭岭角砾岩"。始新世橄榄玄武玢岩、橄榄辉绿（玢）岩及苦橄玢岩见于断裂西段北侧。重、磁异常交变特征明显，莫霍面也反映为近东西向梯变带。据岩相古地理资料分析，早志留世中晚期，石台—黄山一线东西拗陷叠加于早期北东拗陷之上，至中志留世拗陷持续下降，深达1400m，说明断裂此时已经形成，燕山晚期或喜马拉雅早期再次活动，属壳断裂。

高坦断裂：该断裂自北东向南西，经贵池区太平曹、梅街、高坦到东至，长105km。断裂走向45°~70°，断层面在北东段倾向北西，南西段倾向南东。断裂北西侧主要出露志留系—三叠系，褶皱紧密，与断裂同方向延伸；南东侧为震旦系及寒武系。沿断裂岩石强烈硅化，斜向擦痕发育，燕山晚期高坦花岗岩岩体沿断裂分布。磁场反映为正、负异常交变带。断裂产生于印支期，燕山晚期为断裂强烈活动时期。

从皖南浅变质岩系的构造演化历史上分析，在前寒武纪，皖南地区以形成火山-沉积矿床为主，晋宁运动奠定了本区的构造格局，也控制着本区的矿产分布。从现有资料看，本区主要矿种的成矿期为晋宁期和燕山期，中生代的成矿作用是在晋宁期变质基底上局部演化的结果，即中生代的矿产分布仍反映了基底格局对区域成矿的控制（张国斌和吕绍远，2008；段留安，2016）。

2.1.3　岩浆岩

2.1.3.1　分布特征

区内岩浆岩较为发育，包括火山岩和侵入岩，约占区内基岩出露面积的五分之一。火山岩主要分布于皖南白际岭地区和赣北，多呈夹层状和透镜状产于中新元古代地层中，并作为其中的一部分。侵入岩岩石类型较为齐全，超基性—酸性均有分布，且以中酸性花岗岩类为主。多呈北东和近东西向沿断裂构造展布，受构造控制十分显著。可分为明显的两期，即晋宁期和燕山期。晋宁期岩浆岩主要分布于江南隆起区，燕山期岩浆岩在盖层区及基底隆起区均有大规模分布，但燕山期岩浆岩在盖层区的发育程度远高于基底隆起区。

本区岩浆岩受近东西向基底断裂控制明显，同时岩体侵位受北东向断裂制约。由图2-2可看出，皖南地区花岗岩类侵入岩主要分布于周王断裂与祁门-潜口断裂之间，总体呈东西向宽带状展布。具有花岗闪长岩与花岗岩构成"岩对"呈复式岩体出现的特点。就单个复式岩体而言，其地表出露的长轴方向几乎都呈北东向，如榔桥、伏岭、谭山、黟县、刘村、旌德、青阳、黄山岩体等。区内规模较大的呈北东向展布的岩浆岩带有：谭山-青阳岩浆岩带，分布于七都-横百岭复背斜内；太平-榔桥岩浆岩带，分布于太平复向斜内；伏岭-刘村岩浆岩带，分布于浙西拗陷的西北侧边缘隆起；莲花山-白际岩浆岩带（晋宁期），分布于浙西拗陷。

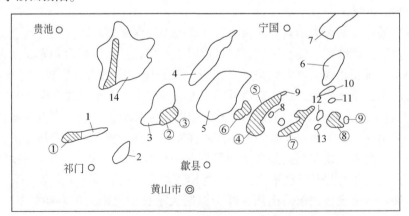

图2-2　皖南地区岩浆岩分布示意图

燕山早期花岗闪长岩：1. 城安，2. 黟县，3. 太平，4. 榔桥，5. 旌德，6. 仙霞，
7. 刘村，8. 靠背尖、逍遥，9. 黄塘丘，10. 龙凤山，11. 乌金山，12. 赤石，
13. 潜口，14. 青阳。燕山晚期花岗岩：①大历山，②黄山，③狮子林，④伏岭，
⑤桐坑，⑥杨溪，⑦顺溪，⑧河桥，⑨青山殿

2.1.3.2 晋宁期岩浆岩

晋宁期侵入岩呈近东西向带状分布，可以划分为南北两条岩浆岩带。一条位于祁门—歙县—三阳坑一线，以休宁岩体、许村岩体、歙县岩体为主，由大小 11 个侵入体组成，岩石岩性以黑云母花岗闪长岩为主，同位素年龄在 928~991Ma 之间；另一条位于皖浙赣三省交界处，由西部莲花山岩体构成，岩石岩性为细粒花岗岩。上述岩体具 S 型花岗岩类特征，为壳源熔融的产物，形成于大陆边缘拉张伸展环境，同位素年龄在 753~829Ma 之间（邢凤鸣等，1988，1989，1991）。

2.1.3.3 燕山期岩浆岩

燕山期岩浆岩出露范围广，总面积约 $3000km^2$，可分为酸性岩和中酸性岩两种类型。酸性岩类岩石类型以含云母花岗岩、二长花岗岩为主，规模较大，常以岩基、岩株、岩枝状产出，如伏岭岩体、黄山岩体等，形成时代集中分布于 110~130Ma 间，形成于燕山晚期（侯明金等，2006；周涛发等，2004；Li H et al.，2011），具 A 型花岗岩特征，形成于碰撞造山后环境，岩浆来源以壳源为主；中酸性岩类主要为花岗闪长岩、花岗闪长斑岩、花岗斑岩等，规模较小，多呈岩枝、岩珠或岩滴状发育，形成于 130~142Ma 之间（吴才来等，2003；周涛发等，2004；徐晓春等，2009；祝红丽等，2015；杨晓勇等，2016），属燕山中晚期，以 I 型花岗岩类为主，为碰撞造山隆起大陆边缘弧环境的产物，物质来源具典型的壳幔混合源的特征。目前研究表明，燕山期中酸性岩类与区域成矿关系最为密切，是主要的控矿因素之一。

按侵入时代可分为晚侏罗世和早白垩世两个阶段，其中晚侏罗世以中酸性岩为主，早白垩世以酸性岩为主，两者在微量元素上存在高钾钙碱性与橄榄粗安岩系列之分。江南过渡带燕山早期岩浆岩主要有城安、太平、黟县、榔桥、旌德、仙霞、刘村等，多以大型岩基出露，以中酸性花岗闪长岩为主；尚有一些小型花岗闪长岩体分布于大型岩基内及附近，如百丈岩岩体等。晚侏罗—早白垩世花岗岩主要有黄山、九华山、大历山、伏岭、谭山、牯牛降等具有 A 型花岗岩特征的钾长花岗岩体。早期与晚期的花岗岩往往成对产出，如青阳与九华山岩体、太平–黄山岩体、城安与大历山岩体等（图 2-2）。主要岩体年龄见表 2-2。

沿江地区燕山早期中酸性侵入岩与 Fe、Cu、S、Au 等矿产有关，岩石组合为闪长岩–石英闪长岩–花岗闪长岩，是以幔源为主的高钾闪长岩系列；燕山晚期的 A 型花岗岩与 U、Au 等矿产有关。江南过渡带地处地壳厚度变化梯度带，燕山早期岩浆岩岩石组合为花岗闪长岩、二长花岗岩，其成矿作用以 Pb、Zn、Ag 为主，有别于沿江的高钾闪长岩，主要是由地壳物质深熔形成；燕山晚期产出强分异花岗岩，和 W、Sn、Be 等矿产密切相关。

同时燕山早、晚期均有小的斑岩体存在，主要位于大岩体边部或北东向断裂带附近，燕山早期如百丈岩（136Ma）、抛刀岭（142Ma），燕山晚期如萌坑（126Ma）、吕山（93.6Ma）等岩株，分别提供了金及多金属矿的物质来源和热源，构成夕卡岩和斑岩型金及多金属矿。

表 2-2　皖南地区主要岩体年龄一览表

单元	皖南								沿江地区
岩体	青阳-九华	黄山-太平			旌德	榔桥	谭山	牯牛降	铜陵-池州
		仙源	辅村	耿城					
		主体期	补充期	末期					
岩类	花岗闪长岩	花岗闪长岩	二长花岗岩-钾长花岗岩		花岗闪长岩	二长花岗岩	二长-钾长花岗岩	钾长花岗岩	花岗闪长岩、石英-辉石闪长岩、钾长花岗岩
年龄	黑云母 K-Ar 135.8~136.7Ma；黑云母 $^{40}Ar/^{39}Ar$ 139Ma；锆石 U-Pb 143~132Ma	锆石 U-Pb 146Ma	黑云母 $^{40}Ar/^{39}Ar$ 137.9Ma、136.2Ma、137.1Ma	锆石 U-Pb 132Ma	黑云母 $^{40}Ar/^{39}Ar$ 139Ma；锆石 U-Pb 142~139Ma	锆石 U-Pb 137~135Ma	锆石 U-Pb 128~126Ma	锆石 U-Pb 130Ma	黑云母 $^{40}Ar/^{39}Ar$ 135.8~139.8Ma；锆石 U-Pb 145~123Ma
主要参考文献	范羽等，2014	薛怀民等，2009；周术召等，2016			张俊杰等，2012	李双等，2012	高冉等，2017	谢建成等，2012	谢建成，2008；赖小东等，2012；彭戈等，2012；段留安等，2012，2015；杨晓勇等，2016

2.2　区域地球化学特征

2.2.1　基本特征

据 1∶20 万区域化探资料（安徽省物化探研究院，1987），安徽省水系沉积物与中国水系沉积物中元素背景值比较，Cd、Mo、As、Sb、Bi 等元素含量偏低，属贫化的元素，而 Au、Hg、Sn 等元素含量相对较高，属富集的元素，其余元素的含量与全国水系沉积物中相应元素的含量基本相接近。皖南隆起区之太平褶断带分区（北区）富集的元素为 Ag、As、Bi、Cd、Cu、Hg、Mo、Sb、Sn、W、Zn 等，且 Cd、W、Bi 呈现出显著富集特征；障公山隆起带分区富集的元素是 Ag、As、Au、Cd、Cu、Hg、Pb、Sb、Sn、W、Zn 等，且Sn、W、As、Hg 元素呈现显著富集；白际岭岛弧带分区（含皖浙断褶带安徽省内部分）As、Bi、Cd、Hg、Mo、Pb、Sb、Sn、W、Zn 等元素富集，且 As、Bi、Cd、Sb、Sn、W 呈现出显著富集特征（表 2-3）（唐永成等，2010）。Au 的水系沉积物异常主要分布于东至-石台-吕山地区，渔亭—泾县一带呈高背景-高值区，在沿江前陆带、太平复向斜内略有富集，其 CV 值为 2.30 以上，显示强烈的分异特征。与 Au 相关的元素为 As、Sb、Hg、

Ag、Cu。

表 2-3 安徽东南地区微量元素地球化学参数表

元素	全省			全国	全区			
	平均值	背景值	CV	背景值	平均值	背景值	浓集系数	CV
Ag	114.07	91.17	1.31	80.88	166.46	110.47	1.21	1.25
As	10.34	8.08	1.23	10.09	15.32	11.96	1.48	1.1
Au	2.66	1.67	6.16	1.37	3.87	1.93	1.16	7.67
Bi	0.41	0.28	2.51	0.34	0.73	0.39	1.39	2.25
Cd	218.37	108.74	3.81	156.33	487.77	162.86	1.50	3.49
Cu	25.45	23.19	0.94	21.56	31.27	29.35	1.27	0.56
Hg	61.73	48.76	3.45	35.90	86.16	67.75	1.39	1.64
Mn	678.36	642.14	0.60	658.04	780.12	742.4	1.16	0.57
Mo	1.00	0.65	1.71	0.90	1.58	0.81	1.25	1.75
Pb	28.05	25.62	0.97	24.94	32.58	30.97	1.21	0.38
Sb	0.85	0.57	2.64	0.76	1.39	0.78	1.37	2.48
Sn	4.82	3.87	1.21	3.22	8.49	6.47	1.67	1.35
W	2.74	2.1	1.74	1.97	5.05	3.27	1.56	1.84
Zn	78.87	72.85	0.59	69.61	106.77	99.23	1.36	0.46

* 据安徽省物化探研究院，1987；唐永成等，2010 资料整理。

注：Au 单位为 10^{-9}，其余元素单位为 10^{-6}。

2.2.2 异常分布特征

2.2.2.1 过渡带金及多元素地球化学异常特征

区域地球化学异常以 Au、Ag、As、Sb、Hg 为主，Cu、Pb、Zn 等元素异常次之，综合异常多呈北东（或北北东）和近东西向带状展布，由南往北，形成了多个多元素异常的密集区（带），即：东至–石台 Au、As、Sb、Hg 元素异常区；花山 Au、Ag、As、Sb、Hg 等多元素异常区；梅村–刘街 Au、Ag、As、Sb、Hg 异常带；自来山 Au、Ag、As、Sb、Hg、Cu、Pb、Zn 异常区；朱家冲 Au、Cu、As、Sb 及 Hg、Pb、Zn 异常区；黄山岭安子山 Au、Ag、As、Sb、Hg、Cu、Pb、Zn 异常带；杨美桥铜岭山 Au、Cu、Pb、Zn、Ag、As、Sb、Hg 异常区和北贡里 Au、As、Sb、Hg、Ag 异常区。上述的多元素异常区（带）内均相应寻找到了金的矿床或矿（化）体，亦显示出在整个区内寻找金（银）矿产资源的巨大潜力和充分的地球化学依据。

在江南过渡带的东段，Ag、As、Sb、Hg 及 Pb、Zn、Cu 等元素地球化学异常也表现出与西段相似的特征，综合异常也可划分出数个次级异常带（区），但异常带（区）的走向以近东西向和北北东向为主，异常峰值突出，主要异常带（区）包括：泾县汀溪-溪口 Au、Ag、Cu、Pb、Zn、As、Sb、Bi 异常区，泾县茂林 Au、Ag、Cu、Pb、Zn 异常区，旌德祥云 Au 异常区，广德庙西 Au 异常区。这些异常带（区）的确定，为寻找斑岩型、热液型金银-多金属矿床提供了重要信息。

在江南断裂西段的东至-青阳-泾县地区是以 Ag、As、Sb、Hg 及 Pb、Zn、Cu 等多种元素相互套合的高背景异常带（区），区内 Au、Ag、As、Sb、Hg 等元素的地球化学含量分布变化较大，金含量变化于 $0.1×10^{-9} ～ 1680×10^{-9}$ 之间，平均含量为 $4.18×10^{-9}$；银的含量介于 $16.0×10^{-9} ～ 5100×10^{-9}$ 之间，平均含量为 $150.3×10^{-9}$，且 Au、Ag、As、Sb、Hg 等元素分布极不均匀，离散度高，这种多元素的高背景、高离散度的数据特征，为区内金（银）成矿提供了有利的地球化学前提。

上述综合异常大多沿断裂构造呈北东（北北东）带状展布，受断裂控制较为明显。已知的金及多金属矿床（点）均有 Cu、Pb、Zn、Au、Ag 或 Cu、Pb、Zn 或 Au、Ag 或 Pb、Zn 或其单一元素异常，且在已知矿田（床）上，其主要成矿元素异常均具一定的规模与强度。

2.2.2.2　皖东南地区（主要指隆起区）金地球化学异常特征

据唐永成等（2010）资料，金的高背景（$2.5×10^{-9} ～ 4×10^{-9}$）、高值区（$>4×10^{-9}$）分布与区内断裂构造关系十分密切，多沿断裂带及两侧分布，并由南往北构成下列高背景或高值带：①小贺-井潭-三阳坑-大龙-仙霞高值高背景带，该区与皖南断裂相对应；②屯溪-歙县-绩溪-棉花岭-大河坝高值高背景带，与屯溪-广德断裂相呼应，并在宁国东南部宁墩一带呈现大面积高值高背景区；③用功城-高岭脚-汤口-三溪-汀王殿高值高背景带，该带与区内汀溪-用功城断裂相对应；④程郑村-官田坑-铜山-晏公堂高值高背景带，该带与区内的晏公堂-程郑村断裂相对应。此外金还在小连口-上溪口、花园里-源口、青坑-云岭等地呈现出大面积高值高背景区。区内已知金（银）矿产和大部分铜、铅、锌多金属矿产亦都位于其上述的金的高值高背景带（区）内。

本区与 Au 相关的元素为 As、Sb、Hg、Ag、Cu。上述金及多金属元素异常分布区，为本区下一步金及多金属找矿提供了指示作用。

2.3　岩石地球化学特征及成因

皖南地区是铜、钼、金多金属成矿区，成矿与晚中生代花岗闪长岩类关系密切。近十年来，皖南花岗闪长岩的成因仍然存在分歧。谢建成等（2016）总结了皖南花岗闪长岩全岩主、微量元素和锆石原位元素数据。皖南花岗闪长岩（$SiO_2 = 64.3\% ～ 70.8\%$）为高钾钙碱性、过铝质岩石，具有相似的埃达克岩特征：高 SiO_2、Sr/Y（>17.1）和 $(La/Yb)_N$（>14.9）比值，低 Yb（$<1.72×10^{-6}$）和 Y（$<18.4×10^{-6}$）含量。它们也具有较低 Al_2O_3 和 Cr（$3.40×10^{-6} ～ 10.0×10^{-6}$）含量、低 $Mg^{\#}$（$0.34 ～ 0.42$）和 Nb/Ta（$9.6 ～ 13.3$）值，高 K_2O 和 Ba（$>404×10^{-6}$）含量，高 K_2O/Na_2O（$0.89 ～ 1.55$）、Th/La（$0.27 ～ 0.51$）和 Th/U（$2.79 ～ 7.49$）值。锆石原位地球化学特征显示其岩浆源区为低温（锆石 Ti-inzircon 温度均值 674℃) 和高氧逸度 ($\lg f_{O_2}$ 集中在 $-21.4 \sim -9.18$，均值 -16.4；锆石 Ce^{4+}/Ce^{3+} 平均值 276) 的陆壳。这些特征说明皖南花岗闪长岩可能起源于较年轻的加厚下地壳的部分熔融，并经历了斜长石、钾长石和铁镁矿物等结晶分异作用。它们可能形成于与古太平洋板块俯冲密切相关的大陆活动边缘弧至弧后拉张构造转换背景。本区大规模 Cu、Mo、Au 成矿作用与岩浆的高氧逸度密切相关，而锆石 Ce^{4+}/Ce^{3+} 可作为矿床勘探一个有效的指标。

　　而针对皖南区域大规模出露的钾长花岗岩，以黄山岩体为例，具有高硅 ($SiO_2 = 75\%$)、低钙 ($CaO = 0.51\% \sim 0.86\%$)、贫镁、相对富碱和高 FeO^*/MgO 值 ($8.28 \sim 87.20$) 特征。微量元素地球化学性质上表现为强烈亏损 Ba、Sr、Eu ($\delta Eu = 0.01 \sim 0.13$)，富集 Rb、Th 和 U，高场强元素 Zr、Nb、Y 和 Ga 的含量也较高。主量和微量元素均表现为 A 型花岗岩的特征。该花岗岩稀土元素分馏模式表现出罕见的"四素组效应"(tetrad effect)，一些微量元素的行为也表现出不受离子电荷和半径的控制 (non-CHARAC 行为)，如异常低的 K/Rb 和 Zr/Hf 值以及醒目的高 K/Ba 值，该特征仅见于与热液发生过强烈相互作用的高度演化的岩浆中。具有相对较低的 $^{87}Sr/^{86}Sr$ 初始值 (0.707，而太平岩体为 0.710) 和较高的 $\varepsilon_{Nd}(t)$ 值 ($-4.87 \sim -4.45$，而太平岩体为 $-6.40 \sim -6.21$)，二阶段模式年龄 (T_{DM-2}) 为 $1.24 \sim 1.33Ga$，明显年轻于扬子克拉通内不同时期花岗岩所普遍显示的约 2.1Ga 的模式年龄值，也小于太平岩体的模式年龄 ($1.44 \sim 1.45Ga$)，指示黄山岩体的母岩浆中包含较多新加入的软流圈地幔物质。据此认为，由钙碱性的太平岩体转变为碱性的黄山岩体所指示的是扬子克拉通东南部中生代岩石圈的减薄事件 (薛怀民等，2009)。

第3章 安徽南部典型金矿床

安徽南部金矿床（点）点多面广，较分散，主要集中分布于沿江一带（铜陵-池州-安庆）及黄山等地区，金主要伴（共）生赋存于铜-铁-硫矿床中，独立的岩金矿较少（储国正，2010），但近年来陆续发现了贵池抛刀岭、东至花山、铜陵杨冲里、泾县乌溪、休宁天井山等一批独立的岩金矿，尤其是抛刀岭金矿已经达到大型金矿规模，显示了独立的金矿床较好的找矿前景。本书介绍和研究的金矿床主要为以金为主矿种的岩金矿，不含赋存在铜-铁-硫矿床中的伴（共）生金矿床。

3.1 铜陵杨冲里金矿

铜陵矿集区是长江中下游铜、铁、金、硫成矿带的重要组成部分（Ⅱ），受东西向展布的铜陵-南陵深断裂控制，自西向东分为铜官山、狮子山、新桥、凤凰山、沙滩角5个大型铜金铁矿田（图版Ⅱ-a），本区是中国金属矿床研究的热点区之一，矿床地质著作和研究性文章繁多，涵盖了铜陵地区成矿模式、矿床成因、成岩成矿年代学、岩浆岩与成矿关系及深部成矿预测等（常印佛等，1991，2012；翟裕生等，1992；刘湘培，1989；唐永成等，1998；Pan and Dong，1999；Chen et al.，1985，2001；吴才来等，2003；邓军等，2004，2006；毛景文等，2009；徐晓春等，2009，2011，2014；周涛发等，2012）。近年来陆续发现了姚家岭特大型多金属矿床及舒家店大型斑岩型铜矿，使这一地区的研究热度持续不减。段留安等（2013）在舒家店铜矿外围地区志留纪地层中首次发现了一些产在破碎带中的金矿脉（杨冲里金矿脉），并提出了该地区存在构造蚀变岩型新类型金矿。随后，在本区地表发现构造蚀变带5个，对其中的Ⅰ、Ⅱ、Ⅲ号3个矿化带初步进行了工程控制，目前已经达到中型金矿规模（陈四新等，2014），显示了较好的找矿潜力，是近年来铜陵地区浅地表发现的唯一一个具有一定规模的金矿床。

杨冲里金矿位于铜陵市区东约19km，与舒家店斑岩型铜矿南邻（图版Ⅱ-b、c）。铜陵地区一直是金属矿床研究的热区之一，攻深找盲是近年来的研究方向，然而该矿属于浅部发现的金属矿床，为铜陵地区地质找矿工作提供了新的思路和方向。因此，对该矿床的矿床地质、岩石地球化学特征及其与铜金成矿的岩浆岩年代学等系统性研究，将有助于指导长江中下游地区金矿的勘探和进一步深化该地区的成矿理论。

3.1.1 区域地质背景

杨冲里金矿处于铜陵至戴家汇东西向控岩控矿构造成矿带中，位于新桥矿田和沙滩角矿田之间的舒家店地区，铜陵断隆区与繁昌断凹区（盆地）的过渡部位（图版Ⅱ-b）。区内发育多期次构造-岩浆事件，具有较好的成矿条件。区域出露地层主要为志留系、泥盆系、石炭系及二叠系（图版Ⅱ-b、c），其中以中志留统坟头组地层最为发育，岩性主要为灰-青灰色砂质页岩、青灰-浅灰色粉砂岩及砂岩等，岩层产状一般较缓。区内褶皱、断裂构造发育，主要由舒家店背斜及一系列北东向、北西向断裂组成，其中舒家店背斜呈北东向线状分布，背斜北东端为九榔断裂带所切割，与繁昌火山凹陷相接。背斜轴向50°～60°，轴面倾向北西，倾角80°左右，全长约13km，南西端较开阔，宽约3km，北东端狭窄，宽仅0.3～1km，为一不规则的短轴背斜。背斜核部由中志留统坟头组岩层组成，局部出露高家边组地层，两翼地层较齐全，分别由上泥盆统五通组至下三叠统南陵湖组岩层组成，北缓南陡，北西翼地层倾向北西，倾角30°～50°，南东翼在朱家山—横山岭一带地层倾向南东，倾角50°～80°，在牡丹山—青龙山一带地层倒转，倾向北西，倾角60°～85°，为一斜歪-倒转背斜。两翼纵横断层发育，北翼普遍发育低角度的逆断层，南翼发育冲断层。区内北东及北西向两组断裂发育，北东向断裂主要表现为压性冲断裂及破碎带，基本上与岩体长轴方向一致，约北东40°，与区域性的高角度压性断裂一致，是岩浆侵位的主要通道，也是本区主要的控矿构造（王彪，2010），北西向主要表现为横切背斜的断裂。

　　与本区铜金矿密切相关的舒家店岩体，呈北东向延伸，平面形态呈倒"丫"字，表现了受北东及北西西向两组构造控制的特点，长2km，面积约2km²。该岩体产于舒家店背斜近轴部，呈岩筒产出，接触面陡立，倾角80°以上。该岩体有两次侵入，第一次为辉石闪长岩，第二次为二长闪长岩。辉石闪长岩位于复式岩体的西北部，呈北东向延伸，具细中粒等粒结构；二长闪长岩出露于东南部及南部，具中粗粒结构。两期岩体在深部为侵入接触，接触界线明显。岩体中脉岩发育，以正长斑岩脉为主，次为辉绿岩脉、花岗斑岩脉等（陈四新等，2014）。其中辉石闪长岩位于杨冲里金矿北部地区，与舒家店斑岩型铜矿关系密切；二长闪长岩位于杨冲里矿区，与杨冲里金矿密切相关。

　　二长闪长岩为灰-深灰色，全晶质半自形等粒-不等粒结构、包含结构，局部似斑状结构，块状构造。矿物粒度一般0.5～2.0mm。主要矿物成分为斜长石（54%～70%）、普通角闪石（2%～12%）、石英（10%～17%）、钾长石（10%～16%）、黑云母（1%～2%）、黄铁矿（1%～2%）；副矿物主要有磁铁矿、磷灰石及榍石等。蚀变以硅化、钾化、绢云母化为主，次为绿泥石化，次生石英呈脉状或团块状分布（图版Ⅲ-a、b）。矿化以黄铁矿化为主（图版Ⅲ-a），其次为黄铜矿化，少量方铅矿化、闪锌矿化，局部见辉钼矿化。黄铁矿化及黄铜矿化主要以浸染状、团块状、细脉状分布于二长闪长岩中。

　　正长花岗岩隐伏产于矿区的深部，目前只在深孔中见到ZK1618孔深820m以下为正长花岗岩。手标本呈肉红色，中粗粒花岗结构，块状构造。主要矿物成分为钾长石（45%～55%）、斜长石（10%～20%）、石英（25%～40%）、黑云母（2%～4%）；副矿物主要由少量磷灰石、褐帘石、磁铁矿、锆石等组成。岩石中局部见有辉石闪长岩的包体，说明其成岩晚于辉石闪长岩（图版Ⅲ-g）。

3.1.2　矿床地质特征

　　发现矿带5条，矿区中部由南向北矿带编号分别为Ⅰ、Ⅱ、Ⅲ、Ⅳ，大致呈北东向等距平行排布（图版Ⅱ-c），Ⅴ号矿带位于矿区东部（图3-1，图版Ⅱ-c），目前主要围绕Ⅰ、

Ⅱ、Ⅲ3个矿带开展地质探矿工作，取得了较好的找矿成果。

3.1.2.1　矿带及矿体特征

　　Ⅰ、Ⅱ、Ⅲ号矿带分布于志留系坟头组地层中，Ⅳ号矿带分布于石英二长闪长岩中，Ⅴ号矿带赋存于志留系茅山组地层中（图3-1a）。矿化带中分布有50多个金矿体，一些主要矿体品位厚度相对稳定，规模较大。矿石类型为赋存于二长闪长岩中的碎裂岩（图版Ⅲ-e）和志留纪地层中的碎裂岩（图版Ⅲ-f）。含金碎裂岩（局部充填黄铁矿石英脉）岩石较破碎，黄铁矿化富集，金与黄铁矿化、硅化密切相关，一般黄铁矿含量越高金的品位就越高。矿体走向北东，倾向南东，倾角较陡（70°~80°），呈似层状、透镜状（图3-1b）形态赋存于破碎带中（陈四新等，2014），其特征见表3-1。

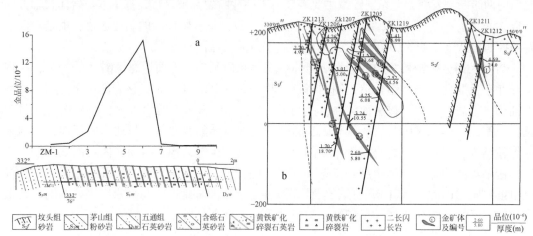

图3-1　杨冲里金矿探槽及钻探地质剖面示意图（Duan et al.，2017）

3.1.2.2　矿石特征

　　杨冲里金矿主要矿石类型为蚀变碎裂岩型含金矿石，大多为黄（褐）铁矿化花岗质碎裂岩及粉砂质碎裂岩。

　　1. 矿石矿物成分

　　近地表矿石氧化程度比较高，基本为氧化矿石，所见的金属矿物为褐铁矿等；原生金矿石中硫化物含量较高，一般8%左右，为硫化物型银金矿矿石。金属矿物以黄铁矿为主，方铅矿、闪锌矿、黄铜矿、辉钼矿少量，有时与黄铁矿共生富集（图版Ⅲ-c、d）。脉石矿物主要为石英，其次含少量的绢云母、长石、绿泥石、方解石、角闪石等。

　　2. 矿石结构、构造

　　矿石结构：以次生假象结构、交代残余结构、半自形-自形晶粒状结构、包含结构为主。如褐铁矿常保持黄铁矿原晶形特征，有时内部有残留的黄铁矿晶骸构成交代残余结构。而黄铁矿、铅锌矿等金属硫化物多呈他形粒状结构，有少数未氧化的粗粒黄铁矿呈半自形-自形粒状结构。包含结构主要体现于黄铁矿中嵌布自然金现象。

表 3-1　杨冲里金矿矿体特征表

矿带编号	所含矿体编号	矿体编号	勘探线位置		规模			主要矿体特征				空间分布		平均金品位 /(g/t)	矿体形态	矿石类型
								产状								
			从(勘探线)	到(勘探线)	延长 /m	延深 /m	视厚度 /m	倾向 /(°)	倾角 /(°)			标高从 /m	标高到 /m			
I	1~9,26~30,35,36,44,58,59等19个矿体	1	18	12	180	157.23	8.78	150	74.23			95.72	248	3.16	似层状	砂岩质碎裂岩
		2	18	12	180	161.09	3.37	150	72.57			84.95	263.11	2.95	似层状	花岗质砂咮岩
		7	16	16	40	62.19	2.72	150	72.03			−47.28	11.9	5.10	透镜状	花岗质砂咮岩
II	13~16,18,21,25,31等22个	21	12	4	220	180.75	7.73	150	62.25			−132.19	176.57	2.59	似层状	砂岩质碎裂岩
		25	12	8	140	303.89	7.46	150	65.96			−111.51	168.48	3.02	似层状	花岗质碎裂岩
III	10,11,12,17,20,22,23等18个	23	12	8	140	151.54	2.55	150	72			2.19	224.19	2.27	似层状	花岗质碎裂岩
		41	4	3	240	228.31	7.61	150	75.11			−112.58	139.56	2.66	似层状	砂岩质碎裂岩

矿石构造：地表氧化矿石主要为蜂窝状构造，是由金属矿物氧化流失而形成。其次为次生网脉状构造，是由次生的褐铁矿呈网脉状嵌存于脉石裂隙中；原生硫化矿为星点、浸染状构造、脉状构造、角砾状构造、块状构造等。

3.1.2.3　矿（化）体分布规律及特征

（1）金矿脉大致呈平行等距排布，在志留纪地层中的断裂破碎带内及破碎带附近的金矿化强度高，其他地段金矿化相对分散。

（2）金矿（化）体主要发育于北东东至东西向断裂破碎带中，严格受破碎带控制，产状和破碎带基本一致。

（3）含金破碎带矿化蚀变主要有黄（褐）铁矿化、黄铜矿化、闪锌矿化、方铅矿化、辉钼矿化、碳酸盐化、硅化、绢云母化等。其中硅化普遍发育，多呈团块状、梳状、细脉状、晶洞状，与金矿化关系密切。黄铁矿化也普遍发育，多呈浸染状、粒状、团块状、细脉状分布于碎裂岩中或岩层裂隙面上，地表及近地表多变为褐铁矿化，与金矿化关系密切，一般黄（褐）铁矿含量越高金品位越高。方铅矿化、闪锌矿化及辉钼矿化仅在个别钻孔中见到。

（4）金矿化对围岩无明显的选择性，其围岩可以是志留纪粉砂岩、石英岩，也可以是二长闪长岩。

3.1.3　样品采集及测试

在Ⅰ号矿带中采集了10件二长闪长岩主微量样品及1件锆石测试样品。在ZK1618孔深880m附近的正长花岗岩中采集了3件主微量样品及1件锆石测试样品。同时还采集了矿区外围TLSJD-1钻孔孔深2422m处正长花岗岩1件主微量样品。对Ⅴ号矿带中的9件含金石英砂岩及3件围岩进行了主微量测定；对矿石中的5件含金黄铁矿样品进行了硫同位素测定，对8件含金黄铁矿样品进行了铅同位素测定。

全岩常量元素采用ME-XRF06法，由X荧光光谱仪测定。稀土元素采用ME-MS81法，微量元素采用ME-MS61法，HF+HNO₃溶解样品，具体分析流程见Qi等（2000）。

锆石的激光剥蚀电感耦合等离子体质谱（LA-ICP-MS）原位U-Pb定年和微量元素分析仪器组成及实验参数见Liu等（2010）。数据处理采用ICPMSDataCal软件（Liu et al.，2008，2010），年龄计算采用ISOPLOT（3.00版）软件（Ludwig，2003）进行。详细分析方法见Yuan等（2004）和Liu等（2010）。

黄铁矿样品中的硫、铅同位素样品的制备均在超净化工作柜内完成，使用MAT251 3708型稳定同位素质谱仪测定。测量结果以V-CDT（一种人工合成的Ag_2S）为标准，分析精度$\delta^{34}S$优于0.20‰。

3.1.4　岩石地球化学及年代学

3.1.4.1　岩浆岩地球化学特征

与舒家店辉石闪长岩不同，本区二长闪长岩在TAS图解中（图3-2a），主要落于闪长岩内，岩石 SiO_2 含量为 62.81% ~ 67.02%，均值为 63.80%，全碱（Na_2O+K_2O）含量为 6.93% ~ 8.13%，均值为 7.31。相对本地区辉石闪长岩而言，其 SiO_2 及全碱（Na_2O+K_2O）含量要偏高。同时二长闪长岩落入亚碱性范围，辉石闪长岩则为碱性范围；岩石中部分样品 Na_2O 含量高于 K_2O，K_2O 含量为 2.87% ~ 4.82%，K_2O/Na_2O 值为 0.71 ~ 1.57。辉石闪长岩样品 Na_2O+K_2O 含量随 SiO_2 含量的增加而增加，而二长闪长岩样品 Na_2O+K_2O 含量随 SiO_2 含量的增加没有明显的增加趋势，反映两者之间的演化关系有差异。在 SiO_2-K_2O 图解中，二长闪长岩大部分落入高钾钙碱性系列，而辉石闪长岩则大部分落入钾玄岩系列（图 3-2b）。实验岩石学研究表明（Meen，1990），玄武质岩浆在高压下（>1GPa）结晶时，晶出的辉石量多，橄榄石相当少，最终导致熔体中钾的高度富集，而 SiO_2 并没有明显增加。岩石中 Fe_2O_3 含量为 3.28% ~ 5.04%，$Mg^{\#}$ 指数较低，为 31.77 ~ 39.34。辉石闪长岩和二长闪长岩的 SiO_2 含量变化不大，但 K_2O 含量的变化较大，可能是两者都经历了后期的钾化蚀变所引起。根据岩相学特征，二长闪长岩发生了不同程度的绢云母化、钾长石化，这些钾质蚀变增加了侵入岩岩石中钾和碱的含量。因此，杨冲里地区的二长闪长岩虽然有部分点落入钾玄岩区域，但仍属高钾钙碱性系列岩石。

来自钻孔深部的正长花岗岩，具有较高的 SiO_2（71.36% ~ 73.59%，平均为 72.50%）、Al_2O_3（12.87% ~ 13.45%，平均为 13.06%）和 Fe_2O_3（1.70% ~ 1.94%，平均为 1.81%）含量；全碱（K_2O+Na_2O）含量为 8.82% ~ 9.37%，平均为 8.95%；TiO_2 含量为 0.19% ~ 0.24%，平均为 0.22%；MgO 含量为 0.27% ~ 0.66%，平均为 0.50%；CaO 含量为 0.67% ~ 1.35%，平均为 0.97%。在 TAS 图中，落入花岗岩范围（图 3-2a），属于高钾钙碱性系列（图 3-2b）。

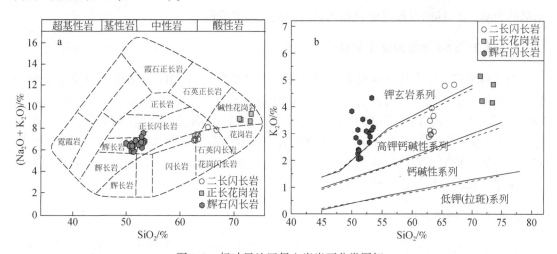

图 3-2　杨冲里地区侵入岩岩石分类图解

a. SiO_2 与 Na_2O+K_2O 判别图解（据 Wilson，1989）；b. 岩石系列 SiO_2-K_2O 图解（实线据 Peccerillo and Taylor，1976；虚线据 Middlemost，1985）（辉石闪长岩数据据赖小东等，2012）

二长闪长岩和辉石闪长岩中的 SiO_2 与 Fe_2O_3、TiO_2、MgO、CaO 及 P_2O_5 具有明显的负相关性，反映了在岩浆演化过程中，斜长石、角闪石、磷灰石、镁铁矿物及 Fe-Ti 氧化物等逐渐发生了分离结晶作用。两者的轻重稀土元素发生显著分异，富集轻稀土元素，亏损重稀土元素，呈右倾趋势（图 3-3a）。二长闪长岩具有轻微的 Eu 负异常，Eu/Eu^* 值为 0.81~0.88，稀土元素含量为 $101.24×10^{-6}$~$145.96×10^{-6}$（均值 $126.55×10^{-6}$），其 $(La/Yb)_N$ 值为 13.82~18.28，略低于辉石闪长岩。总体上，从偏基性岩到偏酸性岩稀土总量逐渐减小，与正常岩浆演化相悖，暗示本区可能存在至少两种岩浆混合作用的特征。

在原始地幔标准化蛛网图（图 3-3b）中，杨冲里岩体整体上富集大离子亲石元素（Rb，Ba，Th），亏损高场强元素（Nb，Ta，Zr）。辉石闪长岩 Sr 含量为 $918×10^{-6}$~$1370×10^{-6}$，均值 $1160.32×10^{-6}$（赖小东等，2012）；二长闪长岩 Sr 含量为 $700×10^{-6}$~$2220×10^{-6}$，均值 $1115.4×10^{-6}$。高 Sr 是幔源金伯利岩、大陆碱性玄武岩和橄榄玄武岩等高钾岩石的特征（邢凤鸣和徐祥，1995）。本区侵入岩高 Sr，暗示其原始岩浆可能以幔源碱性玄武岩浆为主。和辉石闪长岩相比，二者具有类似的蛛网图特征，但二长闪长岩具有更明显的 Zr、Hf 和 Ti 负异常，暗示在岩浆结晶的早期有大量的锆石和金红石结晶分异。

正长花岗岩样品的微量元素具有很好的一致性。具有较高的 Rb 含量（$131×10^{-6}$~$219×10^{-6}$），较低 Sr 含量（$78.3×10^{-6}$~$156×10^{-6}$）。稀土总量变化为 $202.4×10^{-6}$~$226.07×10^{-6}$，$(La/Yb)_N$ 值为 5.11~6.26，反映轻重稀土分异明显。在稀土元素球粒陨石标准化图解中（图 3-3c），正长花岗岩呈轻稀土元素富集，重稀土元素平坦分布模式，表现出强烈的 Eu 负异常（$Eu^*/Eu=0.22$~0.31），表明源区具有斜长石的分离结晶。稀土配分模式右倾型，与上地壳具有相似的稀土配分模式，说明正长花岗岩岩浆源区可能来源于上地壳。平坦的重稀土模式表明岩浆源区中没有重稀土富集的矿物（如石榴子石）相残留，岩浆起源较浅。在微量元素原始地幔标准化蛛网图上（图 3-3d），高场强元素 P、Ti、Nb 相对亏损；Rb、K、Th、U 相对富集。Ba 相对于 Rb 和 Th 亏损。Ba、Sr 负异常表明受长石结晶的影响，而 Ti 的亏损可能是钛铁矿的分离结晶造成的。

3.1.4.2　含矿地层地球化学特征

为了解金矿石稀土和微量元素的变化特征，对 V 号脉的 ZM1 探槽样品对应做了全岩分析，可见含矿地层（石英砂岩）和不含矿地层（砂页岩）具有相似的稀土和微量元素特征（图 3-3e、f），均具有高的 Th、U、Zr、Hf 和 LREE 含量及明显的 Eu 负异常。不同的是，不含矿的地层具有比含矿地层更高的稀土元素和微量元素含量，这可能和成矿作用有关，例如二长闪长岩具有和下地壳类似或略低的 HREE 含量，和含矿石英砂岩相似，可能暗示了二长闪长岩与金矿形成的关系。

3.1.4.3　同位素年代学

杨冲里二长闪长岩和正长花岗岩样品中锆石相对均一，无色透明，具有自形晶晶形，多数呈短柱状。除个别锆石为继承锆石外，其余锆石阴极发光图像显示出锆石颗粒的内部具有明显的岩浆振荡环带结构，表明锆石为岩浆结晶产物（图 3-4）。二长闪长岩的锆石 U、Th 含量较低且变化不大（U 含量范围在 $189×10^{-6}$~$359×10^{-6}$，Th 含量范围在 $93.4×10^{-6}$~$270×10^{-6}$），锆石 Th/U 值变化范围在 0.43~0.81；正长花岗岩的锆石 U、Th 含量较高且变化范围较大（U 含量范围在 $91.8×10^{-6}$~$1478×10^{-6}$，Th 含量范围在 $173×10^{-6}$~$4178×10^{-6}$），锆石 Th/U 值变化范围在 0.88~3.1，表明这些锆石为典型的岩浆锆石

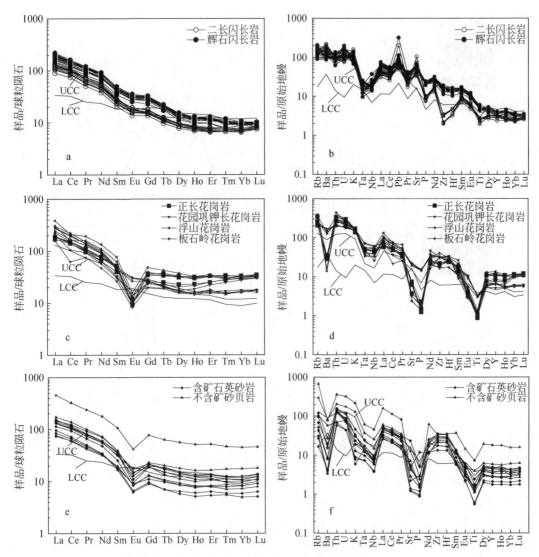

图 3-3　稀土元素模式配分图及微量元素蛛网图（标准化值据 Sun and McDonough，1989）

a 和 b 为杨冲里二长闪长岩；c 和 d 为杨冲里正长花岗岩；e 和 f 为杨冲里金矿矿区地层

（Hoskin，2000；Rubatto and Gebauer，2000；Belousova et al.，2002；Möller et al.，2003）。

　　二长闪长岩的锆石 U-Pb 加权平均年龄为 140.7±1.8Ma（MSWD=0.38），正长花岗岩的锆石 U-Pb 加权平均年龄为 126.4±1.2Ma（MSWD=0.33）（图 3-4），两者相差 14Ma，说明该地区经历了不同期次的岩浆岩事件。闪长岩的年龄与铜陵地区（155～133Ma）燕山期大规模成岩事件一致，受近东西向铜陵-南陵基底断裂控制（常印佛等，1991；唐永成等，1998），伴随着该期岩浆岩事件，形成了斑岩型铜金多金属矿床及全球特有的大型-超大型夕卡岩型铜矿床。正长花岗岩的年龄则与长江中下游地区 A 型花岗岩的形成时代相一致（125±2Ma；范裕等，2008；Wong et al.，2009；Li H et al.，2011）。

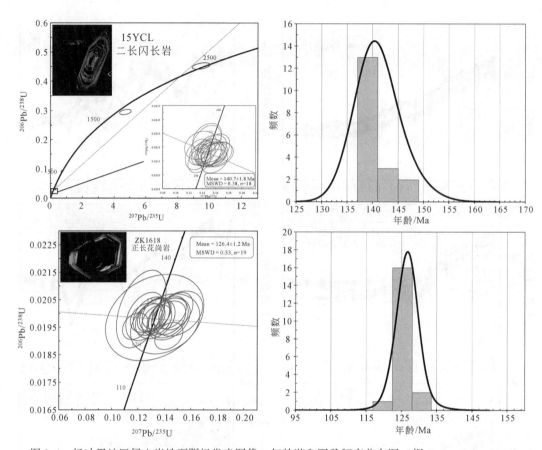

图 3-4　杨冲里地区侵入岩锆石阴极发光图像、年龄谐和图及频率分布图（据 Duan et al.，2017）

从二长闪长岩和正长花岗岩锆石稀土元素球粒陨石标准化图上看出（图 3-5），轻稀土元素含量低，具有明显的 Ce、Eu 异常，为典型岩浆锆石特征（Hoskin，2005）。二长闪长岩锆石样品 Ce/Ce* 变化为 1.34 ～ 1606.29，平均为 258.64，表明高 Ce 异常（低 Ce 异常<50；高 Ce 异常>50；Xie et al.，2009），暗示高氧逸度特征（Ballard et al.，2002；Xie et al.，2009）。根据 Watson 等（2006）研究，锆石是能较好反映岩浆形成时温度的矿物，其

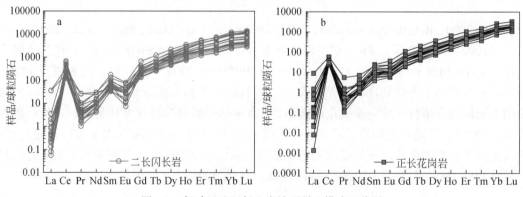

图 3-5　杨冲里地区侵入岩锆石稀土模式配分图

中微量元素 Ti 是对岩浆形成温度的灵敏指示元素，能在地质活跃期间普遍保持封闭性。二长花岗岩锆石样品 Ti 的含量在 $1.76 \times 10^{-6} \sim 8.76 \times 10^{-6}$，根据锆石 Ti 含量计算出锆石的结晶温度范围在 $625 \sim 716℃$，平均温度为 $662℃$。正长花岗岩锆石样品的温度范围在 $652 \sim 849℃$，平均为 $751℃$。计算出的温度都比正常的岩浆温度要低，可能指示岩浆是由源区物质在减压的条件下发生部分熔融形成的，也暗示岩浆具有高氧化特性，有利于深部金、铜等成矿元素的富集（Duan et al.，2017）。

3.1.4.4　硫、铅同位素特征

杨冲里金矿的矿石中金与黄铁矿密切相关，且金的品位与黄铁矿含量呈正相关关系。因此，查清黄铁矿中硫、铅的来源，有助于解决本地区金成矿的物质来源。

对杨冲里矿区 5 件矿石中的黄铁矿做了硫同位素测定，其测定结果显示 $\delta^{34}S_{CDT}$ 最高值为 5.33‰，最低值为 4.08‰，表明杨冲里矿石中的硫同位素相对集中，总体范围为 4.08‰ ~ 5.33‰。具体见表3-2。

表 3-2　硫同位素测试结果表

样品号	矿区	测试矿物	样品名称	$\delta^{34}S_{CDT}/‰$
13YCL01py		黄铁矿	黄铁矿矿石	5.33
13YCL02py		黄铁矿	黄铁矿矿石	4.84
13YCL03py	杨冲里	黄铁矿	黄铁矿矿石	4.90
13YCL04py		黄铁矿	黄铁矿矿石	4.08
13YCL05py		黄铁矿	黄铁矿矿石	4.99

对 8 件黄铁矿样品做了铅同位素测试，测试结果见表3-3。其 $^{206}Pb/^{204}Pb$ 值为 18.188 ~ 18.306（均值18.250），$^{207}Pb/^{204}Pb$ 值为 15.508 ~ 15.584（均值15.548），$^{208}Pb/^{204}Pb$ 值为 38.161 ~ 38.398（均值38.392）。8 件黄铁矿样品的铅同位素 $^{206}Pb/^{204}Pb$ 值和 $^{208}Pb/^{204}Pb$ 值变化范围比较小，说明具有单一的源区。

表 3-3　杨冲里金矿黄铁矿中 Pb 同位素测试结果表

样号	样品名称	分析结果						
		$^{206}Pb/^{204}Pb$	$^{207}Pb/^{204}Pb$	$^{208}Pb/^{204}Pb$	表面年龄/Ma	φ 值	μ 值	Th/U
YCL-1	黄铁矿	18.188±0.002	15.557±0.002	38.284±0.004	276	0.593	9.40	3.78
YCL-2	黄铁矿	18.199±0.005	15.582±0.005	38.373±0.009	298	0.595	9.45	3.81
YCL-3	黄铁矿	18.269±0.006	15.525±0.005	38.237±0.009	176	0.584	9.33	3.71
YCL-4	黄铁矿	18.200±0.006	15.508±0.004	38.161±0.013	206	0.586	9.31	3.71
YCL-5	黄铁矿	18.283±0.004	15.528±0.003	38.246±0.008	170	0.583	9.34	3.71
YCL-6	黄铁矿	18.285±0.003	15.560±0.004	38.345±0.014	209	0.587	9.40	3.75
YCL-7	黄铁矿	18.271±0.002	15.584±0.002	38.398±0.004	249	0.590	9.45	3.79
YCL-8	黄铁矿	18.306±0.003	15.541±0.002	38.291±0.006	169	0.583	9.36	3.72

3.1.5　讨论

3.1.5.1　岩浆岩成因

不同成因的埃达克岩具有不同的地球化学特征。杨冲里二长闪长岩具有高 Al_2O_3 含量（平均15.5%），K_2O/Na_2O 值变化在 0.71~1.57，除几个样品由于钾化影响导致 K_2O/Na_2O 值偏高外，其余样品均落在俯冲洋壳熔融型埃达克岩区域内，明显区别于大别造山带加厚下陆壳型埃达克岩（Liu et al.，2010）（图 3-6c）。杨冲里埃达克质岩具有相当低的 $(La/Yb)_N$ 值（13.8~18.3，平均为 16.2），高的 Sr/Y 值（45.7~106.4，平均为 84.5），与长江中下游埃达克岩特征一致，属于俯冲洋壳熔融型埃达克岩，支持板块熔体的解释（Martin et al.，2005）（图 3-6d）。值得注意的是从埃达克岩和经典岛弧的判别图解中可以看出，二长闪长岩均落在洋壳板片熔融的典型洋壳埃达克岩范围，而辉石闪长岩却落入经典的岛弧区域（图 3-6a~d），可能反映含矿的岩浆岩源区具有更多的大洋洋壳及沉积物的加入。

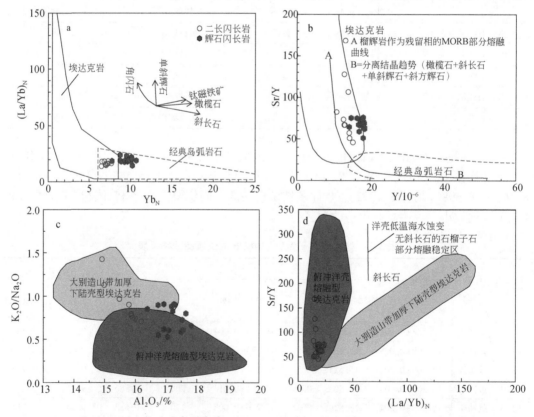

图 3-6　埃达克岩判别图解（底图据 Defant and Drummond，1990）（据 Duan et al.，2017）

数据来源：大别造山带加厚下陆壳型埃达克岩据 Petford and Atherton，1996；Wang et al.，2007；Huang et al.，2008；Zhao and Zhou，2008；洋壳板块而来埃达克岩据 Defant and Drummond，1990；Drummond et al.，1996；Stern and Kilian，1996；Aguillón-Robles et al.，2001

二长闪长岩具有高的 LREE 含量，富集 Sr、Ba，贫 HREE、Y、Yb，高的 Sr/Y 和 $(La/Yb)_N$ 值，这与长江中下游地区早白垩世埃达克岩的地球化学特征相似（Wang et al.，2003；Xie G Q et al.，2008，2011；Li et al.，2009；Liu et al.，2010；Xie J C et al.，2012）。在 $(La/Yb)_N$-Yb_N 和 Sr/Y-Y 图解上（图3-7a、b），所有样品显示负相关趋势，从二长闪长岩到辉石闪长岩，Yb 值逐渐增大，辉石闪长岩落在经典岛弧岩石区域内，二长闪长岩则落入埃达克岩区域。目前对长江中下游地区含矿埃达克岩的成因解释存在很多争论，主要有以下几种观点：①加厚下地壳或拆沉下地壳部分熔融并经地幔混染（Wang et al.，2007；Xu et al.，2002；蒋少涌等，2008；张旗等，2001）；②幔源岩浆与壳源岩浆的混合作用（Wang et al.，2003；王元龙等，2004）；③俯冲洋壳部分熔融，并经历富集岩石圈地幔组分的混染作用（Ling et al.，2009，2011；Wang et al.，2011）；④幔源岩浆结晶分异或 AFC 过程（Li J W et al.，2009；Xie G Q et al.，2008，2011；杜杨松等，2007）。

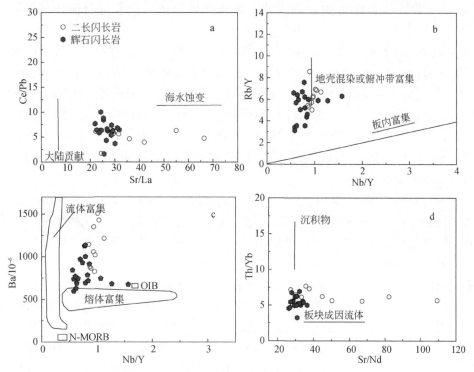

图3-7　杨冲里二长闪长岩地球化学特征

a. Sr/La-Ce/Pb 图解（Liu et al.，2010）；b. Nb/Y-Rb/Y 图解；c. Nb/Y-Ba 图解；
d. Sr/Nd-Th/Yb 图解（据 Kepezhinskas et al.，1997）

陆壳 Ce/Pb 值（约 4～5；Taylor and Mclennan，1985；Rudnick and Gao，2003）比洋壳（约 24；Sun and McDonough，1989）低。由于 N-MORB 亏损 LREE 和海水蚀变富集 Sr，蚀变洋壳比下陆壳具有更高的 Sr/La 值。Sr/La-Ce/Pb 图解可以判别来自俯冲洋壳和下陆壳的岩石（Liu et al.，2010）。杨冲里埃达克质岩的 Ce/Pb 和 Sr/La 值与长江中下游地区埃达克岩相似，暗示其起源于俯冲洋壳（图3-7a）。与 Liu 等（2010）对长江中下游地区含矿埃达克岩具有的 MORB 属性一致，说明杨冲里二长闪长岩与铜陵地区铜金矿成矿母岩相似，具有相同的地球动力学背景，与本区金矿的形成密不可分。

铜陵地区燕山期侵入岩岩石的 $(^{87}Sr/^{86}Sr)_i$ 值为 0.7067 ~ 0.7101、$\varepsilon_{Nd}(t)$ 值为 –17 ~ –7（谢建成等，2009，2012），二长闪长岩 Zr/Ba 值为 0.02 ~ 0.03，辉石闪长岩 Zr/Ba 值为 0.14 ~ 0.31，这些特征均反映其源区为岩石圈地幔（DePaolo and Daley，2000）。杨冲里矿区侵入岩相当富钾、铝，贫镁，富集大离子亲石元素和轻稀土元素，亏损高场强元素 Nb、Ta、Ti，明显富集 Sr、Ba，与舒家店辉石闪长岩具有相似的稀土和微量元素配分模式，说明两者的原始岩浆来源于岩石圈地幔，且岩石圈地幔源区可能受到了板片俯冲作用的改造，也可能反映出岩浆上升过程中经受了地壳混染。在 Rb/Y-Nb/Y 相关图解上（图3-7b）可以看出二长闪长岩与辉石闪长岩基本上沿着地壳混染或俯冲带富集的演化线分布，反映出地幔源区可能受到了板片俯冲作用的改造，或可能在岩浆上升过程中受到了地壳混染。相容微量元素 Sc 和不相容微量元素如 Nb、Ce、Yb、Y、Pb 等与 SiO_2 含量呈负相关关系，说明本区侵入岩可能为俯冲释放的流体或熔体与地幔岩浆混合而成（Duan et al.，2017）。

Ba 是俯冲板块释放流体中最活泼的不相容元素，而 Th 一般在俯冲板块形成的熔体中富集，利用 Ba 和 Th 的相关图解可以判断金属源区和流体来源（Bedard，1999；Seghedi et al.，2001）。从 Nb/Y-Ba 图（图3-7c）可以看出，舒家店二长闪长岩比辉石闪长岩的 Ba 含量变化大，但样品几乎都落入流体富集和熔体富集之间，推测可能是二者的共同作用形成了舒家店岩体成岩的条件。在 Sr/Nd-Th/Yb 图解中（图3-7d），舒家店二长闪长岩比辉石闪长岩的 Sr/Nd 值变化大，且样品沿着板块来源的流体演化线分布，说明二长闪长岩的成因和板块流体密切相关。

二长闪长岩与辉石闪长岩中的 SiO_2 与 Fe_2O_3、TiO_2、MgO、CaO 及 P_2O_5 具有明显的负相关性，反映了斜长石和角闪石等富钙矿物、镁铁矿物及其 Fe-Ti 氧化物是侵入岩浆在演化过程中较早的主要分异结晶相，可能暗示了从基性岩浆到酸性岩浆存在着分离结晶作用。然而 K_2O、Na_2O、微量元素 Zr、中等不相容元素 Sr 和相容元素 Co 与 SiO_2 无明显的相关关系说明仅仅由基性岩浆通过分离结晶形成研究区中酸性含矿侵入岩的可能性较小。在稀土元素协变关系图解中（图3-8），二长闪长岩和辉石闪长岩总体具有相似的曲线相关关系，表明本区侵入岩不可能为单一的平衡结晶作用、批式部分熔融作用、聚集熔融作用或混合作用的产物，而分离结晶和同化混染联合作用过程中稀土元素的行为则遵从这些协变关系。因此，本区侵入岩的原始岩浆在上升侵位过程中，不仅发生了结晶分异作用，同时也受到了地壳物质的混染作用。

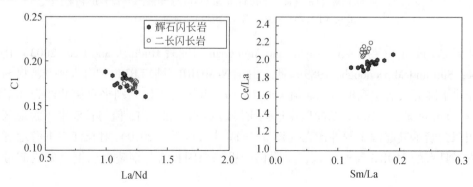

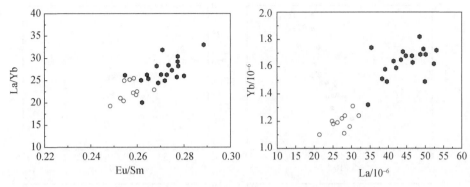

图 3-8　杨冲里二长闪长岩稀土元素协变关系图解

在 La/Sm-La 图解上（图 3-9a），二长闪长岩和辉石闪长岩样品投影点呈一斜线分布，但斜率较小，说明本区侵入岩是源区岩石低程度部分熔融形成的产物。由于 Ce 是超亲岩浆元素，Y 属于亲岩浆元素，在 Ce-Y 图解上（图 3-9b），两类侵入岩呈一斜线分布，暗示为同一源岩部分熔融的产物，但辉石闪长岩的斜率要比二长闪长岩的斜率小，说明辉石闪长岩源区部分熔融的程度要比二长闪长岩低。这些特征暗示本区侵入岩源区岩浆可能为古太平洋板块俯冲到上地幔低程度部分熔融的上地幔玄武质岩浆。在 $Mg^{\#}$-CaO/Al_2O_3 图解和 SiO_2-Eu/Eu^{*} 图解中（图 3-9e、f），辉石闪长岩显示出受到斜长石分离结晶的影响，而二长闪长岩受矿物的分离结晶影响较小（图 3-9c、d）。这些特征表明分离结晶作用可能是辉石闪长岩成分变化的主要原因，而二长闪长岩成分变化可能受到地壳混染和结晶分异过程控制（Duan et al., 2017）。

综上，来自富集地幔的碱性玄武质岩浆底侵下地壳底部，不仅使地壳加厚，并且对下地壳加热使之发生部分熔融，形成深位岩浆房，少量玄武质岩浆注入下地壳深位岩浆房与偏酸性岩浆发生混合，侵位到地壳浅部形成了二长闪长岩；少量混染程度低的幔源碱性玄武质岩浆能够侵位到浅部，形成辉石闪长岩。

3.1.5.2　正长花岗岩岩石成因

杨冲里正长花岗岩与北部的繁昌盆地花岗岩和南部的花园巩岩体一样均显示为典型的 A 型花岗岩地球化学特征（Whalen et al., 1987）：具有高 K_2O/Na_2O 值（0.92 ~ 1.57），高总碱（Na_2O+K_2O）和 K_2O 含量（4.16% ~ 5.14%），低 MgO、CaO、TiO_2 含量，富集 REE、大离子亲石元素和高场强元素（Zr、Hf、Nb 和 Y）。在 A 型花岗岩判别图解中，杨冲里正长花岗岩与繁昌盆地花岗岩以及花园巩花岗岩均落在 A 型花岗岩区域（图 3-10）。目前对于 A 型花岗岩的成因主要有以下观点：伴随或未受地壳混染的玄武质岩浆的结晶分异模式（Loiselle and Wones, 1979；Turner et al., 1992；Smith et al., 1999；Anderson et al., 2003），或深部地壳物质熔融成因（Collins et al., 1982；Clemens et al., 1986；Whalen et al., 1987）。

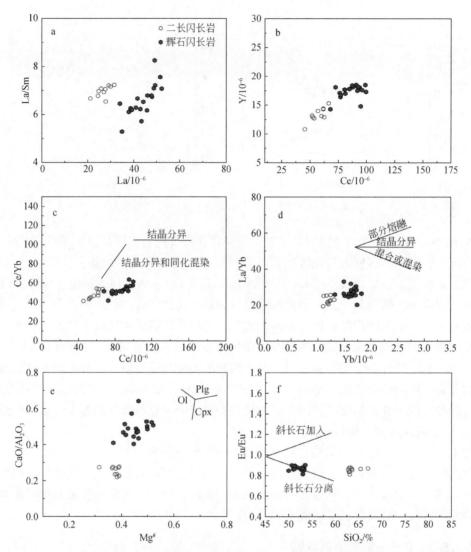

图 3-9　杨冲里地区侵入岩元素变化图解（据 Duan et al., 2017）

Ol. 橄榄石；Plg. 斜长石；Cpx. 单斜辉石

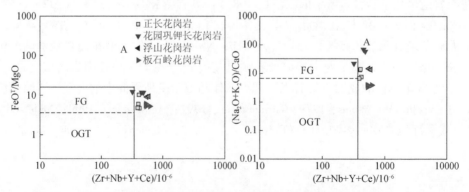

图 3-10　杨冲里正长花岗岩 A 型花岗岩判别图解（底图据 Whalen et al., 1987）

FG. 分异的长英质花岗岩；OGT. 未分异的 M、I 和 S 型花岗岩

杨冲里 A 型花岗岩 MgO（MgO=0.27%~0.66%）、Cr（Cr=10×10^{-6}~30×10^{-6}）含量较低，较高的 Yb（5.1×10^{-6}~5.64×10^{-6}）、Y（38.2×10^{-6}~50.3×10^{-6}）含量和重稀土元素平坦分布模式，排除了石榴子石作为残留相。Mg$^{\#}$小（22~41）指示岩浆含壳源物质。从微量元素地球化学特征来看，区内 A 型花岗岩富集 Rb、Th、K 等大离子亲石元素和轻稀土，具有显著的 Nb、Ta、Ti 和 Zr 的负异常（图 3-3d），同时本区 $\varepsilon_{Nd}(t)<0$（彭戈，2012），均反映出富集的特征。通常认为以下情况可以导致上述富集特征：①岩浆直接产生于 Nd 富集地幔；②岩浆形成过程中受到陆壳组分的混染作用。当然，结晶分异作用也可能有贡献（曹毅等，2008）。从南部的花园巩、本区到北部的繁昌盆地中的 A 型花岗岩，主量元素、微量元素均呈现出规律性的变化，如 TiO$_2$、FeO^T、MgO、CaO、Na$_2$O、P$_2$O$_5$ 和 Zr 等组分的含量随着 SiO$_2$ 含量的增加而降低；Cr、Co、Sc、V 等地幔相容元素含量明显降低。以上特征表明在岩浆演化过程中可能存在辉石、长石、钛铁矿、磷灰石和锆石等矿物的结晶分异作用（Duan et al.，2017）。

目前研究表明，随着结晶分异的进行，分配系数非常接近的微量元素的比值一般不随着改变。因此，分配系数非常接近的微量元素的比值，如 Nb/Ta，Zr/Hf 等，不受结晶分异的影响，可以反映同化混染的程度或代表原始岩浆的特征（无地壳混染的情况下）。区内 A 型花岗岩类及邻区繁昌盆地和花园巩岩体的 Nb/Ta 值在 14.3~17.7 之间，接近原始地幔和球粒陨石的 Nb/Ta 值（17.5±2.0），高于地壳的 Nb/Ta 值（约 11），表明原始岩浆主要来源于地幔（Green，1995）。另外，其 Nb/U 和 Ta/U 值分别为 4.5~7.9 和 0.28~0.45，远低于全球 MORB 和 OIB 的相对均一值（Nb/U≈47，Ta/U≈2.7；Hofmann，1986），并且多数样品低于扬子地壳的相应值的下限（Nb/U=7.14~10.0，Ta/U=0.46~0.63；曹毅等，2008）。

以上特征表明，富集岩石圈地幔的玄武质岩浆与地壳物质发生同化混染，并经历结晶分异作用，导致了本区及周边 A 型花岗岩的形成。

3.1.5.3　大地构造背景探讨

长江中下游地区晚侏罗世—早白垩世中酸性火成岩的形成环境长期以来存在着争论，有学者认为中国东部（含长江中下游地区）岩浆作用是陆内拉张作用的产物，与太平洋板块的俯冲无关（谢家莹等，1996；陆志刚等，1997；李锦轶，1998；Li，2000；张旗等，2001）；有人认为中国东部属于太平洋与东亚大陆碰撞汇聚活动陆缘环境，与古太平洋板块向西的俯冲作用有关（吴利仁，1985；Jahn et al.，1990；Lapierre et al.，1997；Chen and Jahn，1998；Faure et al.，1996；Davis et al.，1996，2001；Menzies and Xu，1998；邓晋福等，2000；Zhou et al.，2006；Sun et al.，2007，2012，2013，2015）；同时也有人提出了俯冲+板内（或弧后）拉张的模式，认为是受太平洋板块俯冲和陆内拉张作用的双重影响，即早期与俯冲有关，晚期叠加了伸展作用的影响（邓晋福等，1996，2000；徐志刚等，1999）。

在构造环境判别图解中（图 3-11），二长闪长岩样品落在火山弧花岗岩（VAG）范围内，这与前人对舒家店辉石闪长岩（王世伟等，2011；赖小东等，2012）构造环境的研究一致，说明整体上舒家店岩体处于挤压的或俯冲挤压的构造环境。与大洋岛弧岩浆岩相比，活动大陆边缘岩浆岩成分以高钾质为主要特征（Wilson，1989）。舒家店二长闪长岩与辉石闪长岩一样显示富集大离子亲石元素（Rb、Ba、Th），亏损高场强元素（Nb、Ta、Zr）的配分模式（图3-3b、d），与板块消减带火成岩的地球化学特征相同，不同于富集高场强元素的板内环境火成岩。吕庆田等（2004）结合地球物理资料推断本区在早白垩世早期处于大陆边缘岩浆弧内陆一侧，相应的岩浆活动与古太平洋板块的斜向俯冲作用有关；晚期由于俯冲的岩片变陡，而发育具有弧后环境特征的岩浆岩。舒家店岩体岩石地球化学特征表明本区岩浆岩形成的大地构造背景，应该是与古太平洋板块俯冲密切相关的大陆边缘岩浆弧的内陆一侧环境。

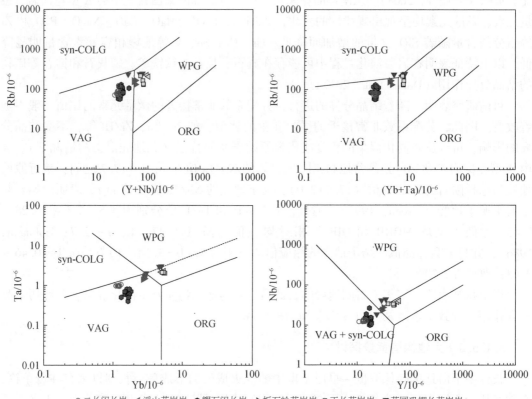

○ 二长闪长岩　◁ 浮山花岗岩　● 辉石闪长岩　▶ 板石岭花岗岩　□ 正长花岗岩　▼ 花园巩钾长花岗岩

图3-11　杨冲里侵入岩构造环境判别图解（底图据 Pearce et al.，1984）

ORG. 洋脊花岗岩；VAG. 火山弧花岗岩；syn-COLG. 同碰撞花岗岩；WPG. 板内花岗岩

　　常印佛等（1991）、唐永成等（1998）认为铜陵地区侵入岩原生岩浆起源于上地幔，是上地幔部分熔融产生的。综合前述二长闪长岩的地球化学特征及一系列地球化学判别图解，认为本区侵入岩的原始岩浆可能来源于岩石圈地幔，且岩石圈地幔源区可能受到了板片俯冲作用的改造，在岩浆上升过程中与地壳发生了同化混染，并发生了结晶分离作用。

　　正长花岗岩样品在构造判别图中，则完全落入板内花岗岩（WPG）区域（图3-11），说明杨冲里正长花岗岩可能形成于碰撞后的拉张环境。在邻区分布的一些 A 型花岗岩与本区花岗岩有着相似的地球化学特征，比如，繁昌盆地浮山花岗岩、花园巩钾长花岗岩、黄梅尖岩体、黄山岩体等。曹毅等（2008）和杜杨松等（2007）认为长江中下游的 A 型花

岗岩形成于华北和华南三叠纪时期的碰撞有关的弧后或者后碰撞的扩张环境。范裕等
（2008）通过对安徽庐江-枞阳地区 A 型花岗岩的研究，认为长江中下游早白垩世 A 型花
岗岩已处于岩石圈减薄和伸展的高峰期，陆内剪切作用产生的拉张环境使得幔源岩浆上
涌，形成北北东向 A 型花岗岩。Wong 等（2009）研究了江绍断裂带以西的白菊花尖 A 型
花岗岩，认为其形成机制与太平洋板块后撤或者折断有关。Li 等（2011）通过对长江中
下游 A 型花岗岩的系统研究，认为其形成机制与洋脊俯冲有关。本区同时代的辉绿岩岩墙
暗示大陆弧的背景（Jiang et al.，2011），区域地质特点表明杨冲里 A 型花岗岩有可能侵位
于大陆弧的最后时期，大陆裂谷的弧后伸展阶段的初期。由于太平洋板块俯冲的后撤导致
弧后伸展或大陆裂谷，从而软流圈上涌触发了富集岩石圈地幔的玄武质岩浆与地壳物质发
生同化混染，并经历了结晶分异作用，导致了杨冲里及周边 A 型花岗岩的形成。

综上，俯冲+板内（或弧后）拉张模式是本地区侵入岩的构造背景，即受太平洋板块俯
冲和陆内拉张作用的双重影响，早期与俯冲有关，晚期叠加了伸展作用的影响（Duan et al.，
2017）。

3.1.5.4　氧逸度及对成矿的影响

研究表明，高氧逸度是 Cu、Au 成矿的重要因素，因为 Cu、Au 是亲硫元素，岩浆结
晶分异过程中如果 S^{2-} 大量存在就会导致 Cu、Au 硫化物过饱和而过早沉淀，不利于残余岩
浆中 Cu、Au 元素的富集，而在高氧逸度条件下，岩浆中的硫绝大多数以 SO_4^{2-} 和 SO_2 形式
溶解在硅酸盐熔体中，能形成硫化物的 S^{2-} 含量很低，硫化物难以达到饱和，从而有利于
Cu、Au 在残余岩浆中逐渐富集以致最终成矿（Mungall，2002；Mengason，2011；李鹏举
等，2013）。Ballard 等（2002）提出锆石中 Ce^{4+}/Ce^{3+} 是一种很好的氧逸度计，根据 Blundy
和 Wood（1994）的公式计算出二长闪长岩锆石的 Ce^{4+}/Ce^{3+} 为 176～1292，平均值为 535，
大于 300，指示岩体具有高的氧逸度，岩体源区物质可能受到俯冲洋壳脱水产生的高氧逸
度流体的交代（Mungall，2002）。氧逸度可以作为一个经验性的指标来区分成矿岩体与不
成矿岩体（Ballard et al.，2002），二长闪长岩高氧逸度指示其为成矿有利岩体。同时在锆
石 Eu/Eu^{*}-Ce^{4+}/Ce^{3+} 图解中（图 3-12a），二长闪长岩锆石样品位于高氧逸度富矿区域，暗
示了其具有较大的成矿潜力。研究表明，俯冲带具有比板内更高的氧逸度特征（Sun et al.，
2004，2011；Ling et al.，2009），二长闪长岩的锆石高氧逸度特征可能进一步暗示了本地区存
在于太平洋俯冲背景下。

Trail 等（2012）通过标定锆石 Ce 异常、温度、氧逸度之间的关系，提出了直接测定
岩体氧逸度的经验公式：$\ln (Ce/Ce^{*})_D = (0.1156 \pm 0.0050) \times \ln (f_{O_2}) + (13860 \pm 708)/T-$
(6.125 ± 0.484)，其中 $(Ce/Ce^{*})_D \approx (Ce/Ce^{*})_{CHUR} = Ce_N/(La_N \cdot Pr_N)^{0.5}$，$f_{O_2}$ 是氧逸度，T
是绝对温度。利用 Trail 的经验公式计算得出杨冲里含矿二长闪长岩的氧逸度范围位于 MH
（磁铁矿-赤铁矿缓冲对）之上（图 3-12b、c），平均值为 FMQ+6.9，氧逸度很高，受高
氧逸度影响，地幔楔熔融形成富集 S 等挥发分和 Cu、Au 等成矿元素的母岩浆，其与地壳
物质混合释放出含 Cu、Au 的热液，最终形成矿床，说明二长闪长岩岩浆结晶时具有良好
的成矿条件。

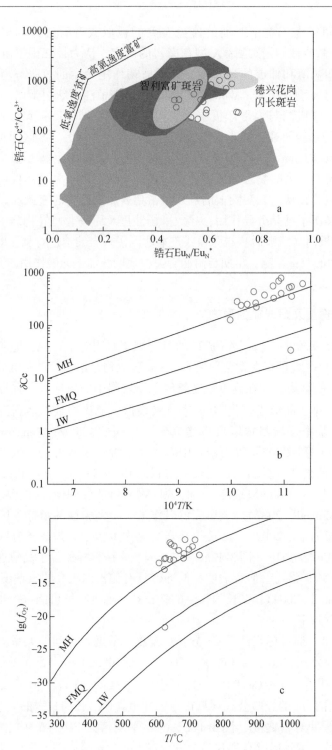

图 3-12　杨冲里二长闪长岩锆石氧逸度等图解

a. Eu_N/Eu_N^* - Ce^{4+}/Ce^{3+} 氧逸度判别图解（底图据 Ballard et al., 2002）；b. 岩浆氧化状态；

c. 岩浆氧逸度图解（底图据 Qiu et al., 2013）

3.1.5.5　成矿的物质来源

硫有三种不同的 $\delta^{34}S$ 储库（Rollinson，1993）：幔源硫 $\delta^{34}S$ 值约为 $0\pm3‰$（Chaussidon and Lorand，1990），海水硫 $\delta^{34}S$ 值约为 $+20‰$，沉积硫 $\delta^{34}S$ 值具有负值、强还原的特征。硫同位素组成是用来判断硫源及成矿流体来源的主要工具，常印佛等（1991）对长江中下游地区 40 多个金属矿床千余件硫同位素资料统计结果表明，$\delta^{34}S$ 值为 $0\sim+5‰$ 占 45.2%，$\delta^{34}S$ 值为 $+5‰\sim+15‰$ 占 38.6%，表明长江中下游成矿带大部分矿床硫同位素具有幔源（岩浆硫）特征。周涛发等认为长江中下游地区与燕山期中酸性侵入岩有关的斑岩型和接触交代型矿床硫主要来自岩浆热液，一部分来自地层（周涛发等，2000）。

杨冲里矿石黄铁矿中的硫同位素相对集中，总体范围为 $4.08‰\sim5.33‰$（图 3-13），与幔源硫相近，与前述常印佛等（1991）统计的大部分矿床中的 $\delta^{34}S$ 值为 $0\sim+5‰$ 一致，同时与周涛发等（2000）长江中下游地区铜、金矿床系列 II 中与岩浆（岩）成因相关的硫同位素 $\delta^{34}S$ 值为 $0.09‰\sim+7.87‰$（平均值 3.50‰）一致，说明其成因与长江中下游成矿带大部分矿床硫同位素相似，具有幔源（岩浆硫）特征。

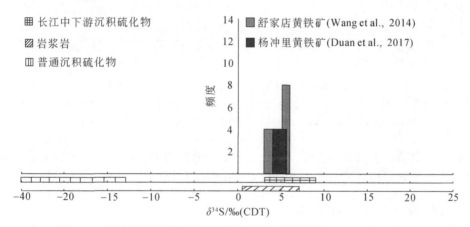

图 3-13　杨冲里矿区黄铁矿硫同位素图解（底图据 Wang et al.，2015）

铜陵区域沉积岩中硫化物的硫同位素组成为 $-38.6‰\sim-13.0‰$（顾连兴，1984；刘裕庆等，1984；周真，1984），均值约为 $-28.4‰$，为明显的负值。沉积岩 $\delta^{34}S$ 值的宽范围和大负值显示这些沉积单元在其沉积成岩过程中经历了明显的细菌还原作用（Hayes et al.，1992；Strauss，1997），因此，该沉积硫化物显示生物成因硫同位素组成的特征。舒家店矿床矿石中硫化物 $\delta^{34}S=+3.6‰\sim6.7‰$（Wang et al.，2015），与杨冲里矿区矿石硫化物硫同位素值相似，说明舒家店和杨冲里成矿物质均主要来源于岩浆热液流体。

杨冲里矿床的黄铁矿铅同位素在 $^{207}Pb/^{204}Pb$-$^{206}Pb/^{204}Pb$ 图解中投点在 MORB 与海相沉积物叠加区域（图 3-14a），说明热液系统的铅可能具有海相沉积物的源区。而在 $^{208}Pb/^{204}Pb$-$^{206}Pb/^{204}Pb$ 图解中铅同位素投点于 MORB 区域（图 3-14b），都明显区别于加厚或拆沉下地壳部分熔融形成的埃达克岩，如郯庐断裂带南段（STLF）埃达克岩（Liu et al.，2010）以及大别-苏鲁花岗岩/埃达克岩，因此推断杨冲里矿床的成矿热液可能是来自俯冲洋壳板片熔融过程中的幔源，同时混入了下地壳物质，说明矿床成矿流体中的金属组分来源于壳幔混合的源区。矿石铅 μ 值介于 9.31~9.45 之间，高于地幔 μ 值（8~9），这种高 μ 值可能暗示了成矿物质的上地壳来源，但矿石铅 μ 值都小于 9.58，推测其混入了低放射性成因的深源铅。同时铅同位素模式年龄在 169~298Ma 之间，全部铅同位素模式年龄都远小于志留纪地层围岩，而与杨冲里二长闪长岩（140.7±1.8Ma）接近，大于成矿年龄（依据部分金矿体赋存在岩体中的破碎带这一野外事实和 YCL-8 是样品中最富放射性成因铅的样品，其模式年龄为 169Ma，接近成矿年龄），也反映了成矿时脱离 U-Th-Pb 体系的高放射成因铅部分混合了从围岩中析出的低放射性成因铅。

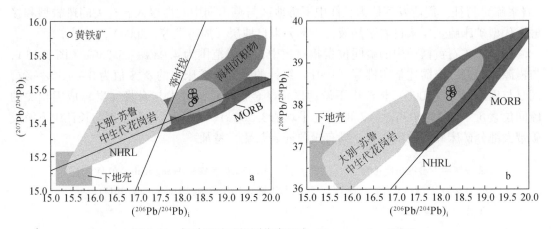

图 3-14　杨冲里矿区铅同位素组成（Duan et al.，2017）

大别–苏鲁中生代花岗岩据 Zhang et al.，2002，2004；下地壳据 Huang et al.，2008。NHRL（北半球参考线）
引自 Zindler and Hart，1986，MORB（洋中脊玄武岩）和海相沉积物据 Hofman，2003

因此，综合硫、铅同位素特征，认为本地区金成矿的主要物质来源于岩浆岩，同时含矿热液在沿断裂带侵位时可能带入了部分地层中的金属组分。

3.1.5.6　矿床类型及成矿模式

王彪（2010）认为舒家店铜矿北东向破碎带是主要的控矿构造，控制了舒家店铜矿空间形态展布，属高、中温热液矿床。王世伟等（2011，2012）及赖小东等（2012）把舒家店铜矿描述为斑岩型铜矿（Wang et al.，2016），吕玉琢（2012）根据矿床特征等与世界斑岩型铜金矿进行对比，认为舒家店铜矿为斑岩型铜矿床。而位于舒家店南部的杨冲里金矿，段留安等（2013）在对比胶东超大型构造蚀变岩型金矿地质特征（吕承训等，2011）和构造蚀变的定义及该类型金矿形成特征（范宏瑞等，1998）后，认为该矿床是受构造控制的破碎带蚀变岩型金矿床，不同于长江中下游成矿带铜陵矿集区已知的几种金矿类型，是该地区的一种新类型金矿床。

杨冲里金矿矿石主要为黄铁矿化闪长质碎裂岩和黄铁矿化粉砂质碎裂岩，围岩为舒家店二长闪长岩或志留纪地层；舒家店铜矿石为含铜辉石闪长岩，围岩为舒家店辉石闪长岩。辉石闪长岩的锆石年龄为 139.2~140.5Ma（王世伟等，2011；赖小东等，2012），成矿时间为 140.6Ma（王世伟等，2012），成矿成岩密切相关，而杨冲里金矿对围岩没有选择性，同时发育在地层和岩体的破碎带中，从野外地质事实看其成矿明显晚于其成岩

（140.7±1.8Ma）。舒家店二长闪长岩和辉石闪长岩地球化学性质有一定差异，同时依据矿床地质特征，杨冲里金矿和舒家店铜矿不符合同一个斑岩型铜金矿成矿系统模型，因此可能是不同的成矿系统。唯一的相似处，可能是带有俯冲背景的舒家店岩体岩浆侵位时，带来了大量铜、金、钼等成矿元素，最终就位于北东向破碎带中。

据 2014 年吴才来教授在汤中立院士 80 华诞研讨会的讲课资料（铜陵地区侵入岩成因及成矿）显示，在舒家店地区施工的 TLSD1 孔中 1800～2436m 见到正长花岗岩（该孔终孔深度 2436m，未穿透正长花岗岩），并获得了 127Ma 左右年龄。图版Ⅲ-h 为孔深 2422m 正长花岗岩照片；杨冲里矿区 ZK1618 孔深 820m 以下也发现了正长花岗岩，图版Ⅲ-g 为孔深 860m 见到的正长花岗岩及正长花岗岩中的辉石闪长岩角砾，说明舒家店—杨冲里一带深部存在一期类似周边地区的具有拉张背景下的 A 型花岗岩岩体。依据钻孔所见的正长花岗岩深度，即舒家店北部深（1800m 以下）而杨冲里一带浅（820m 以下），推测其可能是由北部的断陷区向断隆区侵位。可能正是太平洋板块在 125±5Ma 的转向拉张，在舒家店岩体及地层中产生了大量北东向构造破碎带，伴随隐伏的 A 型花岗岩侵位，为成矿提供了巨大的热源和部分物质来源，从而使舒家店岩体中的大量金属组分随着岩浆热液、大气降水等加入，含矿流体运移循环，再次形成了一个热循环系统，使铜金等金属元素进一步富集在破碎带中，最终形成了受构造控制的蚀变岩型铜（金）矿床，因此，从这个观点看，舒家店铜矿应该也属于此类型，而非斑岩型铜矿床（Duan et al.，2017）。

综上，具有俯冲背景的舒家店岩体在 140Ma 左右岩浆侵位时带来了大量铜金硫等成矿元素，并进行了预富集；随后 126Ma 左右俯冲后撤拉张形成的正长花岗岩，为成矿元素在俯冲造山和拉张过程中形成的断裂构造中的运移提供了后期热动力，进一步促进了本区热循环，最终使本区铜、金、银等充填在破碎带中，杨冲里金矿的形成标志着俯冲和俯冲后撤一个循环的结束，这与长江中下游地区抛刀岭金矿的形成类似（Duan et al.，2018a）。

3.1.6　小结

（1）杨冲里金矿产于地层或岩体的构造破碎带中，属于受构造控制的蚀变岩型金矿床。二长闪长岩和正长花岗岩的锆石 U-Pb 年龄分别为 140.7±1.8Ma 和 126.4±1.2Ma，分别对应了铜陵地区主成岩成矿期和铜陵周边地区的 A 型花岗岩的成岩时期。依据含金矿体可以产在二长闪长岩中的破碎带中这一野外事实，推测金矿的形成略晚于闪长岩的成岩年龄。

（2）二长闪长岩具有与长江中下游早白垩世埃达克岩相似的地球化学特点，其原始岩浆可能来源于受板片俯冲改造的岩石圈地幔，且在岩浆上升过程中与地壳发生了同化混染，并发生了结晶分离作用。正长花岗岩具有区域 A 型花岗岩地球化学特征，推测来源于富集岩石圈地幔的玄武质岩浆，与地壳物质发生同化混染，并经历了结晶分异作用。

（3）硫、铅同位素显示，金成矿的主要物质来源于岩浆岩，同时含矿热液在沿北东向断裂带运移时可能带入了部分地层中的金属组分，并最终在断裂破碎带中沉淀富集，形成含金矿（化）体。

（4）大地构造背景判别显示，本地区受太平洋板块俯冲和陆内拉张作用的双重影响，即先经历了 140Ma 左右的太平洋板块俯冲背景，而后终止于 125Ma 左右俯冲后撤的拉张背景，是燕山期中国东部构造体制转换及大规模成岩成矿事件的响应。

3.2　贵池抛刀岭金矿

长江中下游成矿带是我国重要的铜金多金属成矿带之一，研究程度甚高（常印佛等，1991；翟裕生等，1992，1997；Pan and Dong，1999；Mao et al.，2006；毛景文等，2009），自西向东依次分布有鄂东、九瑞、安庆–贵池、庐枞、铜陵、宁芜和宁镇等7个矿集区（Yang and Lee，2011；Deng et al.，2011）。研究表明长江中下游铜金矿床主要成矿时代为140±5Ma（Mao et al.，2006；Xie et al.，2009 Sun et al.，2003），这些铜金多金属矿床主要与燕山期中酸性钙碱性侵入岩体有关（王强等，2004；Wang et al.，2006，2007；Xie et al.，2009，2012）。

贵池矿集区相对于长江中下游其他矿集区研究程度相对较低，除铜山铜矿研究程度较高外（俞沧海和袁小明，1999；俞沧海，2001；周曙光，2003；张智宇等，2011），只有零星的研究（陈国光和应祥熙，2002；董胜，2006），这限制了对长江中下游岩浆与成矿系统特征的全面理解。抛刀岭金矿床位于安庆–贵池矿集区（图版Ⅳ-1a）（赵德奎等，2009），判断其成因类型为斑岩型金矿床，并局部叠加低温热液。斑岩型铜金矿床是铜或金矿床最重要的工业类型之一（Cook et al.，2005；江迎飞，2009；孙卫东等，2010），一些富金矿床金储量可达300~2500t。在北美科迪勒拉造山带，斑岩型铜矿床约占各类铜矿总储量的80%，斑岩型金矿床约占各类金矿床总储量的60%。1905年在美国犹他州发现了世界上第一个斑岩型铜金矿（Bingham铜矿，伴生金储量933t），1972年Sillitoe建立了经典斑岩铜成矿模型，随后在环太平洋陆续发现一大批超大型富金斑岩矿床，如印度尼西亚的Grasberg（2500t）。斑岩型矿床主要产于与洋壳俯冲有密切联系的岛弧及陆缘环境（聂凤军等，2000），也可以形成于碰撞造山带中（芮宗瑶等，2003）。

抛刀岭金矿位于池州南部，其采矿权面积仅1.48km²，经工程验证累计探获金金属量达到37t，确认为大型金矿床。据统计，安徽省截至2010年共发现金矿70余处，其中大型金矿4处，除铜陵天马山层控夕卡岩型金矿（约26t）为独立岩金矿外，其他均为伴生或共生岩金矿。抛刀岭金矿是长江中下游成矿带安徽段首个发现的大型独立斑岩型金矿床，有着较高的科学研究价值。

3.2.1　区域地质背景

贵池矿集区处于长江中下游成矿带铜陵矿集区与九瑞矿集区之间，位于扬子板块的北东缘，大别造山带与江南地块之间的下扬子台褶带中，属于贵池–繁昌断褶束中段（段留安等，2014，2015）。区域上自南华纪至中三叠世沉积了以碳酸盐建造为主、碎屑岩建造为辅的一套地层。近东西向的基底断裂和印支运动形成的北东向构造带组成了本区主要构造格局，燕山运动使早期形成的褶皱、断裂及其配套的构造组合进一步进行了强化、解体及组合，伴随而来的高碱高钾的中、酸性岩浆活动频繁，为本区内生金属成矿提供了重要的成矿物质来源、热液及成矿空间（图版Ⅳ-1b）。

3.2.2 矿区地质特征

本区位于小福岭–自来山倾伏背斜西南段北西翼。区内地层、构造、岩浆岩发育,多期次构造、岩浆岩活动为本区提供了较好的成矿条件和空间(图版Ⅳ-2)。

3.2.2.1 地层

本区地层区划属扬子地层区下扬子地层分区,主要出露地层为志留系,其中以下志留统高家边组(S_1g)的粉砂质页岩为主。矿区北西部有中志留统坟头组(S_2f)和上志留统茅山组(S_3m)的砂岩、砂质页岩,矿区北西部与花园巩岩体接触部位出露少量上泥盆统五通组(D_3w)石英砂岩和底砾岩。矿区内地层走向北东,倾向北西,倾角45°~55°。

受岩体侵入和构造活动的影响,地层分布错位明显。同时受后期构造、热液活动的影响,地层普遍发育硅化、黄铁矿化(田朋飞等,2012),局部地段构成含金砂页岩破碎带型和含石英细脉砂页岩型金矿体。

3.2.2.2 构造

1. 褶皱

主要为小福岭–自来山背斜,该背斜为一由北东向南西至抛刀岭倾伏的背斜构造。背斜总体呈北东70°方向延伸,其中自来山至抛刀岭段长9.5km,宽约7km。奥陶系、志留系组成背斜轴部,两翼分布泥盆系至三叠系各组地层。背斜两翼沿构造软弱面常发育纵向逆断层,主要分布在泥盆系与石炭系、二叠系之间,纵贯全区,由于断层逆冲结果致使两翼石炭系、二叠系部分地层缺失,沿断裂带常有岩脉或岩体侵入,有的地段形成矿(化)体。此外,两翼由于受到新华夏系及东西向断裂的扭错,发育横断层或横斜断层,将两翼地层切割为数段形态特征及方向不一的断块。

2. 断裂

区内断裂构造比较发育,以北东向断裂为主(F1、F2、F3),次为北西向断裂(F4、F5)(图版Ⅳ-2)。此外,北东、北西两组节理裂隙发育。区内北东向断裂及节理裂隙为主要的控岩控矿构造。北西向断裂分布于本区西部,规模相对较小,对英安玢岩影响有限或破坏不大。主要的控岩控矿构造分述如下:

(1)北东向断裂。F1断裂:长约1700m,斜切了高家边组、坟头组和茅山组等地层,为英安玢岩岩体的北西部边界断裂。断裂带走向35°,倾向北西,倾角70°~78°,沿断裂带有角砾岩分布,宽30~50m,早期为左旋压扭性断裂,晚期有张性活动,为主要的控岩构造。F2断裂:位于矿区中部,地表出露长度440m,总体走向31°,倾向北西,倾角70°~75°,沿断裂带有宽3~7m的角砾岩分布,具有左旋压扭性特征。F3断裂:为矿区南东部的边缘断裂,为第四系所覆盖。

(2)北西向断裂。主要有F4、F5两条,分布于矿区西部,规模较小。其中F4断裂:走向305°,倾向南西,倾角较陡。北西端有角砾岩出露,为左旋张扭性断层。该断层两侧地层有小错动，对英安玢岩影响不大。F5 断裂：走向 285°，倾向南西，倾角较陡。断层南、北两侧的茅山组和坟头组地层有错动，对 F1 有小的错动，对英安玢岩体影响不大。该断裂靠近钾长花岗岩处有角砾岩分布，但未切穿钾长花岗岩。

3. 其他构造

矿区节理裂隙比较发育，尤其在英安玢岩岩体内受左旋压扭应力的作用，形成密集的北西、北东两组网脉裂隙，为后期的矿液充填提供了容矿空间。

此外，在岩体中下部靠近下接触带（F2）附近发育有走向北东、倾向北西，倾角 60°～80° 的角砾岩带，与北东向密集节理同时形成，但裂隙规模大些，并有硫化物充填胶结，也是金矿的容矿构造。

3.2.2.3　岩浆岩

区内岩浆活动强烈，主要有花园巩 A 型钾长花岗岩和英安玢岩岩体。其中英安玢岩与金矿密切，约占矿区总面积的 30%，呈北东向贯穿矿区，花园巩钾长花岗岩则分布于本区西部（图版IV-2）。

含矿岩体主要矿物成分：斑晶含量 20%～35%，少数可达 50%，主要为斜长石，少量黑云母、普通角闪石、石英，大部分斑晶已经碳酸盐化和绿泥石化（图版V）。黄铁矿，浅铜黄色，自形晶，多数晶粒呈五角十二面体晶型，少数为立方体晶型，粒径 0.025～0.45mm，呈浸染状分布（图版V-a）。斜长石，自形晶，板状，粒径 0.25～2.5mm，聚片双晶发育，可见卡钠复合双晶，An=24～42，为更–中长石（图版V-b、c）。部分晶粒蚀变为绢云母（图版V-d）。石英一般 3%～8%，黑云母 3%～10%，黑云母斑晶与斜长石斑晶具互为消长的关系。石英大多呈溶蚀的卵圆形或港湾状外貌，有的保留高温石英的假象（图版V-f）。基质为变余霏细结构，少量包含霏细结构，主要有微晶斜长石、石英、钾长石，少量黑云母、角闪石、微量榍石、磷灰石、锆石等。金属矿物主要有黄铁矿、少量毒砂等。根据镜下分析，抛刀岭金矿含矿岩石为浅成英安玢岩（段留安等，2012）。

3.2.2.4　矿化蚀变特征

1. 围岩蚀变类型、特征

矿化蚀变主体发生在英安玢岩中（图 3-15a～g），部分发育于高家边组地层中（图 3-22h）。矿化蚀变类型主要有绢云母化、硅化、碳酸盐化、绿泥石化、黄铁矿化等，少量的方铅矿化、黄铜矿化、磁铁矿化、白云石化、高岭石化等，局部地段发育较强的雄黄、雌黄等矿化蚀变（图 3-15f、g）。仅以英安玢岩岩体中矿化蚀变特征为代表简述如下。

绢云母化：面型蚀变，为本区最广泛的蚀变类型之一，英安玢岩体的长石斑晶被绢云母交代，使其成为假象，基质也普遍绢云母化，绢云母粒度小于 0.01mm。

黄铁矿化：呈浸染状、细脉、网状或板状细脉分布于英安玢岩中，局部可见视厚度约 2.00m 的含黄铁矿石英脉（ZK1804）或含石英黄铁矿脉贯入到英安玢岩中（图 3-15a～d）。

硅化：以线型蚀变为主，沿构造裂隙以石英硫化物脉或呈微细脉、线脉形式的微粒石英交代脉侧基质中的绢云母，局部可形成较厚大的硫化物石英脉。碳酸盐化：主要发育于青磐岩化和白云石黄铁绢云母化地段，可见碳酸盐细脉穿插于岩石中（图3-15e）。

白云母化：为黑云母斑晶蚀变所特有，镜下可见少量白云母细脉。

高岭石化：呈脉状或部分交代长石斑晶，仅局部发育。

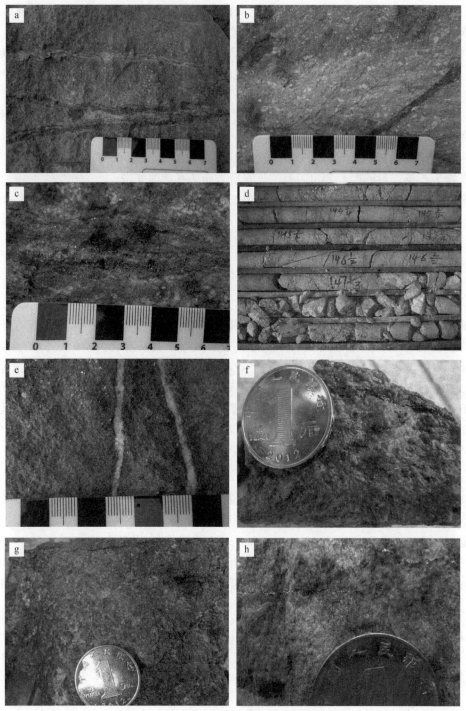

图3-15 抛刀岭金矿各类蚀变矿化金矿石照片

2. 蚀变矿物组合类型及分带

由于岩体规模不大，为岩枝状的次火山岩，不具备完整的分带现象。根据蚀变矿物组合大体可分为四个蚀变带，简述于下。

（1）黄铁绢云母化蚀变带：区内广泛发育，主要蚀变矿物为绢云母、黄铁矿、白云母。次要蚀变矿物为白钛石、金红石、赤铁矿、石英、毒砂等。

（2）黄铁绢英岩化蚀变带：一般在近地表较发育，主要蚀变矿物为绢云母、石英、白云母、黄铁矿。次要蚀变矿物为金红石、白钛石、褐铁矿、赤铁矿、黄钾铁矾、高岭石等。

（3）青磐岩化：主要蚀变矿物为绢云母、黄铁矿、含铁白云石、绿泥石。次要蚀变矿物为高岭石、石英、毒砂等。

（4）白云石黄铁绢云母蚀变带：主要蚀变矿物为绢云母、黄铁矿、含铁白云石。次要蚀变矿物为石英、毒砂等。含角闪石的英安玢岩局部有此蚀变带。

金矿化与绢（白）云母化、硅化、黄铁矿化等关系密切。

3.2.3　矿床特征

3.2.3.1　矿体特征

截至目前，本区共圈定金矿体 192 个，其中主矿体 4 个，编号 1 ~ 4 号，赋存于英安玢岩内；次要矿体 11 个，编号为 5 ~ 15 号，主要赋存于英安玢岩内，少数赋存于高家边组泥质砂页岩中，如 14、15 号矿体。主矿体累计探获金矿矿石量 1282.02 万 t，金金属量 22783.07kg，平均品位为 1.78×10^{-6}，占整个矿区金属量的 62.47%。围岩和夹石与矿体之间没有明显的界线，在主、次要矿体上下盘零星分布的规模小、连续性差的矿体，均属矿区小矿体。小矿体主要赋存于英安玢岩内，部分赋存于高家边组泥质砂页岩中。总体上，金矿体主要赋存于英安玢岩中，少部分赋存于志留纪地层中（图 3-16a ~ f）。具体如下。

1. 主矿体特征

圈定的 1、2 号主矿体分布于矿区北东地段，3、4 号主矿体分布于矿区西南稍偏中部地段。主矿体赋存标高为 –348.00 ~ 137.36m，厚度变化系数为 102% ~ 125%，属厚度较稳定–不稳定型；品位变化系数为 42.6% ~ 55.2%，属金含量均匀–较均匀型（图 3-16a ~ f）。1、2 号主矿体如图 3-16d、e 所示；3 号主矿体如图 3-16b、c 所示；4 号主矿体如图 3-16b 所示。4 个主矿体均属于中等矿体规模，合计探获金金属量 22783.07kg，平均品位为 1.78×10^{-6}，其特征见表 3-4。

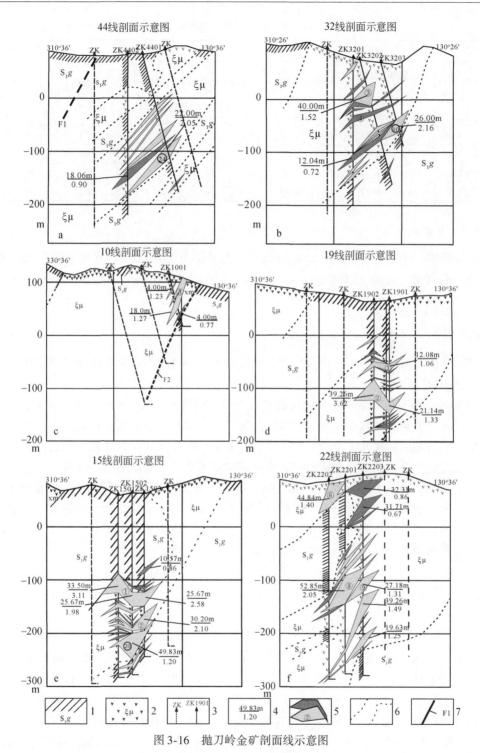

图 3-16　抛刀岭金矿剖面线示意图

1. 志留系高家边组；2. 英安玢岩；3. 钻孔编号与设计钻孔；4. 矿体厚度与平均品位（10^{-6}）；

5. 富矿与贫矿体；6. 地层与岩体推测界线；7. 断层

表 3-4　抛刀岭金矿主矿体特征简表

矿体编号	规模					空间分布				矿体厚度变化系数/%	产状/(°)		
	走向最大延伸/m	倾向最大延深/m	矿体厚度/m			控制勘探线号		标高/m			走向	倾向	倾角
			最大	最小	平均	自	至	最高	最低				
1	560	315	64.50	1.51	18.63	1	25	61.04	-243.83	113	33	305	30~56
2	440	273	63.00	1.50	22.46	1	21	-74.96	-348.00	106	40	309	25~54
3	720	300	64.50	1.50	27.03	10	44	137.36	-192.82	125	38	300	20~58
4	260	188	46.00	1.51	10.35	14	24	106.24	-182.32	102	41	301	31~57

2. 次要矿体

次要矿体合计探获金金属量 5032.10kg，平均品位为 $1.46×10^{-6}$。其赋存标高-286.00~97.00m，走向 35°~56°，倾角 8°~43°，走向延伸 40~380m 不等，倾向延深 80~340m 不等。

3.2.3.2　矿石特征

本区金矿石按自然类型可以分为含金英安玢岩型和含金砂页岩型两种类型金矿石（段留安等，2014）：

（1）含金英安玢岩是本区最主要的矿石类型。黄铁矿、闪锌矿、雄黄、雌黄、毒砂及少量磁铁矿、方铅矿、黄铜矿等，主要以细脉状、网脉状、浸染状产在英安玢岩中（含金属硫化物的石英细脉在此类型金矿中也多有分布），岩石普遍发育硅化、绢云母化、绿泥石化、碳酸盐化等。该类型金矿石包含受后期构造形成的英安玢岩质碎裂岩。

（2）含金砂页岩是本区次要矿石类型，分布于英安玢岩岩体边部的围岩或发育于岩体中的砂页岩残留体中，虽然分布较广但规模相对较小。黄铁矿化、毒砂及雄黄、雌黄等以浸染状、细脉状分布于碎裂或硅化砂页岩中，含黄铁矿石英脉侵入砂页岩或受后期构造改造形成粉砂质角砾岩时一般金品位相对较高。

3.2.4　岩石地球化学特征

抛刀岭含矿玢岩具集中的 SiO_2（64.29%~68.86%，平均为 66.34%）、Al_2O_3（14.16%~15.65%，平均为 14.93%）和 Fe_2O_3（5.61%~7.06%，平均为 6.48%）含量；K_2O+Na_2O 为 4.41%~3.71%，平均为 4.14%；TiO_2 为 0.73%~1.07%，平均为 0.86%；较低的 MgO（0.67%~0.76%，平均 0.73%）、$Mg^{\#}$（16.7~20.9，平均为 18.4）、CaO（0.01%~0.07%，平均为 0.03%）含量（段留安等，2012）。岩石总体表现为富硅、铝、钾，贫钠、碱、钙、镁的特征。由于抛刀岭岩体受后期热液蚀变作用较大，如斜长石蚀变、绢云母化、钾化，全岩具有较高的烧失量（5.01%~10.05%），因此在判别岩石性质时不能用受后期热液作用影响较大的元素，而是采用不活动性元素来进行判别。在 Nb/Y-$Zr/TiO_2×0.0001$ 岩石判别图解中（图 3-17a），样品落入粗面安山岩与碱性玄武岩区域内。在 SiO_2 对 K_2O 的判别图上，岩石总体为高钾钙碱性系列（图 3-17b）。结合矿物斑晶组成（斜长石、角闪石、黑云母等矿物）抛刀岭含矿岩石可定名为英安玢岩。活动元素的含量也进一步显示，抛刀岭英安玢岩可能受到严重的钾化而导致贫 Ca、Na、Sr、Ba 等地球化学特征（如斜长石绢云母化、绿泥石化等）。

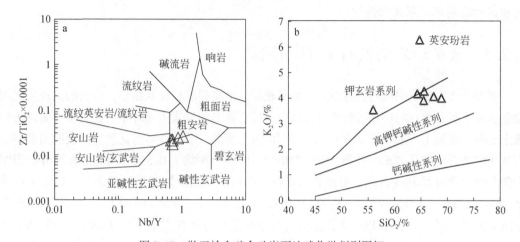

图 3-17 抛刀岭金矿含矿岩石地球化学判别图解

a. 全岩 Nb/Y-Zr/TiO$_2$×0.0001 判别图解（据 Winchester and Floyd, 1976）; b. 岩石系列 SiO$_2$-K$_2$O

图解（据 Peccerillo and Taylor, 1976）

微量元素上，抛刀岭金矿含矿玢岩显示贫 Sr（$31.2×10^{-6} \sim 59.3×10^{-6}$）富 Y（$16.0×10^{-6} \sim 27.3×10^{-6}$）和 Yb（$1.50×10^{-6} \sim 2.97×10^{-6}$）。如稀土元素球粒陨石标准化的配分曲线（图 3-18a）所示，样品具有相似的分布模式，且与地壳稀土元素一致，为右倾的平滑曲线。花岗闪长玢岩的 $\sum REE = 101.8×10^{-6} \sim 174.1×10^{-6}$，平均为 $143.0×10^{-6}$，$(La/Yb)_N = 6.49 \sim 17.32$，平均为 10.33，$\delta Eu$ 为 $0.74 \sim 0.95$，平均为 0.83，显示其经历不同程度的斜长石结晶分离作用。在微量元素原始地幔标准化图解中（图 3-18b），显示明显的 K、Pb、Th、U 等大离子亲石元素富集（除 Sr 和 Ba 相对于地壳有负异常），亏损 Nb、Ta、

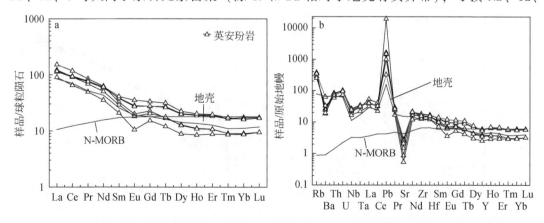

图 3-18 抛刀岭金矿英安玢岩稀土元素配分图（a）及微量元素蛛网图（b）

球粒陨石标准值据 Sun and McDonough, 1989；原始地幔及其他地质储库标准值据 McDonough and Sun, 1995

Zr、Hf、Ti 等高场强元素。虽然抛刀岭岩体受到后期的热液蚀变作用可能引起活动性元素的富集或亏损（如 K、Pb、Th、Sr、Ba），但是高场强元素一般不受到影响。抛刀岭英安玢岩表现出 Nb、Ta 负异常，与平均地壳和岛弧火山岩显示相似的微量元素配分特征，而与 N-MORB 有明显差异，指示其元素有一定的陆壳物质的加入，岩石的 Nb/Ta（13～14）也和典型的壳源岩浆比较接近。

3.2.5　成矿玢岩的锆石 U-Pb 定年

抛刀岭英安玢岩中锆石颗粒较大，结晶较好，呈典型的长柱状晶形，锆石的阴极发光图像显示几乎所有锆石均具有清晰的内部结构，具有典型的岩浆震荡环带。锆石稀土表现为轻稀土亏损、重稀土富集、明显的 Ce 正异常和 Eu 负异常（图 3-19）。这些特征表明为典型的岩浆成因锆石。样品 PDL-1 锆石 Th/U 为 0.31～0.86，平均为 0.55，U-Pb 协和线分析表明大部分样品落在协和线右侧，可能表示该样品受到后期热液蚀变导致铅丢失。PDL-1 样品 15 颗锆石^{206}Pb/^{238}U 加权平均年龄为 146.8±2.4Ma（2σ）；样品 PDL-2 锆石 Th/U 值范围为 0.28～0.55，平均 0.38；PDL-2 样品锆石几乎都落在协和线之上（图 3-19），表明锆石受后期热液流体作用影响较小，能更好地反映岩浆的结晶年龄。PDL-2 样品 22 颗锆石

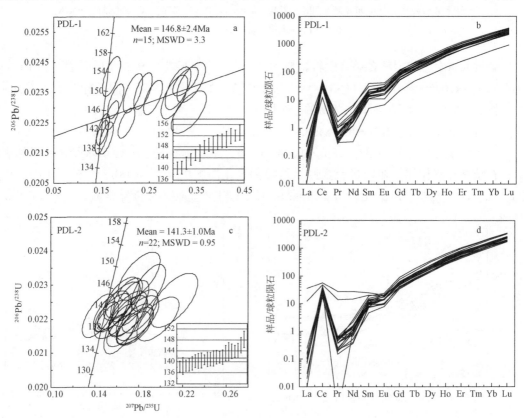

图 3-19　抛刀岭金矿英安玢岩锆石年龄图及锆石稀土配分图解
球粒陨石标准化值据 Sun and McDonough，1989

^{206}Pb/^{238}U 加权平均年龄为 141.3±1.0Ma（2σ）。虽然 PDL-1 样品可能遭受了后期的 Pb 丢失事件，但是与年龄数据较好的 PDL-2 样品在误差范围内显示一致的年龄，表明抛刀岭金矿含矿英安玢岩的成岩年龄为 141～146Ma，为晚侏罗—早白垩世（燕山期）形成。其中两件样品共发现数颗捕获或残留锆石，没有显示集中的年龄范围，可能是原岩残留锆石或岩浆在侵位上升过程中捕获得到。

长江中下游地区中生代岩浆作用强烈，并发生大规模的 Cu-Au-Fe 成矿作用。长江中下游地区在中生代岩浆形成时间可以分为两段：145～136Ma，131～124Ma（周涛发等，2008），并具有分区性和演化趋势（Zhou et al., 2008），其中与铜金矿有关的岩体主要形成时代为 140±5Ma，而 130～120Ma 的岩浆活动主要形成双峰式火山岩加 A 型花岗岩组合（Li H et al., 2011, 2012），发育大型铁矿，如著名的宁芜铁矿矿集区，以及庐枞盆地的泥河铁矿和罗河铁矿。

抛刀岭金矿含矿玢岩主要形成于 141±5Ma，与长江中下游早期岩浆活动相对应，因此有理由相信抛刀岭金矿的成矿时代也可以与长江中下游铜金成矿的主体时代类比，形成于早白垩世。同时，其东南部铜山岩体年龄 145.1±1.2Ma（张智宇等，2011）也表明，贵池矿集区的铜金矿床可以和长江中下游其他地区铜金矿床进行类比。

抛刀岭锆石稀土∑REE 为 230.3×10^{-6}～1028×10^{-6}。球粒陨石标准化图解上表现为轻稀土亏损，重稀土富集，Ce 正异常和 Eu 负异常的典型岩浆成因特征。两件抛刀岭锆石 Ce^{4+}/Ce^{3+} 变化范围分别为 66.80～472.9，171.2～1299；Eu$_N$/Eu$_N^*$ 变化范围为 0.46～0.65，0.50～0.85。与智利地区岩浆岩对比，两件抛刀岭锆石较高的 Ce^{4+}/Ce^{3+} 和 Eu$_N$/Eu$_N^*$ 特征，落在含矿岩石变化范围内，显示较高的氧逸度特征（图 3-20）。

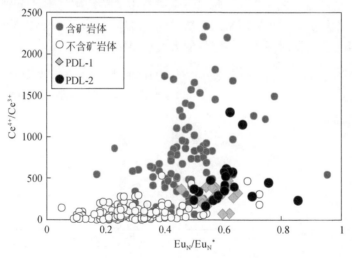

图 3-20　抛刀岭含矿玢岩锆石 Ce^{4+}/Ce^{3+} 与 Eu$_N$/Eu$_N^*$ 特征

3.2.6　硫同位素特征

硫同位素测试结果见表 3-5。抛刀岭 5 件含矿英安玢岩样品中的 δ^{34}S 最高值为 7.17‰，最低值为 6.49‰，表明抛刀岭含矿岩体的硫同位素相对集中，总体范围为 6.49‰～7.17‰。

表 3-5　硫同位素测试结果

样品号	矿区	测试矿物	样品名称	$\delta^{34}S_{CDT}$/‰
PDL-4-6-2		黄铁矿	英安玢岩	6.84
PDL-4-6-3	抛刀岭	黄铁矿	英安玢岩	6.77
PDL-4-6-4		黄铁矿	英安玢岩	6.49
PDL-4-6-5		黄铁矿	英安玢岩	7.17

硫有三种不同的^{34}S储库（Rollinson，1993）：幔源硫δ^{34}S值约为0±3‰（Chaussidon and Lorand，1990），海水硫δ^{34}S值约为+20‰，沉积硫δ^{34}S值具有负值、强还原的特征。硫同位素组成可以作为判断硫源及判断成矿流体来源的主要工具，常印佛等（1991）对长江中下游地区40多个金属矿床千余件硫同位素资料统计的结果表明，δ^{34}S值为0～+5‰占45.2%，δ^{34}S值为+5‰～+15‰占38.6‰，表明长江中下游成矿带大部分矿床硫同位素具有幔源（岩浆硫）特征。周涛发等（2000）认为长江中下游地区与燕山期中酸性侵入岩有关的斑岩型和接触交代型矿床硫主要来自岩浆热液，一部分来自地层。宋国学（2010）对池州地区的马头、百丈崖、鸡头山等铜钨钼矿床硫同位素进行了研究，其中矿石中的硫化物δ^{34}S值为+3.03‰～+5.59‰，灰岩地层中黄铁矿δ^{34}S值为+6.99‰～+8.78‰，表明池州地区与铜钨钼矿相关的矿床硫源主要为岩浆硫，混染了少量地层硫。

抛刀岭4件含矿英安玢岩样品中的黄铁矿δ^{34}S范围为6.49‰～7.17‰，高于幔源硫，低于海洋硫而远高于强还原性地层沉积硫同位素组成，表明抛刀岭金矿的硫源以岩浆硫为主，混染了少量地层硫（图3-21）。抛刀岭金矿石中的黄铁矿是本区金矿物的主要载体，因此，其硫同位素组成来源可以用来间接指示成矿流体的来源，即抛刀岭矿床的成矿流体以岩浆出溶流体为主，同时混入了一定量的大气水和建造水。

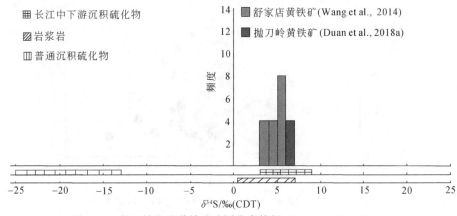

图3-21　抛刀岭金矿黄铁矿硫同位素特征（Duan et al.，2018a）

3.2.7　英安玢岩成因及成矿背景

抛刀岭含矿玢岩形成时代与岩体产出状态都可以与长江中下游早期岩浆活动进行类

比。目前长江中下游 146～135Ma 含矿岩体都表现为高 Sr 低 Yb 等埃达克质岩特征。这些埃达克岩浆岩成因主要有：①壳幔物质相互作用（陶奎元等，1998；杜杨松等，2004，2007；谢建成等，2008，2012；Li J W et al.，2009；Xie et al.，2008，2011），是富集岩石圈地幔部分熔融产生的玄武质岩浆经过与地壳岩石同化混染后又经过分离结晶作用形成；②拆沉或加厚下地壳物质部分熔融（许继峰等，2001；Xu et al.，2002；Robert et al.，2002；朱光等，2003；Wang et al.，2004，2006，2007）；③俯冲洋壳部分熔融（Ling et al.，2009，2011；Deng et al.，2012；Liu et al.，2010）。最近的研究结果表明，长江中下游含矿埃达克岩的地球化学特征与俯冲洋壳成因相一致，因此长江中下游 146～135Ma 应该属于俯冲背景下。

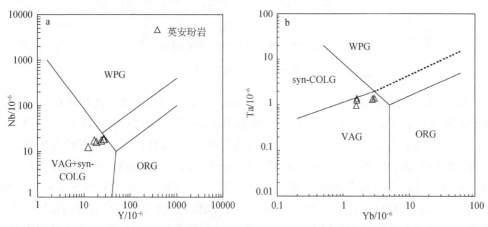

图 3-22　抛刀岭金矿英安玢岩 Y-Nb（a）和 Yb-Ta 图解（b）

底图据 Pearce et al.，1984（段留安等，2012）

WPG. 板内花岗岩；VAG. 岛弧花岗岩；syn-CLOG. 同碰撞花岗岩；ORG. 造山花岗岩

与同时代的埃达克岩地球化学特征不同的是，抛刀岭金矿英安玢岩显示高 Si、Y 和 Yb，低 Mg、Sr 等特征，指示其岩浆源区并没有石榴子石残留，且没有发生明显壳幔相互作用。同时，其微量、稀土元素配分趋势与地壳一致，而明显富集大离子亲石元素和亏损高场强元素，不同于 MORB 等其他地幔储库的地球化学特征，显示其源区有大量的壳源组分的加入。在 Pearce 等（1984）花岗岩判别图解中，岩石主要落于岛弧花岗岩区域（图 3-22a、b）。在 $(La/Yb)_N$-$(Yb)_N$ 图解中（图 3-23），抛刀岭岩体全部落入经典岛弧花岗岩中，而非埃达克岩类区域，排除拆沉或洋壳熔融成因。因此，抛刀岭含矿玢岩更有可能是俯冲带地幔楔熔融并发生结晶分异的结果。

锆石的氧逸度特征也进一步佐证抛刀岭金矿玢岩的源区特征。锆石是中酸性岩浆岩中常见的副矿物且在后期热液蚀变以及物理化学过程中不易发生改变。而且，锆石结晶过程中，Ce^{4+} 比 Ce^{3+} 优先进入，这意味着 Ce^{4+}/Ce^{3+} 值对氧逸度的变化很敏感，可以反映其结晶时岩浆氧化还原状态。可以使用 Ce^{4+} 和 Ce^{3+} 在矿物熔体与结晶矿物之间分配系数的晶格张力模型对所测数据进行 Ce^{4+}/Ce^{3+} 计算。Ballard 等（2002）通过 LA-ICP-MS 对智利北部 Chuquicamata-El Abra 斑岩铜矿带中 14 个不含矿和 7 个含矿的钙碱性侵入体进行了全岩与锆石微量元素分析，认为锆石中 Ce^{4+}/Ce^{3+} 和 Eu_N/Eu_N^* 与岩浆中氧化还原度有关系。同样

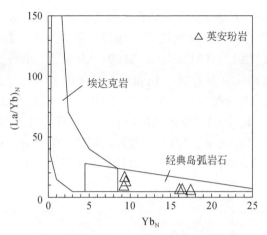

图 3-23　Yb$_N$-(La/Yb)$_N$ 判别图解

底图据 Defant and Drummond, 1990

的方法随后被成功地应用于玉龙斑岩铜矿（Liang et al., 2006）和华南地区中生代含矿与不含矿岩体（Li et al., 2012）的研究中。根据 Ballard 等（2002）的方法计算了抛刀岭锆石 Ce^{4+}/Ce^{3+} 与 Eu$_N$/Eu$_N$ * 特征。从锆石 Ce^{4+}/Ce^{3+} 和 Eu 异常特征看，抛刀岭含矿玢岩锆石落在与智利地区含矿埃达克岩一样的区域范围（图 3-24），显示较高的氧逸度特征。研究表明，俯冲带具有比板内和 MORB 更高的氧逸度特征（Mungall, 2002；Sun et al., 2004, 2011；Ling et al., 2009；Sillitoe, 1997；Wang et al., 2011）。抛刀岭的锆石氧逸度特征进一步证明该地区处于太平洋俯冲背景下。研究表明，控制铜金矿床成矿的一个关键因素就是岩体的氧逸度特征。高氧逸度熔体更有成矿的潜力。岩浆的氧逸度控制着熔体中硫的氧化状态：在低氧逸度情况下，岩浆中的硫主要以 S^{2-} 的形式存在；而在高氧逸度情况下，它主要以 SO 和 SO$_2$ 的形式存在。S^{2-} 向 SO 或 SO$_2$ 转换能阻止不混溶的硫化物相的饱和，从而能从正在分馏的熔体中提取铜金（Sun et al., 2004）。这时高氧逸度岩浆中铜元素在分异和分馏中富集，进入岩浆–热液流体中，从而成矿。同时，从铜金的洋壳、陆壳和地幔储库丰度统计，Sun 等（2010, 2011）发现铜金在俯冲洋壳或岩石圈地幔的丰度远远高于地壳，因此抛刀岭含矿熔体可能受到地幔或者洋壳熔体的加入，使其更具有成矿潜力，经过岩浆演化使金富集成矿。

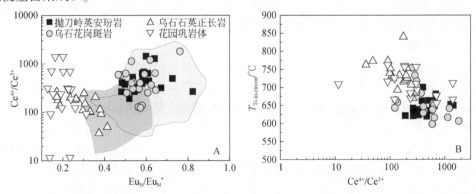

图 3-24　抛刀岭金矿岩浆岩锆石氧逸度及温度图解

目前长江中下游中生代岩浆与成矿活动的构造背景还存在较大争论。有人认为中生代该地区处于拉张背景，与太平洋俯冲无关，可能是加厚陆壳拆沉导致的陆壳伸展环境（Li，2000；Wang et al.，2004，2006，2007）。大规模的岩浆与成矿作用主要是拆沉下地壳与地幔相互作用的结果。而 Ling 等（2009）等通过综合研究长江中下游岩浆岩、沉积盆地、构造应力等认为，长江中下游在早白垩世受到了 Izanagi 板块和太平洋板块中间的洋脊俯冲；Liu 等（2010）通过对比长江中下游含矿埃达克岩与郯庐南段不含矿埃达克岩的地球化学特征认为，长江中下游埃达克岩主要与洋壳俯冲有关。

从岩石源区分析，抛刀岭含矿玢岩可能是形成于俯冲背景下的地幔楔部分熔融并发生结晶分异的结果（Duan et al.，2018a）。结合锆石年代学特征，本区甚至整个长江中下游地区距今 146～135Ma 时处于古太平洋俯冲背景下。随后的双峰式火山岩以及 A 型花岗岩（如花园巩岩体）则可能是在板片拉张背景下形成（Li H et al.，2012）。

3.2.8 矿床成因

抛刀岭金矿床主体金矿是含金英安玢岩，英安玢岩全岩矿化，矿与非矿没有明显界线，主要靠化学分析结果并据工业指标来区分矿与非矿。本区英安玢岩全岩地球化学显示为过铝质，大离子亲石元素（K、Rb、Pb）及轻稀土富集，亏损高场强元素（Nb、Ta、Ti）等地球化学特征，微量、稀土元素配分趋势显示其具有明显的壳源特征。与智利地区含矿岩浆岩相比，抛刀岭英安玢岩岩体锆石 Ce^{4+}/Ce^{3+} 和 Eu_N/Eu_N^* 显示了其具有较高的氧逸度特征，同时岩石判别图解显示其属于经典岛弧岩石。该岩体的成岩年龄为 $141.3 \pm 1.0Ma$，与长江中下游地区中生代大规模铜金成矿事件形成于同一构造背景下、相同时间段内，即由太平洋俯冲作用引起的洋壳和地幔楔熔融形成。

需要指出的是，抛刀岭金矿一般金品位在 0.50×10^{-6}～3.00×10^{-6} 范围（0.50×10^{-6} 以下不计），而在局部如北东段 23-33 线出现含浸染状或细脉状含雄黄雌黄英安玢岩（少部分为含雄黄雌黄粉砂岩），这种类型的矿石金品位一般在 3.00×10^{-6}～12.00×10^{-6}，这种低温类型金矿可能为成岩成矿过程中大气降水参与成矿或者受后期 A 型花园巩钾长花岗岩侵位使金再次富集而形成。综上，该矿床为斑岩型金矿床，并局部叠加了后期成矿热液（段留安等，2014）。抛刀岭矿床东侧存在脉状硫化物热液型（石门庵金多金属矿）和夕卡岩型矿床（铜山排铜矿），结合世界典型斑岩型矿床地质特征，本区存在一个斑岩型矿床成矿体系，其成矿模型大致如图 3-25（Duan et al.，2018a）。

抛刀岭金矿为独立的斑岩金矿床，这与长江中下游其他地区斑岩铜金矿床不同，但是其也表现了高氧逸度和富水特征。俯冲带熔流体高氧逸度特征对金和铜均具有较强的携带性，因此常见矿床均表现为铜金共生。结合矿石中出现大量的雄黄和雌黄等低温矿化组合，认为抛刀岭独立型的金矿可能是深部成矿流体在主成矿后期热液过程发生了分异，在浅部或旁侧形成的浅成低温热液型金矿化，推测其下方可能存在类似于福建紫金山式的斑岩铜金矿床或者铜矿床（图 3-25）。

进一步通过抛刀岭一带年代学研究发现，含矿（化）的斑岩体（抛刀岭、乌石小岩体）成岩年龄在 $140 \pm 1.0Ma$，相对不含矿的具有 A 型花岗岩性质的花园斑岩体及后期的

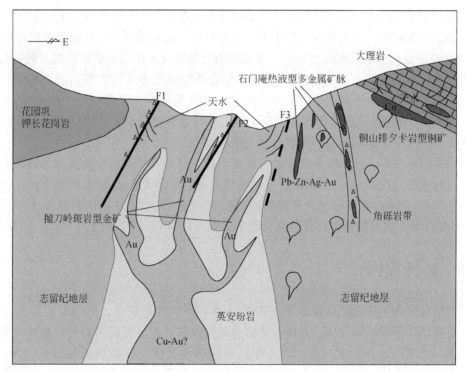

图 3-25　抛刀岭一带成矿模型图（Duan et al.，2018a）

脉岩早 20Ma，这与长江中下游中生代大规模成岩成矿事件一致，应该是同一地质事件的响应。先是在约 140Ma 经历了古太平洋板块俯冲，随后在约 120Ma 时又经历了弧后拉张作用，统一于晚侏罗世至早白垩世中国东部区域性构造体制转换和调整的大背景中。

3.2.9　成矿前景、找矿方向分析

就抛刀岭金矿自身矿区而言，由于受勘查资金和深部探矿权（-286m 采矿标高）限制，虽然历次工作累计施工了 69 个钻孔，18621.33m 进尺，但勘查程度相对还是较低，除矿区中部范围勘查程度略高外，北东段、西南段甚至普查程度都没有达到。中部矿体虽然控制程度较高，但只是相对于整个矿区而言，已知矿体的倾斜延深均未系统控制或控制不完全，加强对已知矿体的控制，金资源量将进一步加大。同时，西南段 42 线单孔见到最大视厚度 10m、品位 4.73×10^{-6} 的金矿体，44 线见到最厚达 22m、品位 2.05×10^{-6} 的金矿体，48 线单孔见视厚度 8m、品位 1.49×10^{-6} 的金矿体，显示了西南段很好的找矿前景和空间，需要对已知矿体倾斜沿深或两侧进行工程控制。另外 48 线向西南至 64 线矿界还有 300m 的探索空间，这些地段都有与主矿体类似的成矿条件。北东地段 25 线向北东方向延伸至 57 线约 700m 的矿区范围只施工了 ZK2904 等 4 个钻孔，且均为见矿孔，说明该地段仍有较大的找矿空间。

原生晕方法是一种寻找隐伏矿床的有效方法。李惠等（1999）对中国 58 个典型金矿床原生晕轴向（垂直）分带序列进行了概率统计，得出了中国金矿床原生晕综合轴向

（垂直）分带序列，从上到下是：B- As- Hg- F- Sb- Ba（矿体前缘及上部）→Pb- Ag- Zn- Cu（矿体中部）→W- Bi- Mo- Mn- Ni- Cd- Co- V- Ti（矿体下部及尾晕），指出矿体深部未完全控制时其轴向分带序列出现"反分带"，指示矿体向下延伸还很大，并指出"反分带"是进行深部盲矿预测的重要依据。ZK2805 在 593 ~ 616m 见到 23m 厚、品位 3.71×10^{-6} 的金矿体，616 ~ 713m 见到 9 层厚度 1.5 ~ 6.0m、品位 1.25×10^{-6} ~ 2.06×10^{-6} 的金矿体。对该孔按照不同岩性进行了分别取样，共取得原生晕（多元素）样品 83 件。根据原生晕分析结果，矿体的上部及矿体部位出现前缘晕和近矿晕异常即 Au-Ag-As-Zn-Pb-Sb 异常，而近矿晕 Cu 则相反表现为相对负异常（与金呈现负相关，金高铜则低，金低铜相对高的现象）；孔深 550 ~ 700m 范围，出现厚大的前缘晕元素 As-Sb、近矿晕元素 Au-Ag-Zn-Pb 和尾晕元素 Bi-Mo 异常现象（Cu 元素表现为相对低值），这种前缘晕、近矿晕及尾晕元素叠加现象表明矿体向深部仍有较大延深（图 3-26）。750m 附近也表现了 Au-Ag-As-Zn-Pb-Sb 异常（反分带），同样预示了矿体将向下延深或地层下方可能出现金的矿（化）体。Cu 元素表现出的与金的负相关，可能表明在成矿后期热液过程发生了铜金分异现象，铜可能存在于斑岩型金矿的下方或斑岩体远端的夕卡岩型铜多金属矿床中（Duan et al., 2018a）。

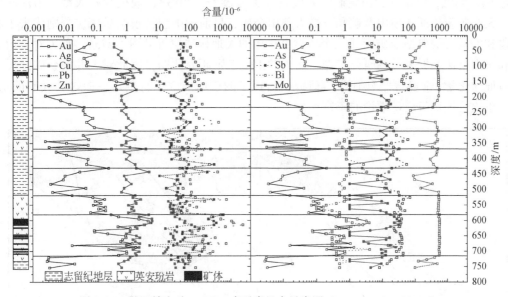

图 3-26 抛刀岭金矿 ZK2805 多元素组合异常图（Duan et al., 2018a）

综上，抛刀岭矿区范围内尚有巨大的找矿空间，有理由相信通过进一步对已知矿体进行工程控制和对北东、南西段未知区域进行探索控制，本区有望接近或达到特大型金矿床规模。

抛刀岭–乌石–丁冲北东向构造岩浆岩带，控制了抛刀岭英安玢岩、乌石花岗斑岩、白虎山花岗斑岩等斑岩体，而目前乌石、白虎山仅作为小型金矿床（点），应该有进一步找矿的空间和价值。从区域成矿条件分析，自来山–抛刀岭–乌石–丁冲北东向构造岩浆岩带应该有较好的找矿前景，今后该地区找矿要重视寻找和抛刀岭英安玢岩同时期的斑岩体及志留纪地层中的隐伏岩体，同时志留纪地层中的北东向构造破碎带或矿化蚀变带也是今后工作的重点，该类含金蚀变岩型金矿已在铜陵地区志留纪地层中发现（段留安等，2012；

Duan et al., 2017），另外相邻两个北东向岩体之间发育有志留系蚀变粉砂岩，可能预示着深部有隐伏斑岩体存在，也要引起足够的重视。

3.3　休宁天井山一带金矿成矿条件和成矿预测研究

天井山金矿位于钦杭成矿带东段（图3-27），钦杭成矿带位于扬子和华夏两大古陆块碰撞拼贴形成的巨型板块结合带之间，从西南端的钦州湾经湘东、赣中延伸到浙江杭州湾地区，全长约2000km，为罕见的板内多金属成矿带，总体呈反S状弧形展布（图3-27a），分布有铜金矿、铅锌矿、锡矿、钨矿等多种矿产，绝大多数矿床与花岗岩类在时空关系上联系密切，该成矿带矿床规模巨大，矿化分布密集，时代多集中在晋宁期、加里东期、印支期和燕山期（杨明桂等，1997，2009；周永章等，2012，2015；毛景文等，2007，2008，2009，2011；徐磊等，2012；易万亿和杨庆坤，2013；徐德明等，2015），海西期成矿则很少被提及。钦杭成矿带东段主要包括江西省（简称江西段）、安徽省南部地区（简称安徽段）和浙江省北部地区（简称浙江段）三个部分。其中江西段截至2013年探明金547685kg，以德兴金山金矿等为代表（黄传冠等，2013），规模为超大型，为江西段第一大金矿。浙江璜山金矿和安徽天井山金矿，目前为中型规模金矿床，分别代表了浙江段和安徽段的典型金矿床（三个典型金矿床的大地构造位置见图3-27a）。前人对金山金矿和璜山金矿开展大量的研究工作，而天井山金矿则研究薄弱，因此对天井山金矿开展了岩石地球化学、矿床学、年代学等研究，对该矿的矿床成因进行判定，探讨其成矿前景，有益于钦杭成矿带成矿理论的丰富。

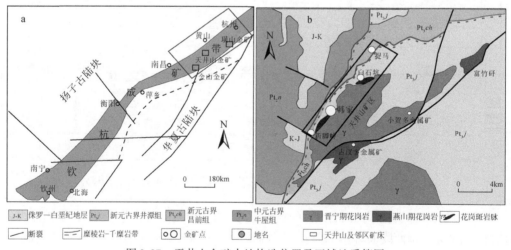

图 3-27　天井山金矿大地构造位置及区域地质简图

a. 江南造山带皖南段区域大地构造略图；b. 天井山金矿区域地质构造略图

3.3.1　区域地质背景

天井山金矿区位于江南古陆东南缘，扬子准地台与华南褶皱系的结合部位，区域上也是赣东北成矿带的北东延伸部位（图 3-28）。已有研究显示在中-新元古代（约 1000~900Ma）时期华夏古陆向扬子古陆俯冲、碰撞和拼贴进入高峰期（水涛，1986；水涛等，1987；万天丰，2011），随后伴随古华南洋的闭合，在新元古代早期（900~800Ma）华夏与扬子古陆完成碰撞对接，成为罗迪尼亚（Rodinia）超大陆的一部分，但聚合不久，受罗迪尼亚超大陆裂解事件影响，再次成为裂谷和海槽。总体上晋宁运动基本结束了华夏古陆向江南古陆俯冲、碰撞和拼贴的过程，导致了扬子板块呈准稳定态，并开始了盖层沉积的新阶段（邢凤鸣等，1992），晋宁期后研究区属于边缘海域，具有沟、弧、盆体系和小型地块的复杂大陆边缘特征（王自强等，2012），伴随着加里东运动，华南小洋盆消亡，华夏和扬子古陆完成拼贴，形成了钦杭结合带（杨明桂和梅勇文，1997；薛怀民等，2010）。进入中生代后，受到太平洋构造转折事件的影响，构造动力学背景从印支期以挤压为主调整为燕山晚期的伸展构造背景为主（赵越等，2004；董树文等，2007；胡瑞德等，2010；张岳桥等，2009），其中印支运动使三叠纪以前的沉积盖层普遍发生大规模的褶皱和断裂，形成了一系列北东向和北东东向展布的褶皱断裂带，燕山运动转入大陆边缘活动带，以强烈差异性块断运动为主（杨四春，2009）。本区域经历了多期次构造、岩浆和成矿活动，是我国重要的有色及贵金属成矿带（杨明桂等，1997，2009；周永章等，2012，2015；毛景文等，2008，2009，2011；徐磊等，2012）。

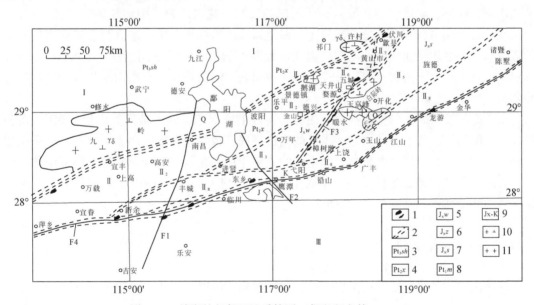

图 3-28　赣浙皖相邻区地质简图（据段留安等，2011）

Ⅰ. 扬子板块；Ⅱ. 江南古陆；Ⅱ₁. 宜丰-歙县混杂岩亚带；Ⅱ₂. 溪口构造片岩；Ⅱ₃. 万年构造单元；Ⅱ₄. 赣东北蛇绿岩亚带；Ⅱ₅. 怀玉构造单元；Ⅱ₆. 障前构造带；Ⅱ₇. 江湾构造带；Ⅱ₈. 绍兴-江山对接带；Ⅲ. 华夏板块；F1. 赣江断裂带；F2. 信江断裂带；F3. 赣东北断裂带；F4. 萍乡-广丰江山断裂带；1. 蛇绿岩-超基性岩；2. 构造单元边界；3. 新元古代双桥山群；4. 中元古代溪口岩群；5. 蓟县纪万年群；6. 蓟县纪张村岩群；7. 蓟县纪双溪坞群；8. 古元古代麻源群；9. 蓟县纪—白垩纪地层；10. 元宙宇花岗闪长岩；11. 燕山期花岗岩

在扬子陆块与华夏陆块之间，有一呈弧形条带状展布的由一套浅变质、强变形的（中）新元古代巨厚沉积-火山岩系及时代相当的侵入体所构成的地质构造单元，称为

"江南造山带"（李江海和穆剑，1999；薛怀民等，2010；董学发，2014），经历了元古宙从被动大陆边缘到活动大陆边缘的转化，最终与华夏地块拼接在一起，产生低绿片岩相变质作用和强烈的逆冲推覆与褶皱变形（潘国林等，2014）。研究认为，江南造山带可能为新元古代俯冲型造山带（董学发，2014），造山带东南缘的皖浙赣断裂带和江绍断裂带都为超岩石圈断裂（朱钧和张景垣，1964；孔祥儒等，1995），同时也是大型推覆构造带。安徽天井山金矿与江西金山、浙江璜山金矿床均位于江南造山带的东南缘，其中金山和天井山金矿同位于江南造山带之障公山构造混杂岩上，且受控于皖浙赣断裂带（杨文思，1991），而璜山金矿受控于江绍断裂带（陆浩，1998）。

本区地层属扬子地层区江南地层分区，以江湾-街口断裂带为界，南东侧为青白口纪火山岩和火山碎屑岩，属白际岭岛弧地体；西部的中元古界牛屋岩组（Pt_2n）、木坑岩组（Pt_2m）为障公山复理石地体，属于浅变质陆源碎屑泥砂质岩，构成本区基底构造层（马东升和刘英俊，1992），新元古界青白口系井潭组（Qnj）浅变质中酸性火山岩，构成本区盖层。另外本区还分布有中生代断陷盆地，第四系松散沉积物主要沿沟谷分布。其中上溪群木坑岩组、牛屋岩组及青白口系井潭组浅变质岩为区内主要赋矿层位。

受皖南造山运动及多期次构造活动的影响，区域上岩浆活动强烈，主要沿北东向赣浙皖断裂带分布。岩浆岩在形态上明显受北东、北北东向构造控制，侵入时代主要为晋宁期和燕山早、晚期，岩性主要为细粒斑状花岗闪长岩、花岗斑岩、中细粒斑状二长花岗岩、片麻状钾长花岗斑岩和黑云母花岗岩，一般呈岩基或岩株状产出。本区与金矿化密切相关的岩浆岩主要是岩浆演化晚期的闪长岩和碱性花岗岩，如障前花岗岩株、天井山-小贺片麻状花岗岩、里广山闪长斑岩、长亥似斑状花岗岩、岭山花岗岩及查山闪长岩脉等都有金异常或金矿化。

从皖南浅变质岩系的构造演化历史分析，在前寒武纪，皖南地区为以形成火山-沉积矿床为主的地区，晋宁运动奠定了本区的构造格局，也控制着本区的矿产分布。本区主要矿种的成矿期为晋宁期和燕山期，中生代的成矿作用是在晋宁期变质基底上局部演化的结果，即中生代的矿产分布仍反映了基底格局对区域成矿的控制（张国斌和吕绍远，2008；Duan et al.，2018b；段留安等，2020）。

3.3.2 矿区地质特征

区内出露前震旦纪变质火山岩基底，晋宁期和燕山期花岗岩活动强烈，含矿构造复杂多样，见矿区地质简图（图3-29）。

3.3.2.1 地层

矿区出露地层简单，南东侧为白际岭岛弧地体的火山碎屑岩系，属青白口纪井潭组（Qnj），主要岩性为：变质安山岩、变质流纹质凝灰岩夹含碳千枚岩、凝灰质粉砂岩、流纹斑岩及变质英安斑岩等。锆石 U-Pb 年龄为 776~820Ma（吴荣新等，2005，2007）；北西侧为障公山复理石地体的变质细碎屑岩系，属中元古代牛屋岩组（Pt_2n）地层，主要岩性有青灰、黄绿、黄褐色千枚状砂岩，灰黑色粉砂质千枚岩夹含钙砂岩等。牛屋岩组与井

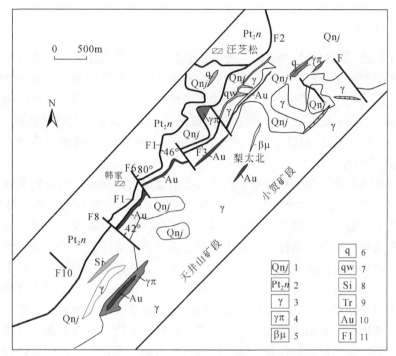

图 3-29　皖南天井山金矿区地质简图

1. 井潭组；2. 牛屋岩组；3. 花岗岩；4. 花岗斑岩；5. 辉绿岩；6. 石英脉；7. 石英网脉；
8. 硅质脉；9. 碎裂岩；10. 金矿体；11. 断裂编号

潭组地层之间为断层接触，断层附近岩石常强烈片理化，片理产状以 $120°\angle30° \sim 50°$ 为主。井潭组地层变质变形强，与南东侧岩体之间以断裂接触为主（含金石英脉多沿该断裂充填），局部为侵入接触关系。

沈俊（1991）研究表明牛屋岩组中含碳板岩含金丰度高，由于风化剥蚀搬运作用，大量的成岩成矿物质在古陆边缘滞流海的稳定环境沉积下来，造成较好的成矿条件，皖南多数的金矿均分布在此围岩中。井潭组火山-碎屑沉积岩含有较厚的钙碱性玄武-安山-流纹质火山岩系，岩石含金丰度较高（$7.58×10^{-9}$），构成金的初始矿源层。另付怀林和辛厚勤（2004）认为本区井潭组 Au 变系异数最大，为强分异型，对金矿成矿有利。同时他们将本区上溪群地层与江西金山金矿围岩双桥山群地层相比较，得出两者具有共同特征：①As、Sb、Pb、Au、Zn 等元素高富集（同中国岩石圈元素丰度比较），特别是作为 Au 的主要伴生元素 As 和 Sb 的浓集系数超过 10 倍；②Au、As、Sb 等元素具有高变异系数（CV>1），说明其层位中 Au 等元素具有后期活化、迁移（聚集）的过程，指示本区上溪群与双桥山群有相类似的有利于 Au 等元素富集成矿的层位（矿源层）。本区矿石围岩地层的地球化学特征显示，矿石与围岩地层有着相似的稀土配分模式，说明矿体与围岩地层可能存在亲缘性；另外在矿区坑道中可以见到含碳千枚岩在近剪切面附近，尤其是断裂带的上下盘千枚岩常常具有黄铁矿化特征，局部构成本区金矿体的一部分。

以上说明本区上溪群牛屋岩组地层和青白口纪井潭组地层，为后期多期次改造成矿提供了部分初始矿源层，具备较好的成矿地层条件。

3. 3. 2. 2　构造

矿区位于江湾–街口韧性"推覆"剪切带中段，由一系列北东向逆断裂、剪切带、挤压破碎带、密集裂隙带及低序次的北西向断裂和南北向、近东西向共轭扭性断裂组成，改造了早期所有的褶皱、断裂等构造，基本覆盖了矿区，由一系列弱应变地块构成。该带总体走向北东 30°，倾向表现为"S"形：在海拔标高 260m 以上，大致北西倾，倾角从 20°逐渐变为 70°，在 260m 标高以下，倾向转为南东倾，倾角由 70°逐渐变为 30°~60°，并由 ZK1201 钻孔证实其存在。

本区剪切带内各构造带的韧性变形构造与金山金矿大体相似，具有以下特点：超糜棱岩–糜棱岩带中鞘褶皱、饼状褶皱、钩状石英、S-C 面理、矿物拉伸线理、分异条带多有出现。超糜棱岩碎裂化，糜棱岩片理化，显示出了韧后脆性叠加改造的演变特征。初糜棱岩带主要表现为透镜体化，刚性岩石挤压拉长为透镜体，柔性岩石千糜岩围绕透镜体形成假流纹构造，旋转碎斑构造随处可见；千糜岩带表现为强烈的片理化，靠近主剪切面部位剪切柔流褶皱、肠状石英大量发育；糜棱岩化带地层连续，表现为片理化增强，有时片理化带内含有大量黄铁矿，局部可以构成金矿体。镜下也显示了各种韧性变形变质组构：石英波状消光，变形纹、变形带、动态重结晶等；长石类矿物见双晶弯曲、膝折及晶体破裂等脆性变形现象；黄铁矿晶格位错、蠕变，出现压力影、微裂隙；矿物旋转碎斑系、云母鱼、显微 S-C 组构、矿物定向等在薄片中都有出现。

除了早期的韧性剪切带发育外，矿区地层与岩体的接触带还受断裂接触控制，另外晚期叠加在剪切带上的断裂构造也很发育。综上，天井山–小贺金矿严格受剪切带控制。由于本区受多期次构造活动影响，区内构造复杂，但在构造形迹上主要表现北东、北西、南北三组方向的构造（陈昌明等，2015），且三组方向的构造均为含矿构造，控制了本区不同类型的金矿石。

由前文可知，本区地层含金丰度值高，变异系数大，为本区金成矿提供了初始矿源层，在后期构造岩浆活动过程中，多次被改造富集于构造形迹中。糜棱岩型和黄铁绢英岩化花岗质碎裂岩型金矿的形成与早期剪切作用相关，在剪切带上叠加晚期脆性断裂，为金的进一步富集提供了容矿和成矿空间。韧性剪切带内充填的石英脉型金矿赋存于岩性不同的强应变界面和容矿构造产状变化地带。因此，本区金成矿与构造密切相关。

3. 3. 2. 3　岩浆岩

岩浆岩主要为灵山岩体（图版Ⅵ-1-a~c）和韩家岩体（图版Ⅵ-1-d~f），其中灵山岩体分布于矿区南东部，约占矿区面积的 2/3，主要岩性为片麻状黑云母花岗岩，岩石变余花岗结构、碎裂结构，弱片麻状构造（图版Ⅵ-1-a）、块状构造，显微镜下可见长石的绢云母化和弱英岩化（图版Ⅵ-1-b、c），由钾长石（50%~64%）、石英（20%~30%）、斜长石（5%~25%），少量黑云母、白云母（1%~3%）等组成。在白石坑、小贺一带，见有产在灵山岩体内部的黄铁矿化花岗质碎裂岩，局部构成了低品位含金矿（化）体；韩家岩体，岩性为花岗斑岩（图版Ⅵ-1-d），呈不规则长条状之岩枝、岩脉状产出，分布于天井山一带，出露面积约 0.05km²。花岗斑岩呈浅灰色–灰绿色，变余花岗斑状结构，基质为变余文象结构，块状构造。岩石由基质和斑晶两部分组成，其中：斑晶（5%～15%）以石英、钾长石为主，石英多为不规则颗粒，呈浑圆状，少量短柱状；基质主要由石英-长石（65%）、云母类（20%）及少量金属矿物等组成。主要矿物多呈小碎块状，粒径多在 0.6～3.0mm，见有拉长变形现象。长石表面普遍硅化、绢云母化，并见有石英的碎裂结构（图版 Ⅵ-1-e），在石英和长石的碎粒之间常见有绿泥石和绢云母细脉（图版 Ⅵ-1-f）。由于受后期多阶段造山及热液活动影响，岩石具有糜棱岩化和绢英岩化等现象，其中绢英岩化普遍发育，局部构成金（化）矿体（图 3-30a）。

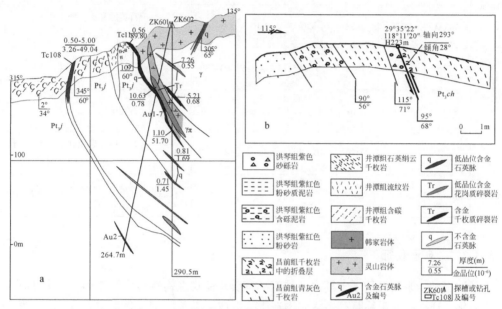

图 3-30　天井山金矿地质剖面及推覆构造示意图

a. 天井山 6 线地质剖面简图；b. 天井山西 2km 逆推覆构造示意图

3.3.2.4　矿体特征

天井山金矿可分为 3 条近于平行展布的北东向矿化带，分别为产出于接触带、外接触带和内接触带的 Ⅰ、Ⅱ、Ⅲ 号矿化带，每条矿化带均由多条矿体组成，初步圈定含金石英脉 21 个，含金蚀变破碎带型矿体 2 个。矿体规模大小不一，常成群成带出现，主要呈脉状、透镜状等产出，形态复杂，多呈不连续带状分布，膨大狭缩、尖灭再现特征明显，主要矿体特征见表 3-6。按赋矿围岩不同可以将金矿体分为：赋存于井潭组地层与岩体接触带的石英脉型金矿体，赋存于井潭组地层中的千糜岩型及石英脉型金矿，赋存于花岗岩破碎带中的蚀变岩型金矿（图 3-30a）。其中含金石英脉矿体走向以北东 10°～60°，倾向北西为主；其次为走向北西 310°～330°，倾向南西。在海拔标高 260m 以上，大部分石英脉产状倾向北西，倾角由缓倾斜（20°）变陡倾斜（70°），在标高 260m 以下，则倾向变为南东，倾角由 70° 左右逐渐变为缓倾斜（30°～58°）（图 3-30a），这可能与区内的成矿期后的逆冲推覆作用有关，推覆构造在野外也见有新元古代地层被推覆到侏罗纪红层之上（图 3-30b）。矿化石英脉长数十米至 1500 多米，脉厚数厘米至 6m，含金品位从 $n \times 10^{-6}$ 到

$n\times100\times10^{-6}$不等，属于小而富的金矿脉。蚀变岩型金矿（化）则一般发育在灵山岩体内部的破碎带中，破碎带一般厚数米，金品位相对较低，一般为$0.50\times10^{-6} \sim 3.00\times10^{-6}$。

表3-6 天井山金矿主要矿体特征简表

矿带名称	矿体名称	控制长/m	厚度/m	走向/(°)	倾向/(°)	倾角/(°)	平均品位/10^{-6}	矿石类型	围岩
笋山矿带	Au5-1	103	0.88	NW	240 ~ 270	20 ~ 52	15.14	石英脉和矿化糜棱岩	岩体内接触带
	Au5-3	312	0.82	330	240	35 ~ 65	5.97	石英脉和矿化糜棱岩	
白石坑–犁太北	Au15	300	0.7 ~ 3.0	30 ~ 75	300 ~ 345	60 ~ 70	1.67 ~ 7.3	石英脉和矿化糜棱岩	地层和岩体接触带
	Au16	800	0.61	30 ~ 40	315 ~ 335	55 ~ 70	6.26	石英脉	
田子坑–德公坑	Au23	300	0.80	10 ~ 30	SE	30 ~ 53	3.65	石英脉加硅化蚀变岩	糜棱岩化花岗岩
金背屋	Au17	120	1.45	NE	SE	60	1.84	黄铁绢英岩化花岗质碎裂岩	钾化花岗岩

3.3.2.5 矿石特征

本区地层和岩浆岩经历了多期次区域变形变质及韧脆性构造转换等作用，有利于成矿元素金的活化、迁移，并最终赋存在含矿构造中，形成了石英脉型（图版Ⅵ-2-a ~ d）、角砾岩型（图版Ⅵ-2-e）、蚀变岩型（图版Ⅵ-2-f）、糜棱岩型等不同类型的金矿石，其中石英脉型金矿石主要由石英、少量硫化物（<3%）和微量的自然金（图版Ⅵ-2-g）组成，属于少硫化物型矿石。硫化物以黄铁矿为主，含少量黄铜矿、闪锌矿和方铅矿（图版Ⅵ-2-b）。金以自然金、裂隙金和包裹金为主，呈角粒状、麦粒状或浑圆粒状分布于石英和黄铁矿中，粒径从微量到粗粒（0.006 ~ 2mm）（图版Ⅵ-2-h、i）。

3.3.2.6 围岩蚀变

受岩体侵入、区域变质和后期构造作用及热液活动的影响，区内矿化蚀变多样，主要有硅化、高岭土化、绢云母化、绿泥石化、碳酸盐化和萤石化、黄铁矿化、黄铜矿化、方铅矿化、毒砂化及钾化等，其中硅化、黄铁绢英岩化、黄铜矿化及方铅矿化与金矿关系密切。

3.3.3 岩石地球化学特征

灵山岩体和韩家岩体及井潭组火山岩，与周边地区的莲花山（花岗岩）、石耳山岩体（花岗斑岩）主量元素都具有高的SiO_2（>70%）、富碱（4.9% ~ 8.74%）、高K_2O（3.95% ~ 6.21%）特征，TAS图解中落入花岗岩范围（图3-31a），属硅酸过饱和、高钾钙碱性（图 3-31b）及过碱性（图 3-31c）系列岩石。在构造判别图解中，灵山、韩家和莲花山岩体一致，大致落入 WPG 区域，而石耳山花岗斑岩和井潭组流纹岩则落入 VAG 区域（图 3-31d）。灵山、韩家和莲花山岩体稀土配分几乎一致，都具有轻稀土富集、强烈 Eu 负异常、重稀土平坦分布的特征，稀土元素球粒陨石标准化曲线呈现两侧平坦、中间深谷型的配分曲线，而石耳山岩体和井潭组火山岩则表现为轻稀土富集、中等 Eu 负异常、较平滑右倾型（图 3-32a）。在不相容元素原始地幔标准化蛛网图中，灵山、韩家及莲花山岩体有富集 Rb、Th、U、Ce、Pb，亏损 Ba、Sr、Eu、Zr 的特征（图 3-32b）。在 A 型花岗岩判别图解中，灵山、韩家及莲花山岩体落入 A 型花岗岩区域（图 3-32c、d）。结合本区地质背景，认为灵山、韩家、莲花山岩体为初生陆壳板内拉张改造形成，而石耳山岩体和井潭组流纹岩具有弧源沉积物熔融的特点。

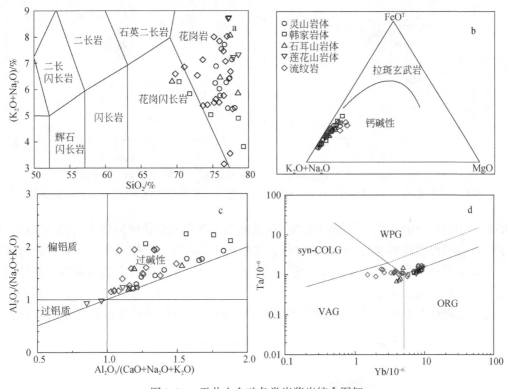

图 3-31　天井山金矿各类岩浆岩综合图解

本区各类含金矿石具有以下地球化学特征：① $\sum$ REE 由含金石英脉（$5.02 \times 10^{-6} \sim 10.68 \times 10^{-6}$）、含金石英角砾岩（$58.8 \times 10^{-6} \sim 182.86 \times 10^{-6}$）、萤石石英脉（$176 \times 10^{-6} \sim 231.25 \times 10^{-6}$）、含金千枚岩（$183.99 \times 10^{-6} \sim 188.59 \times 10^{-6}$）到含金绢英岩化碎裂岩（$59.51 \times 10^{-6} \sim 270.61 \times 10^{-6}$）逐渐升高；石英角砾岩和绢英岩化碎裂岩 δEu 约 0.30，萤石石英脉 0.53，千枚岩 0.77，石英脉变化较大，介于 0.48 ~ 0.92 之间；各类含矿岩石 δCe 相似，约 1.02；LREE/HREE 石英角砾岩、绢英岩化碎裂岩和萤石石英脉相当，约 4.50，千枚岩约 7.20，石英脉则变化较大，为 2.86 ~ 6.38。②从含金绢英岩化碎裂岩、千枚岩、石英角砾岩到含金石英脉，稀土元素均具有 Eu 负异常、右倾轻稀土富集型的特点，且有

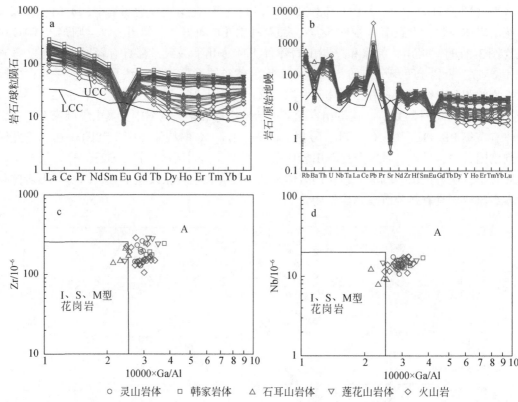

　○ 灵山岩体　　□ 韩家岩体　　△ 石耳山岩体　　▽ 莲花山岩体　　◇ 火山岩

图 3-32　天井山金矿岩浆岩稀土、微量元素及 A 型花岗岩判别图解（Duan et al.，2018b）

∑REE、LREE、HREE 依次亏损的特点，模式曲线分布形式变化区间较大（图 3-33），反映了成矿的过程明显要复杂于成岩的过程，成矿物质的来源、受控元素趋于多源化与多因化。③含金石英脉稀土总量明显低于其他类型矿石，反映出在元古宙动力变质成矿基础上经历了后期叠加成矿作用，导致其稀土总量进一步亏损；同金山金矿石一样，虽然各类型矿石稀土总量存在差异，但它们之间的 REE 模式曲线分布形态具有过渡变化的特征，整

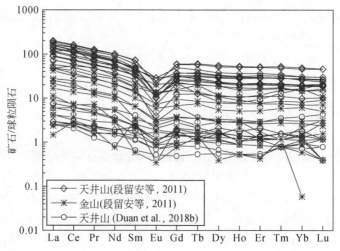

图 3-33　天井山金矿矿石与金山金矿稀土元素配分图解（数据据段留安等，2011；Duan et al.，2018b）

体曲线形式相似；随着稀土总量的减少，矿石稀土分布模式变为复杂的"多峰式"曲线，反映了本区矿床在区域多旋回构造–岩浆作用的背景下成矿作用的长期性、复杂性和继承性。④金山金矿含金石英脉的 $\sum REE$ （4.25 ~ 28.08）、LREE/HREE（3.34 ~ 10.46）、La_N/Yb_N（4.02 ~ 25.11）、δEu（0.22 ~ 1.17）、δCe（0.77 ~ 1.74）等特征与天井山含金石英脉基本相当，两者配分模式相似，变化区间大（图 3-33），可能也反映了成矿的多期复杂性。

3.3.4　硫同位素特征

天井山含矿石英脉中的 9 件黄铁矿硫同位素测试结果显示：$\delta^{34}S$ 最高值为 9.21‰，最低值为 5.28‰，表明矿石中的硫同位素相对集中，总体范围为 5.28‰ ~ 9.21‰，说明可能其来源较单一。具体见表 3-7。

表 3-7　天井山金矿黄铁矿硫同位素测试结果

样品号	矿区	测试矿物	样品名称	$\delta^{34}S_{CDT}$/‰
13TJS9py	天井山	黄铁矿	石英脉	7.97
13TJS10py		黄铁矿	石英脉	8.06
13TJS11py		黄铁矿	石英脉	7.48
13TJS12py		黄铁矿	石英脉	5.28
13TJS13py		黄铁矿	石英脉	8.60
13TJS14py		黄铁矿	石英脉	9.21
13TJS25py		黄铁矿	石英脉	5.28
13TJS28py		黄铁矿	石英脉	6.45
13TJS28py		黄铁矿	石英脉	6.24

图 3-34a 显示了硫同位素分布具有一定的波浪式效应，说明其来源可能具有多样性。天井山金矿 $\delta^{34}S$ 略高于金山金矿矿床平均值（3.10‰ ~ 6.41‰），$\delta^{34}S$ 偏离零值，但都显示了富重硫的特点。硫有三种不同的 $\delta^{34}S$ 储库（Rollinson，1993）：幔源硫 $\delta^{34}S$ 值约为 0±3‰（Chaussidon and Lorand，1990），海水硫 $\delta^{34}S$ 值约为 +20‰，沉积硫 $\delta^{34}S$ 值具有负值、强还原的特征。天井山金矿的金成矿主要发育在黄铁矿化多金属阶段，由于硫同位素组成可以作为判断硫源及判断成矿流体来源的主要工具，因此由本区硫同位素特征看（图 3-34b），其成矿流体可能为变质热液、深源流体和再循环大气降水的混合产物。姜妍岑等测定了天井山 17 件含矿石英脉流体包裹体中水的氢同位素，除一个样品 δD_{H_2O} 值为 -103.3‰外，其他样品的 δD_{H_2O} 变化集中在 -67.33‰ ~ -57.4‰之间，落入岩浆水的范围；测定的与绢云母母化蚀变有关的流体具有富 CO_2 和低盐度（3.0% ~ 5.1%）的特征，且富含多种成矿金属元素，认为是岩浆流体沸腾后混入了富 CO_2 的低密度气相流体或大气降水（姜妍岑等，2013）。因此，从硫、氢同位素及流体包裹体中的 CO_2、盐度等特征来看，认为在晋宁期岩浆活动及晋宁期后多阶段区域变质作用中产生的含矿流体，在天水的参与

下，成矿物质被不断活化、迁移并最终富集成矿。

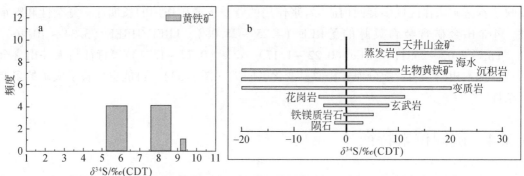

图 3-34　天井山金矿矿石硫同位素图解（底图据魏菊英和王关玉，1988）

3.3.5　岩浆岩锆石 U-Pb 年龄

天井山小贺一带花岗岩（白石坑片麻状花岗岩和天井山花岗斑岩）中锆石相对均一，无色透明，具有自形晶晶型，多数呈短柱状，阴极发光图像显示出锆石颗粒的内部具有明显的岩浆振荡环带结构，表明锆石为岩浆结晶产物。灵山岩体（BSK）的锆石 U 含量范围为 $744×10^{-6} \sim 1427×10^{-6}$，Th 含量范围为 $417×10^{-6} \sim 1153×10^{-6}$，锆石 Th/U 变化范围为 $0.52 \sim 0.81$；韩家岩体（TJS）的锆石 U 含量为 $160×10^{-6} \sim 1021×10^{-6}$，Th 含量范围为 $87.2×10^{-6} \sim 705×10^{-6}$，锆石 Th/U 变化范围为 $0.54 \sim 1.05$。整体上两者的 U、Th 含量较高，且变化范围大，锆石 Th/U 变化范围为 $0.52 \sim 1.05$，为典型的岩浆锆石特征（Hoskin，2000；Belousova et al., 2002；Möller et al., 2003）。灵山岩体（BSK）样品的锆石 U-Pb 加权平均年龄为 $794.7±5.2$Ma（MSWD=0.13）（图 3-35a），韩家岩体（TJS）样品的锆石 U-Pb 加权平均年龄为 $765.9±3.7$Ma（MSWD=0.05）（图 3-35b），两者相差约 30Ma。在锆石微量元素图解中（图 3-35c~d），两者表现了 Ce 正异常和 Eu 的负异常，轻稀土韩家岩体比灵山岩体变化大，重稀土则相当，尤其是韩家岩体锆石中的 La 比灵山岩体有更宽阔的范围，暗示其遭受了强烈的后期流体改造。

灵山岩体锆石 Ce^{4+}/Ce^{3+}（均值 124.88）相对韩家岩体（均值 75.07）要高（图 3-36a），但都属于高 Ce 异常（低 Ce 异常<50；高 Ce 异常>50），属高的氧逸度特征（Ballard et al., 2002；Xie et al., 2009），暗示了有利于成矿作用的发生。Watson 等（2006）提出锆石中微量元素 Ti 是对岩浆形成温度的灵敏指示元素，能在地质活跃期间普遍保持封闭性。根据锆石 Ti 含量计算出锆石的结晶温度范围灵山岩体为 $620 \sim 733℃$（平均温度为 676℃），韩家岩体为 $652 \sim 1110℃$（平均温度为 727℃），灵山岩体的结晶温度要低于韩家岩体（图 3-36b），暗示了灵山岩体相对于韩家岩体侵位要浅，同时灵山岩体 Eu/Eu^* 为 $0.04 \sim 0.08$（均值 0.05），韩家岩体 Eu/Eu^* 为 $0.08 \sim 0.28$（均值 0.16），说明灵山岩体源区残留了较多的斜长石，其成岩相对韩家岩体浅。计算出的温度都比正常的岩浆温度要低，说明锆石结晶处于岩浆分异演化的早期阶段，锆石结晶时岩浆的温度较低，暗示了岩浆是由源区物质在减压的条件下发生部分熔融形成的。长期以来，普遍认为新脚岭—韩

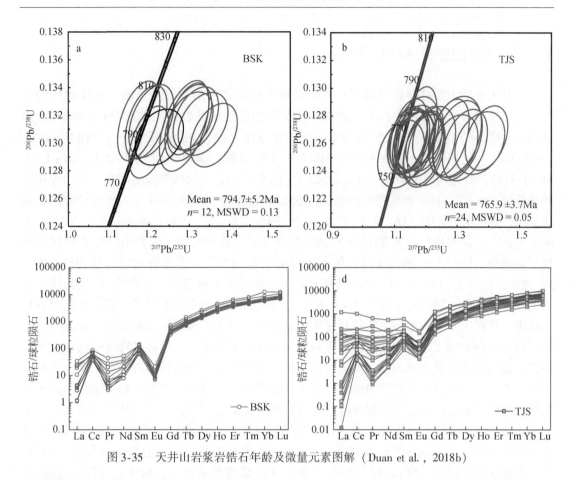

图 3-35 天井山岩浆岩锆石年龄及微量元素图解（Duan et al., 2018b）

家—白石坑一带呈不规则长条状、脉状展布且与金成矿密切相关的花岗斑岩（韩家岩体）是燕山期产物（吴建阳和张均，2010；段留安等，2011；姜妍岑等，2013；左延龙和翁望飞，2014），测定的白石坑和韩家岩体锆石年龄均为晋宁期，同时其锆石 δEu、轻重稀土特征等地球化学指标及锆石温度等与灵山岩体明显不同，所以灵山岩体不可能是其母岩，而是两期岩浆活动的产物。

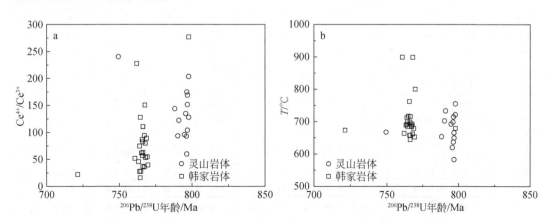

图 3-36 天井山金矿岩浆锆石$^{206}Pb/^{238}U$ 与 Ce^{4+}/Ce^{3+} 及温度关系图解

3.3.6 矿化蚀变 Ar-Ar 年龄

天井山金矿主要赋存在剪切带中，因此厘定剪切带的形成时代是确定成矿时代的关键。对含金糜棱岩中的绿泥石测定的 Ar-Ar 年龄测试结果见表 3-8。当温度由 960℃升至 1100℃，样品释放出的 ^{39}Ar 占 38.2%，获得了 331.5±3.2Ma 的坪年龄（MSWD=1.5）（图 3-37a）。利用 960~1100℃ 4 个中温阶段的数据，求得等时线年龄为 340±12Ma（图 3-37b），反等时线年龄为 339.8±9.4Ma（图 3-37c），等时线和反等时线年龄与坪年龄的最低值 336.2±3.1Ma 及平均年龄值 331.5Ma 非常接近。由该等时线年龄求得的初始氩比值（^{40}Ar/^{36}Ar）$_i$=286±16，与尼尔值（295.5±5）（Nier，1950）基本一致，受过剩 Ar 的影响较小，证明坪年龄值 331.5±3.2Ma 准确可靠，从而限定了天井山一带的剪切带形成于海西期。同时，在 760~840℃ 和 840~880℃ 析出的 ^{39}Ar 占总析出量分别为 19.2%~ 37.78%，得到了 118.3~208.1Ma 的视年龄，可能反映了剪切带形成后经历了燕山期-印支期热扰动事件。测定的海西期 Ar-Ar 年龄，为皖南地区金成矿限定了时间，该期次剪切作用进一步促进了金的循环、迁移和富集，是石英脉型金矿形成的重要途径（Duan et al.，2018b）。以往地质工作者依据野外地质观察等，认为天井山金矿与韩家岩体（被认为是燕山期）密切相关形成于燕山期，而测定的同位素数据显示韩家岩体形成于晋宁期，不是燕山期产物，而且目前矿区范围内尚没有发现燕山期活动，同时参考金山和璜山金矿同位素数据，大量数据也指向晋宁期和海西期，而燕山期成矿则不明显。从野外接触事实看，中元古代地层由南东向北西逆冲推覆于中生代地层之上，同时在天井山金矿东侧的 ZK3701 孔于 508.33m 以下见到侏罗纪洪琴组（J_2h）紫红色粉砂质泥岩、中细粒石英岩屑砂岩，其上覆地层为井潭组（Pt_3j）绿泥石英千糜岩（左延龙和翁望飞，2014），因此，推测天井山金矿在晋宁期-海西期成矿后，侏罗纪或白垩纪某个阶段再次发生过逆冲推覆事件，但燕山期成矿作用对该地区金成矿有多大影响值得商榷或进一步研究。

表 3-8　Ar-Ar 年龄测试结果表

T /℃	（^{40}Ar/ ^{39}Ar）$_m$	（^{36}Ar/ ^{39}Ar）$_m$	（^{37}Ar/ ^{39}Ar）$_m$	（^{38}Ar/ ^{39}Ar）$_m$	^{40}Ar/%	F	^{39}Ar/ （10^{-14}mol）	^{39}Ar （Cum.）/%	年龄 /Ma	±1σ /Ma
700	400.6170	1.3389	5.1267	0.2958	1.33	5.3553	0.12	1.53	38.5	9.0
760	55.6400	0.1325	4.2264	0.0442	30.16	16.8357	0.95	13.87	118.3	1.3
800	42.5127	0.0625	2.1096	0.0273	56.90	24.2304	0.98	26.59	167.9	1.7
840	86.3348	0.1897	1.0791	0.0561	35.15	30.3774	0.98	39.31	208.1	2.3
880	59.9113	0.0623	2.2878	0.0265	69.51	41.7220	0.86	50.50	280.1	2.6
920	51.8403	0.0185	3.4659	0.0160	89.90	46.7364	0.62	58.51	311.0	3.0
960	63.9253	0.0449	2.0979	0.0224	79.47	50.8856	1.26	74.82	336.2	3.1
1000	92.3307	0.1471	4.6001	0.0428	53.28	49.3732	0.91	86.64	327.1	3.0
1040	95.3856	0.1554	4.6077	0.0450	52.19	49.9673	0.45	92.52	330.7	3.3
1100	91.7060	0.1433	7.8597	0.0424	54.42	50.2254	0.32	96.69	332.2	3.4
1400	93.1621	0.1410	14.2238	0.0408	56.35	53.1063	0.26	100.00	349.5	3.6

注：样品为 13TJS26 绿泥石，称样量 W=100.73mg，照射参数 J=0.004026。表中下标 m 代表样品中测定的同位素比值，总气体年龄（total age）=257.6Ma，F=^{40}Ar*/^{39}Ar。

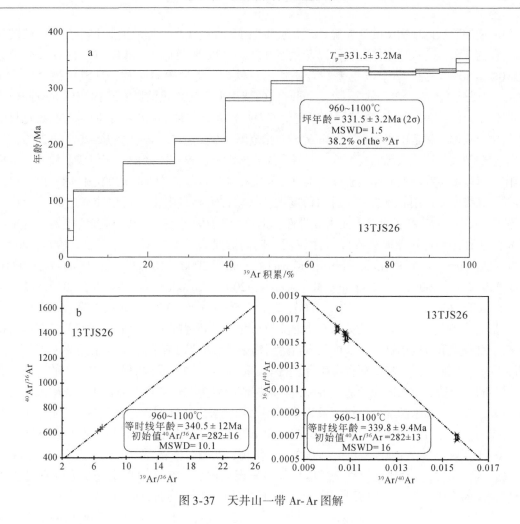

图 3-37　天井山一带 Ar-Ar 图解

3.3.7　矿床成因及成矿模型

按地质构造背景对金矿床成因进行分类的"造山型金矿"由 Groves 等（1998）提出，这种分类观点便于对金矿床的形成过程的认识和理解，同时也能够很好地为地球演化提供有益的信息，是金矿床成因研究发展的趋势。该类型金矿为全球提供了至少 30% 的黄金储备，目前已知的世界级金矿床中有 17 个金矿床（>500t Au）属于该类型金矿，如西非克拉通内的 Ashanti 金矿床等（邱正杰等，2015）。造山型金矿观点提出后，国内外学者做了大量研究和有益尝试，综合前人工作，将主要观点归纳如下：①形成于挤压或走滑挤压的构造环境中，记录了与造山作用相关的重大地质过程，是造山作用的成矿响应。②含金流体是在源区岩石发生绿片岩相到角闪岩相转变过程中形成的，造山带深部丰富的安山岩（SiO_2 含量为 55%~60%），其系统的金含量高于其他岩石类型，此外，在造山过程的短时间内，岩石普遍由绿片岩相过渡到角闪岩相变质，可释放出富 S^{2-} 流体，可从寄主岩中移除金。③成矿流体以变质流体为主，混合了其他来源的流体。④受断层阀模式控制，矿体一般发育在次级的高角度逆冲断层内或次级的逆冲脆-韧性剪切带内，常造成水平伸展的脉和相互穿插的陡倾脉共存的现象。⑤成矿流体包裹体以低盐度（6% ~ 12% NaCl eq）、富含 CO_2（CO_2摩尔分数为 10% ~ 50%）为特征。⑥主要载金矿物为黄铁矿、毒砂等硫化物，且硫化物含量小于5%。主要成矿元素为单一的金。⑦不同时代的造山型金矿，热液脉石英内流体的氧同位素一般位于 6‰ ~ 13‰ 范围，而氢同位素变化范围则较大（−180‰ ~ 0‰）；同时矿石硫化物的硫同位素数据变化范围也大，太古宙 $\delta^{34}S$ 变化范围为 0‰ ~ 9‰，显生宙从 −20‰ 到 25‰，反映了造山型金矿流体来源的复杂性。⑧具有地壳连续成矿模式或变质脱流体成矿模式。金成矿作用可以发生在峰变质作用阶段，也可以发生在经历过较低变质作用的地体内，而后可以再经历高级变质作用的改造。⑨时间跨度大，从太古宙到显生宙都可以成矿。⑩尽管在矿区范围内存在一定程度的成矿元素分带性，但单个矿床或矿脉系统的垂直延伸大，可超过2km，且没有垂向分带现象或分带性较弱，侧向分带较明显（Groves et al., 1998, 2003, 2005；McCuaig and Kerrich, 1998；Kerrich et al., 2000；Ridley and Diamond, 2000；Goldfarb et al., 2005；Tomkins and Mavrogenes, 2001；Tomkins and Grundy, 2009；Phillips and Powell, 2009, 2010；陈衍景, 2006, 2013；陈衍景等, 2007；邱正杰等, 2015）。

目前我国造山型金矿主要分布在华北克拉通北缘、新疆阿尔泰和准噶尔西部、秦岭及扬子与华夏碰撞形成的褶皱带，如内蒙古哈达门沟金矿、准噶尔哈图金矿、南秦岭一带的八卦庙、双王、凤太金矿、华南河台金矿等。这些金矿床具有增生或碰撞造山型金矿的特征，成矿时间同步于造山或稍微晚于造山事件，关键控矿因素为构造变形变质作用、成矿流体为中温热液，成矿元素来源与变质作用及岩浆活动密切相关，矿体产出严格受韧-脆性剪切构造系统控制，矿化过程表现为含矿流体的充填和交代作用，形成相应的蚀变岩型和石英脉型金矿石（毛景文, 2001；Mao et al., 2002；张作衡, 2002；李晶等, 2004；陈衍景, 2006；王义天等, 2014）。对比造山型金矿床特征，发现钦杭成矿带东段典型金矿床（浙江璜山金矿、江西金山金矿、休宁天井山金矿）也具有造山型金矿的特征，主要表现在：

（1）位于江南造山带的东南缘，是扬子与华夏陆块长期多次碰撞拼贴造山的结果，成矿环境符合造山型金矿的特点。

（2）三个金矿床均位于绿片岩相变质地体中，赋矿地层如双新元古桥山群、双溪坞群及井潭组地层中金的丰度高，具变异系数大，为金成矿提供了丰富的物质基础，符合造山型金矿赋矿变质地体特征。

（3）矿体发育在次级的高角度逆冲断层内或次级的逆冲脆-韧性剪切带内，与造山型金矿控矿构造条件特征一致。

（4）成矿流体包裹体均有低盐度、富含 CO_2 的特征。

（5）石英脉内流体包裹体中的氧同位素收窄，而氢同位素、矿石硫化物的硫同位素变化范围大等特征，反映了流体来源的复杂性和多元性。

（6）成矿时间跨度大，从晋宁期成矿到海西期成矿均有记录。

（7）载金矿物主要为黄铁矿、毒砂，虽然矿石中局部也有少量黄铜矿、方铅矿等矿化，但富集成矿的元素只有单一的金。

在 1.22 亿年左右，太平洋板块改变了方向 80°（从西南方向到西北方向，Sun et al., 2007），反映了形成 Ontong Java 大火成岩省过程中地幔热结构的改变，并抬升了南太平洋板至地幔柱的顶部位置。因此，中国东部地区的构造体制由伸展变为挤压/转位，导致了上覆板块的变形、加厚和变质，特别是沿弱地壳结构带（如古缝合线的上覆板块），形成了世界级的造山型金矿成矿作用。在此过程中，黄铁矿由绿片岩相向角闪岩相转变为磁黄铁矿，释放出硫。硫在变质成矿流体中活化和清除金等亲铜元素。太平洋俯冲板块的持续挤压，释放了这些成矿流体，在大约1.2亿年的时间里形成了一系列北东向挤压断层。含金丰富的沉积地层中石英脉和/或变质的含金围岩是由于上升成矿流体的减压作用而形成的。华北克拉通边缘造山带和江南地块是成矿最有利的区域。与前者相比，后者的探明储量要小得多。然而，在江南地块边缘还需要更多的勘探。有希望的研究对象包括牛乌组、井潭组等绿片岩相浅变质岩，特别是在北东向白垩纪断层的交汇部分为金矿沉淀的最有利场所（Sun et al.，2007）。因此，认为天井山、金山、璜山等钦杭成矿带东段典型金矿床具有造山型金矿特征，应该为造山型金矿（Duan et al.，2018b）。依据造山型金矿地壳连续成矿模式，延深远大于地表延长的规律，推测上述金矿深部依然具有非常大的找矿潜力。同时钦杭成矿带东段造山型金矿的确立，也为江南造山带构造演化提供了新的思考，江南造山带被认为是新元古代形成的造山带，而三个典型的矿床含金石英脉主要形成于海西期，依据造山型金矿主要形成于增生的造山环境推断，扬子陆块东南缘在海西期或加里东末期有可能还处在（或再次处在）沟-弧-盆体系控制中。华夏陆块在海西期（加里东末期）由南东向北西方向与扬子陆块碰撞造山，形成了本区金矿由南东向北缘逐渐递减的成矿年龄（璜山金矿含金石英脉年龄略大于金山金矿，金山金矿大于天井山含金石英脉年龄）。天井山金矿的成矿模式见图3-38所示。

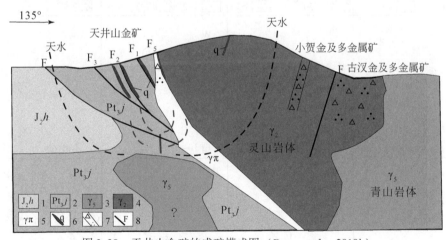

图 3-38 天井山金矿的成矿模式图（Duan et al.，2018b）

1. 侏罗纪洪琴组地层；2. 新元古代井潭组地层；3. 片麻状花岗岩；4. 二长花岗岩；
5. 花岗斑岩；6. 含金石英脉；7. 含金蚀变岩；8. 断裂

3.3.8 成矿前景分析

从区域上讲，天井山和江西金山金矿床位于同一条成矿区带上，同位于江南造山带之障公山构造混杂岩上，所处的区域同时经历了晋宁早期俯冲和晚期碰撞两个造山阶段，经历了由印支运动形成一系列北东及北北东向展布的褶皱断裂带和燕山运动使其转入大陆边缘活动带的阶段，必然有着相似的地球动力学过程。两者有着相似的地质背景和控岩控矿条件，同时两者的矿石类型、岩矿石微量元素和稀土配分形式等地球化学特征及围岩矿化蚀变特征等都具有相似性（图3-33），因此天井山金矿的成矿前景乐观。

本区分布于区域上1:20万水系沉积物金异常中（Au36号），该异常呈北东向带状展布，与区域构造线吻合，并套合有1:20万金重砂异常，分布于天井山、韩家、孙坑、小贺、捉马一带，面积13km²。本区水系沉积物异常组合以 Au-As-Sb 为主，伴有 Bi-Ag-Pb 及 Cu-Co-Ni-Zn 零星异常，其中 Au 异常规模大，以 10×10^{-9} 圈定面积达10km²，峰值 290×10^{-9}，并通过聚类分析认为本区 Au 同 Pb、As、Sb 元素相关（付怀林和辛厚勤，2004），与金山金矿相一致。由图3-39可见有4个异常浓集中心，其中Ⅰ、Ⅲ、Ⅳ号异常与天井山金矿关系密切，Au-As-Sb 组合异常特征明显，伴有零星 Cu-W-Zn 异常，说明本区近矿晕和前缘晕元素发育，指示了较好的找矿前景（图3-39）。

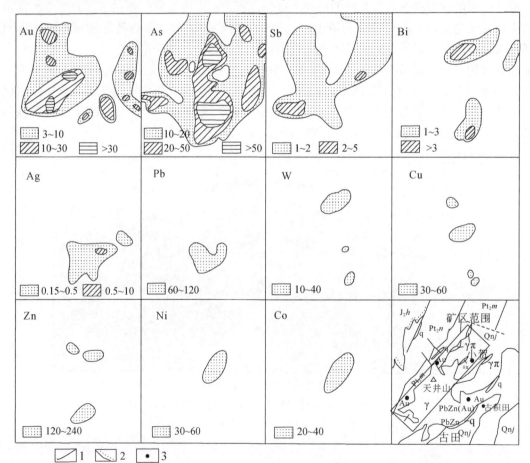

图3-39 天井山地区水系沉积物异常图（据付怀林和辛厚勤，2004修改）

J_2m. 洪琴组碎屑岩；Qnj. 井潭组浅变质岩；Pt_2n. 牛屋组浅变质岩；Pt_2m. 木坑岩组浅变质岩；γ. 花岗岩；$\gamma\pi$. 花岗斑岩；q. 石英脉。1. 断层；2. 不整合线；3. 金矿床（点）。图中等值线单位：$w(Au)/10^{-9}$、$w_B/10^{-6}$

3.4　泾县乌溪金矿床地质–地球物理–地球化学研究

3.4.1　区域地质背景

3.4.1.1　区域地质特征

乌溪金矿位于扬子地台江南古陆北侧，江南大断裂与东西向周王断裂交汇部位的南侧，北北东向汤口断裂束分支在区内通过。矿区内出露地层主要为志留系粉砂岩、泥质粉砂岩和泥盆系石英细砂岩；矿区内主要发育近南北向主干断裂构造及受其控制的北东向次级断裂构造（图3-40）。矿区内大量发育花岗斑岩脉，同时深部钻探揭露显示为蚀变花岗斑岩。

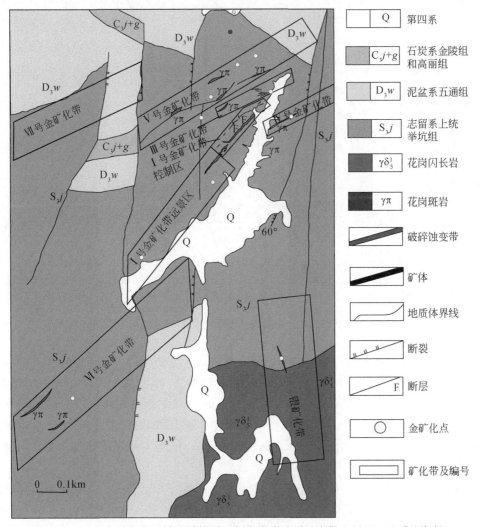

图 3-40　泾县乌溪金矿区域地质简图（据安徽省地质矿产勘查局 271 地质队资料）

　　榔桥岩体位于江南过渡带北缘，岩浆岩沿着近北东向深大断裂分布，区内主要有江南断裂和周王断裂交汇，汤口断裂自南向北切穿岩体（图 3-41）。区内地层自上志留统到下三叠统出露齐全，总厚约 2500m，全部卷入北东-北北东向印支期薄皮褶皱中，背斜开阔、向斜狭窄、封闭，呈卵形隔挡式。本区处于北隆南拗的梯级带上，发育多条近东西向平行展布的壳断裂（如周王壳断裂）或深大断裂，在燕山期块断运动中，它们发生走向滑移，牵动其间先成的印支期断褶构造呈 S 形偏转，而被改造成近南北向展布，形成泾县-三溪等断褶束，构造单体为工字形，组合形式为菱形的构造网络。榔桥岩体受偏转的断褶束控制（赵玉琛，1994）。

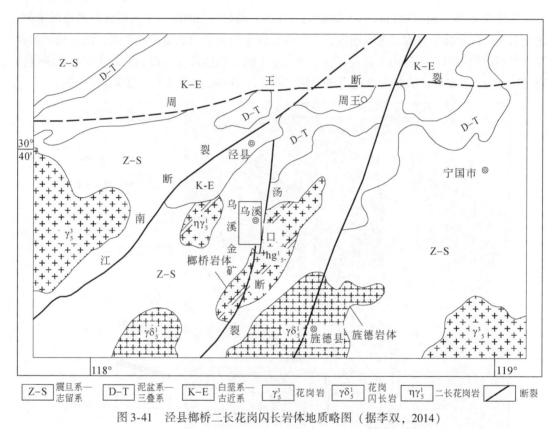

图 3-41　泾县榔桥二长花岗闪长岩体地质略图（据李双，2014）

　　榔桥花岗闪长岩体形成于燕山早期，前人研究认为该花岗闪长岩体为典型的同熔型岩体，测得黑云母 K-Ar 法年龄为 140Ma（赵玉琛，1994）。该岩体主要受印支褶皱带控制，呈北东向延伸，平面形态近似菱形，面积约 180km²，北北东向延伸，沿舒缓的印支期背斜轴侵入志留纪—泥盆纪（S-D）砂质碎屑岩中，核部有碳酸盐地层（C-P）捕房体，南北两端明显呈 S 形偏转。物化探异常及 Cu、Pb、Zn、Mo 等多金属矿化点，主要沿岩体西部及周边分布。

　　沿周王-溪口-华阳断褶束分布的一系列小岩体，称溪口岩体群，大者面积约 0.3km²，小者不足 0.1km²，是榔桥岩体的分支演化产物，一般侵入碳酸盐中者岩性多为石英闪长（玢）岩，侵入砂质碎屑岩中者多为花岗闪长（斑）岩，主要的多金属矿化点集中分布于围岩为碳酸盐岩的小岩体周边。榔桥岩体为壳幔同熔型（Ⅰ）复式岩体（图 3-41）。主侵入期为角闪黑云母二长花岗岩，占总面积 95% 以上，构成岩基；侵入后脉岩相为花岗斑岩，呈北东向及近东西向两组脉群，遍布于岩基内。

3.4.1.2　矿区地质特征

1. 地层

矿区内出露的主要地层为志留系上统举坑群、泥盆系上统五通组、石炭系下统高骊山组和中统黄龙组及第四系全新统，现分述如下：

（1）志留系上统举坑群（S_3j）。矿区内主要出露举坑群中、下段，中段岩性主要为细粒砂岩、石英砂岩，夹粉砂岩，粉砂质页岩、泥质粉砂岩，时呈互层，有时夹含砾砂岩，厚度为 84～488m；下段为石英砂岩、砂岩夹灰岩细粒钙质砂岩、泥质粉砂岩，局部含泥砾。矿区内举坑群地层多呈中薄层状、层理清晰，地层产状一般为∠110°～140°、∠10°～20°，局部产状变化较大；在构造破碎带和近脉岩地段有明显的硅化等蚀变现象，构成主要矿体围岩。

（2）泥盆系上统五通组（D_3w）。矿区内主要分布于安徽南部的东南部和北部，主要为泥盆系五通组下段，岩性主要为中厚层杂色粉砂岩、石英细砂岩，底部为石英砾岩。

（3）石炭系下统高骊山组（C_1g）。该岩层在矿区出露较少，仅在矿区北部有出露，主要岩性为砂质页岩及紫红色细砂岩。与下伏五通组石英砂岩成平行不整合接触。

（4）石炭系中统黄龙组（C_2h）。该岩层在矿区分布较少，仅分布于矿区中北部，其厚度近 100m，上部主要岩性为灰岩，下部为白云岩。

2. 构造

矿区内断裂构造比较发育，按构造的产状、规模及产出特征可将矿区内断裂构造划分如下：

（1）断裂。F_1、F_2、F_3、F_4、F_5 断裂构造贯穿整个矿区，为区域性陡倾正断层。F_1、F_2 东倾，F_3、F_4、F_5 西倾，其中 F_4 于乌溪处尖灭，破碎带宽数十米，长数十千米，沿断裂带岩石破碎，角砾岩化、糜棱岩化、硅化片理化强烈，时见擦痕及构造透镜体，具长期多次活动特征。其中 F_1、F_2、F_3 如图 3-42 所示。

（2）断层破碎带。产于 F_2、F_3 之间走向北东的断层破碎带，带内以蚀变碎裂岩为主，有较强的绢云母化、黄铁矿化、硅化等蚀变，构造走向北东 40°～60°，倾向南东，倾角 50°～88°，金、多金属矿化主要受这组断裂破碎带控制。宽数米至十几米，长约几百米，沿走向倾向延伸较稳定，但具膨胀、狭缩特征，具多期次活动特征，早期显示压扭性，后期具张扭性质。黄铁矿脉、铅锌矿脉带沿破碎带内更次级裂隙充填，脉体与围岩界线清楚，局部围岩具浸染状矿化，黄铁矿、铅锌矿脉宽一般 0.40～0.60m，多数呈单脉或复脉状，具分支复合，尖灭侧现，局部见网脉状矿化。北东向蚀变破碎带是区内主要含矿构造。

（3）成矿后小断层。为一系列断距较小，宽度小于 0.1m 为主的断层，形成于成矿期后，具有左旋性质，切割了矿体。按构造产状和特征可分为两组：一组断层走向近东西向

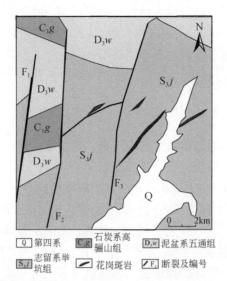

图 3-42　乌溪金矿地质简图（据安徽省地质矿产勘查局 271 地质队资料）

（走向 90°～110°），长数米至十几米，宽度小于 0.1m 断距一般小于 2m；另一组断层走向 330°～360°，断层规模较大，长数十米，宽度个别可达 0.5m，主要由构造角砾岩和糜棱岩组成，断层两侧围岩破碎，断距 10～20m，对矿体破坏性较大，但断层之间距离较远，数量较少。

3. 岩浆岩

区内岩浆岩为榔桥岩体的一部分（图 3-41）及由其衍生的花岗斑岩脉等。榔桥岩体呈岩基状产出，为晚三叠世侵入岩。榔桥岩体长轴方向为北东，长约 40km，宽约 10km，呈岩基状产出。同位素年龄值在 134～161Ma（李双等，2014），主要岩性为花岗闪长岩和二长花岗岩，岩体相带发育。花岗斑岩或正长斑岩脉发育，宽数米到几十米，延长数百米到 4km，这些岩脉可产于榔桥岩体中，亦可产于地层中。

4. 矿床特征

该矿床形成于中生代燕山期，受区域应力场的影响，本区形成了密集发育的带状、束状断裂带，呈北东向展布，岩浆期后热液沿断裂充填形成矿体，所以本区矿（化）体在平面上呈带状、束状、羽状分布。在靠近榔桥岩体表现为银铅锌矿化，远离榔桥岩体（＞3km）表现为金银多金属矿化。

矿区内共圈定 7 个金矿化带和 1 个银矿化带。在 I 号金矿化带内，矿体在平面上呈羽状分布，延伸稳定，长度 40～438m；在垂向上矿体呈斜列式分布，最深控制标高 +1m，矿体严格受断层控制，产状与之一致；矿体形态呈似板状、脉状，与围岩界线清晰；主要元素金、银、铜、铅、锌的富集表现为中上部金银含量高、两端及深部铜铅锌含量较高的富集规律。III、IV、V、VI、VII号金矿化带及附近的银矿化带，每个矿带中均已发现多个矿（化）体，成矿地质条件与 I 号矿化带相同，同属于一个成矿构造和热力系统，断裂构造发育，与矿化关系密切的花岗斑岩岩脉发育，热液活动强烈，土壤地球化学异常明显，与矿（化）体、蚀变带吻合较好，具有良好的成矿条件。

5. 围岩蚀变与矿化特征

矿区范围内黄铁矿化、绢云母化、硅化发育，并伴有较强的闪锌矿化、方铅矿化、黄铜矿化，局部见有绿泥石化、高岭土化、碳酸盐化。围岩蚀变一般出现在北东向蚀变破碎带内及两侧的围岩中，绢云母化、硅化呈面状发育，闪锌矿化、方铅矿化、黄铜矿化、黄铁矿化一般呈线状发育于蚀变破碎带中的裂隙带；在围岩中常见闪锌矿、方铅矿、浸染状黄铁矿发育。

6. 地球物理特征

主要岩石标本可以分四类：一为蚀变岩，包括志留系蚀变泥岩、蚀变花岗细晶岩；二为岩脉，包括花岗岩脉、细晶岩脉；三为沉积岩层，包括志留系细砂岩；四为硫化物（黄铁矿、黄铜矿）。参数见表 3-9。

表 3-9　岩石标本物性参数表

岩性	磁化率（SI）/10^{-3}	极化率/%	电阻率/($\Omega \cdot m$)
志留系蚀变泥岩	0.15	3.2	100 ~ 200
硫化物	0.12	10	0 ~ 100
志留系细砂岩	0.109	4.7	100 ~ 200
花岗细晶岩（蚀变）	0.097	3 ~ 20	2000 ~ 4000
钾长花岗岩（含矿）	3.26	8.5	100 ~ 150
钾长花岗岩（不含矿）	12.04	4	1000 ~ 2000
花岗岩	16.8	2 ~ 10	1000
花岗细晶岩	0.45	3 ~ 20	1000 ~ 3000

经过日变改正、正常场改正和地形改正，得到本区相对磁异常平面等值线图（图版Ⅶ-1a）和向上延拓 100m 后磁异常等值线图（图版Ⅶ-1b）。

乌溪地形起伏较大，施工条件较差，人文干扰多，导致观测电磁信号噪声大。消除地表静态效应和地形的影响成为处理可控源资料最主要的技术问题。对预处理的数据进行一维反演和二维反演，预处理主要包括去噪和静态校正，去噪采用的是人工去噪，静态校正采用的是经验法。图版Ⅶ-2 为 7400 线一维反演与二维反演效果对比图。从一维反演和二维反演结果（图版Ⅶ-2）的对比，可以看出二维反演结果相对较好。一维反演结果严重受地形影响，在高地形出现明显的低阻条带。二维反演结果受地形影响较小，但是将细小的电性差异模糊了，两种反演结果在横向上具有相似性，纵向差别较大。因此，最终使用二维反演结果进行分析。图版Ⅶ-3 为乌溪测区不同海拔电阻率深度切片图。

从磁异常等值线图上可以看出，测区磁异常相对值（ΔT）分布特征大体为北高南低。结合测区地层分布情况可以得出，测区覆盖区对应出露地层主要为志留系举坑组砂岩，而从物性结果中可以得出志留系岩层对应的磁化率均较低。因此南北部相对高磁异常差异不应为沉积岩地层反映的结果。由于蚀变的花岗岩磁化率最低，因此测区中部至东南部低磁区域有可能与区域分布的蚀变岩体有关。由于未蚀变的钾长花岗岩及花岗岩的磁化率较高，测区北部的高磁异常也可能为深部隐伏花岗岩岩体或构造差异所引起。根据经过延拓后的磁异常结果可以看出，磁异常结果变得更加平稳，且高磁异常范围减小，可以判断，原磁异常结果中局部的异常跳跃可能与岩脉或者蚀变岩有关。因此应该重点关注磁异常跳跃区域。同时从物性分布结果中可以发现，含矿花岗岩与非含矿花岗岩的磁化率结果相差数倍，结合前文蚀变岩型金矿磁异常特征可以判断含矿花岗岩为蚀变花岗岩，其磁性因蚀变发生退磁现象。

测区极化率（η_s）高异常分布呈明显条带状，走向北北东，分布于测区中部。测区东西两侧均为 η_s 低值区，且数值都在 2.0 以下。从物性测量结果可以看出，蚀变岩与含矿岩石的极化率均较高，而志留系沉积岩层的极化率很低。因此可以判断该条带状高极化率异常区域为测区主要的含矿区域。该区域的位置与磁异常跳跃区具有一定的重合，因此更加确定了该区域的重要性。

可控源音频大地电磁法得到的电阻率切片图所反映出来的异常情况则是：测区西南角从浅部到深部均表现为相对高阻区，根据物性结果推测可能为下伏五通组砂岩。而测区中部电阻率的变化是高—低—高，出现低阻的范围为海拔 −500～−100m，这个低阻应该与含矿层位有关。

3.4.2　岩相学

采自榔桥主侵入期的二长花岗闪长岩具有中等强度的蚀变，黑云母发生强烈的绿泥石化蚀变，少量斜长石发生强烈的绢云母化蚀变（图 3-43a、d）。主要矿物为石英（约 20%）、斜长石（约 40%）、黑云母（约 10%），钾长石主要为条纹长石和微斜长石（约 25%），副矿物含量 <5%（图 3-43b、c、d），主要有角闪石、榍石、锆石、磷灰石（图 3-43b、c、e）。脉岩花岗斑岩斑晶主要为石英、斜长石及少量钾长石。石英斑晶呈浑圆状，港湾状，发生明显的熔蚀，并且具有斑边文象交生结构（图 3-43f）；斜长石发生强烈的绢云母化蚀变。花岗斑岩基质主要由长石、石英组成，具有显微晶质结构、显微嵌晶结构（图 3-43f）（李双等，2014，2015）。

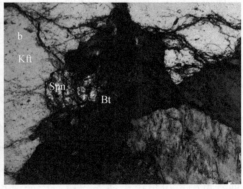

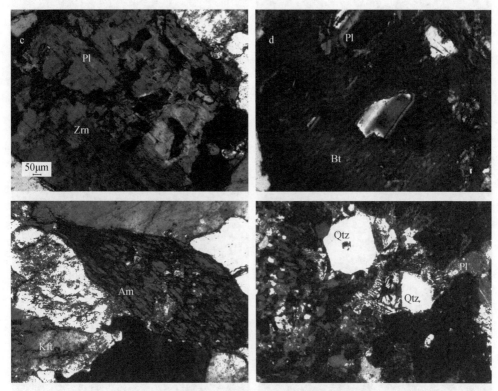

图 3-43　榔桥二长花岗闪长岩和脉岩花岗斑岩岩石组构与矿物组成特征（李双等，2014）

Pl. 斜长石；Srt. 绢云母；Kft. 钾长石；Spn. 榍石；Qtz. 石英；Bt. 黑云母；Am. 角闪石；Zrn. 锆石

　　乌溪花岗斑岩具有明显的蚀变，岩石泥化、硅化强烈（图 3-44a、c），同时在蚀变斑岩中发育浸染状、块状绢云母、黄铜矿、黄铁矿以及辉钼矿（图 3-44b、d）。乌溪蚀变花岗斑岩斑晶主要由石英、斜长石、钾长石、黑云母组成（图 3-44e、f、h），在斜长石周围具有蠕状石，石英斑晶具有溶蚀结构，呈磨圆状、港湾状，斜长石发育强烈的绢云母化蚀变（图 3-44e），部分薄片中具有似伟晶细晶岩壳，主要由细粒石英、斜长石组成（图 3-44g）。花岗斑岩基质具有显微晶质结构（图 3-44f、h）。

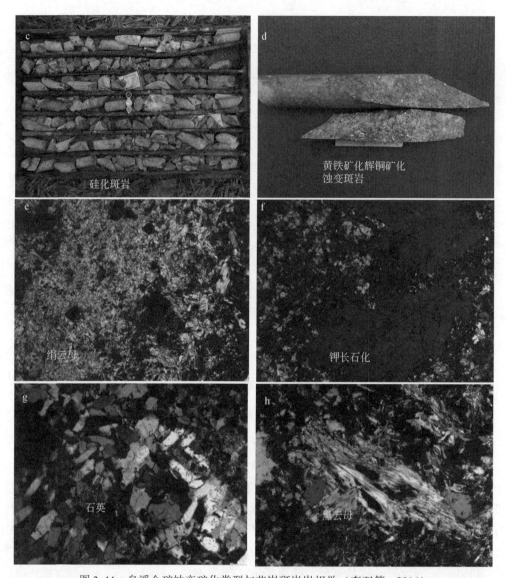

图 3-44　乌溪金矿蚀变矿化类型与花岗斑岩岩相学（李双等，2014）

a. 发生强烈泥化蚀变的花岗斑岩；b. 含浸染状绢云母、黄铜矿的花岗斑岩；c. 具有强烈硅化蚀变的花岗斑岩；d. 含浸染状、块状黄铁矿与辉钼矿的花岗斑岩；e. 花岗斑岩中斜长石发生强烈的绢云母化蚀变；f. 花岗斑岩中的钾长石斑晶，可见基质具有显微晶质结构；g. 细粒石英脉；h. 花岗斑岩中的黑云母，具有轻微绿泥石化及明显的热液蚀变边

3.4.3　分析结果

3.4.3.1　主量、微量元素组成

椰桥岩体主侵入期的二长花岗闪长岩，以及侵入后期脉岩花岗斑岩样品椰桥二长花岗

闪长岩与花岗岩样品的主量元素含量见李双等（2014，2015）。二长花岗闪长岩具有较高的 SiO_2，Al_2O_3 含量（SiO_2 = 64.63% ~ 67.78%；Al_2O_3 = 13.53% ~ 15.13%），全碱（Na_2O + K_2O）含量为 6.92% ~ 8.72%，均值为 7.39%，K_2O 含量为 3.87% ~ 5.68%，K_2O/Na_2O 值为 1.25 ~ 1.95，属于高钾钙碱性 - 钾玄岩系列（图 3-45）。里特曼指数（$\sigma 43$）为 1.93 ~ 3.01，镁指数（$Mg^\#$）为 32.30 ~ 46.18，铝饱和指数 A/CNK 为 0.943 ~ 1.005，为准铝值 - 过铝值（Maniar and Piccoli，1989）。岩石具有较高的分异指数和固结指数（DI = 72.9 ~ 84.51，固结指数 SI 为 6.95 ~ 14.25）。

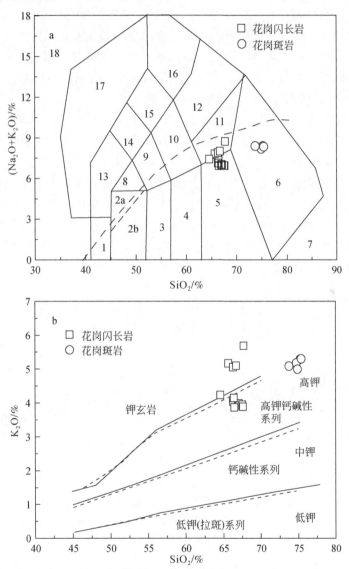

图 3-45　榔桥二长花岗闪长岩和脉岩花岗斑岩 TAS 分类图解（a）和 SiO_2-K_2O 图解（b）

脉岩花岗斑岩 SiO_2 含量为 73.8% ~ 75.47%，Al_2O_3 含量为 12.57% ~ 12.81%，全碱（Na_2O + K_2O）含量为 8.17% ~ 8.38%，均值为 8.32%，K_2O 含量为 4.99% ~ 5.29%，

K_2O/Na_2O 值为 1.54 ~ 1.74，属于高钾钙碱性系列（图 3-45b）。里特曼指数（$\sigma 43$）为 2.08 ~ 2.26，镁指数（$Mg^{\#}$）为 29.24 ~ 31.64，铝饱和指数 A/CNK 为 0.975 ~ 1.135，为准铝值-过铝值岩石（Maniar and Piccoli，1989）。花岗斑岩的分异指数 DI 为 92.63 ~ 94.91，固结指数 SI 为 2.56 ~ 2.87。

　　榔桥岩体二长花岗闪长岩具有较高的 Ba 含量（543×10^{-6} ~ 744×10^{-6}），较低的 Rb、Sr 含量（Rb 159×10^{-6} ~ 324×10^{-6}，Sr 298×10^{-6} ~ 357×10^{-6}），Sr/Y 值较低（Sr/Y = 11.99 ~ 14.86）。Nb/Ta 值为 8.54 ~ 9.58。花岗斑岩具有相对较低的 Ba、Rb、Sr 含量（Ba 175.5×10^{-6} ~ 226×10^{-6}，Rb 220×10^{-6} ~ 233×10^{-6}，Sr 89.4×10^{-6} ~ 100.5×10^{-6}），Sr/Y 值为 4.46 ~ 5.5，Nb/Ta 值为 8.94 ~ 9.4。榔桥岩石微量元素原始地幔标准化蛛网图（图 3-46a）显示二长花岗闪长岩富集 Rb、Th，具轻微的 Ba、Sr 亏损，且相对亏损高场强元素（Nb、Ta、P、Zr、Ti），具有明显的 Nb、Ta、P、Ti 谷；花岗斑岩具有相似的分配模式，且相对二长花岗闪长岩，花岗斑岩的 P、Zr、Ti 亏损程度更强。

　　榔桥二长花岗闪长岩具有较低的稀土含量，为 113.06×10^{-6} ~ 193.48×10^{-6}，平均值为 161.79×10^{-6}；轻重稀土发生明显的分异，$\sum LREE/\sum HREE$ 的值为 4.20 ~ 5.42，平均值为 4.76，La_N/Yb_N 值为 8.20 ~ 11.51，平均值为 9.46。花岗斑岩的稀土（$\sum REE$）含量为 113.06×10^{-6} ~ 138.72×10^{-6}，平均值为 123.39×10^{-6}，轻重稀土发生明显的分异，$\sum LREE/\sum HREE$ 的值为 3.88 ~ 4.41，La_N/Yb_N 值为 7.75 ~ 9.25。稀土元素球粒陨石标准化配分曲线图（图 3-46b）中曲线呈右倾型，轻稀土相对重稀土明显富集，二长花岗闪长岩具有中等 Eu 负异常，Eu/Eu^* 值为 0.35 ~ 0.37，无 Ce 异常，花岗斑岩具有强烈的 Eu 负异常，Eu/Eu^* 值为 0.17 ~ 0.18（李双等，2014，2015）。

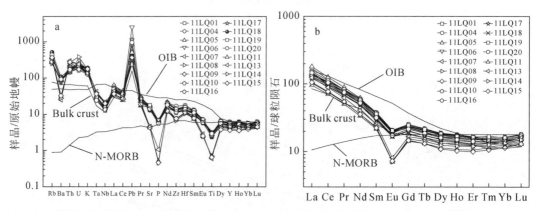

图 3-46　榔桥二长花岗闪长岩和脉岩花岗斑岩微量元素原始地幔标准化蛛网图（a）和榔桥二长花岗闪长岩和脉岩花岗斑岩稀土元素球粒陨石标准化配分曲线图（b）（标准化值据 Sun and McDonough，1989）

Bulk crust. 全地壳；N-MORB. 洋脊拉斑玄武岩；OIB. 洋岛玄武岩

　　乌溪金矿花岗斑岩的 SiO_2 含量为 66.17% ~ 72.58%，MgO 含量为 0.43% ~ 2.16%，全碱 K_2O+Na_2O 含量为 2.35% ~ 4.66%，Al_2O_3 含量 >14.37%，$K_2O>Na_2O$，岩石属于钙碱性、高钾钙碱性系列（图 3-47）。镁指数（$Mg^{\#}$）偏低，为 23 ~ 62，铝饱和指数 A/CNK 为 1.60 ~ 3.92，CIPW 标准矿物中出现刚玉，属于过铝质岩石。岩石分异程度中等，分异

指数 DI 值（Thornton and Tuttle，1960）（标准矿物石英+正长石+钠长石）为 69.84~83.3。在主量元素对 SiO_2 的双变量协变量图解（图 3-48a、b）上可以看出 CaO、MgO 与 SiO_2 具有明显的负相关关系，表明花岗斑岩在演化过程中经历了明显的结晶分异作用。

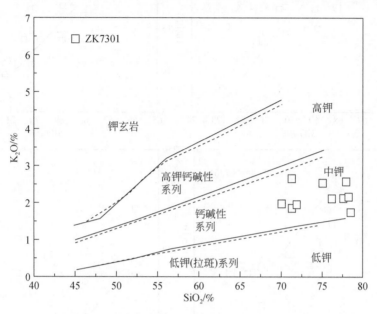

图 3-47　泾县乌溪金矿花岗斑岩 K_2O-SiO_2 图解

在微量元素对 SiO_2 的双变量协变图解中（图 3-48c、d、e、f），Ce、Th、Y 元素与 Si 呈负相关关系，表明乌溪花岗斑岩在成岩过程中发生磷灰石的分离结晶，同时本区花岗斑岩具有较低的 Sr 含量（$<250\times10^{-6}$），与壳源花岗岩相似（Deniel et al.，1987；Stern and Kilian，1996；Vidal et al.，1982；陈斌等，2002）；岩石中 Sr 含量与 Ba 含量呈负相关关系，表明在岩浆演化过程中以斜长石的分离结晶为主。原始地幔标准化蛛网图（图 3-49a）表明乌溪花岗斑岩具有富集大离子亲石元素（Rb、Th、U、Pb），相对亏损高场强元素（Zr、Hf）以及重稀土元素（Dy、Yb、Lu）的特征，微量元素分布与大陆地壳相似，呈右倾的形态；岩石 Sr/Y 值<24，与埃达克岩石具有明显的区别（李双等，2014，2015）。

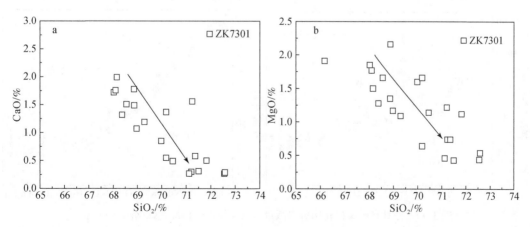

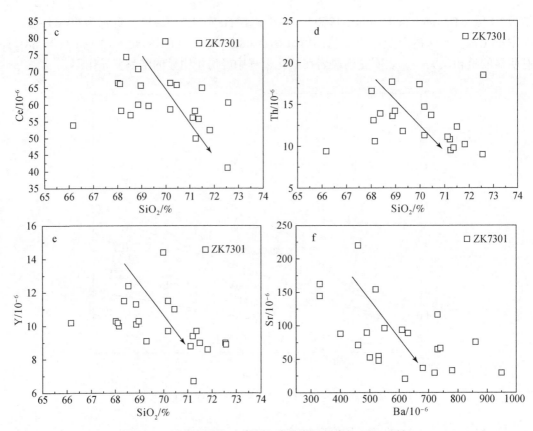

图 3-48　泾县乌溪金矿花岗斑岩主微量元素 Harcker 图解

a. CaO-SiO$_2$；b. MgO-SiO$_2$；c. Ce-SiO$_2$；d. Th-SiO$_2$；e. Y-SiO$_2$；f. Sr-Ba

乌溪花岗斑岩稀土元素总量（$\sum$REE）为 $96.03 \times 10^{-6} \sim 178.67 \times 10^{-6}$，含量较低。稀土元素球粒陨石标准化配分曲线图（图 3-49b）表明本区花岗斑岩轻重稀土发生显著的分异（LREE/HREE 为 $12.39 \sim 20.46$），配分模式呈右倾形态，重稀土元素（$\sum$HREE）含量比大陆地壳平均值低（为 $6.21 \times 10^{-6} \sim 10.36 \times 10^{-6}$）；同时具有轻微 Eu 负异常（$\delta$Eu 为 $0.65 \sim 1.00$）。

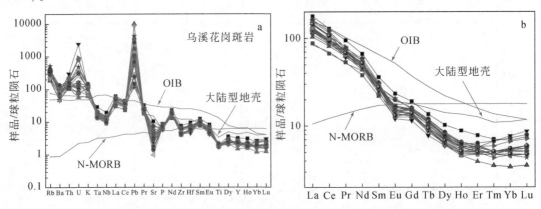

图 3-49　泾县乌溪金矿花岗斑岩微量元素原始地幔标准化蛛网图（a）和
泾县乌溪金矿花岗斑岩稀土元素球粒陨石标准化配分曲线图（b）

3.4.3.2 锆石 U-Pb 年龄

椰桥二长花岗闪长岩（样品 11LQ01、11LQ02）锆石为无色透明，锆石粒径为 30 ~ 80μm，晶体呈自形长柱状和自形短柱状，长宽之比多数为 4∶1 左右，多数锆石具有清晰的岩浆振荡环带（图 3-50）。样品 11LQ01 的锆石 Th 含量为 $87.22×10^{-6}$ ~ $658.99×10^{-6}$，U 含量为 $162.03×10^{-6}$ ~ $1587.63×10^{-6}$，Th/U 值为 0.32 ~ 1.03，为典型的岩浆锆石（Belousova et al., 2002；Hoskin and Black, 2000；Möller et al., 2003；Rubatto and Gebauer, 2000）。对该二长花岗闪长岩中的锆石分析了 22 个点，锆石核部的测试点给出谐和的 $^{206}Pb/^{238}U$ 年龄为 1486Ma，为继承核年龄。位于锆石岩浆结晶环带上的 21 个测试点 $^{206}Pb/^{238}U$ 年龄为 130.4 ~ 142.4Ma，加权平均年龄（Mean）为 135.6±1.8Ma（MSWD=3.4）（图 3-51a）。该年龄可以解释为椰桥二长花岗闪长岩体的结晶年龄。样品 11LQ02 的锆石 Th 含量为 $85.73×10^{-6}$ ~ $422.83×10^{-6}$，U 含量为 $173.22×10^{-6}$ ~ $641.58×10^{-6}$，Th/U 值为 0.22 ~ 1.03。对该蚀变黑云母花岗闪长岩的锆石分析了 24 个点，$^{206}Pb/^{238}U$ 年龄为 128.7 ~ 146.3Ma，加权平均年龄为 137.6±2.0Ma（MSWD=3.8）（图 3-51b）。两个样品年龄测试结果一致，椰桥岩体主侵入期二长花岗闪长岩形成于早白垩世。

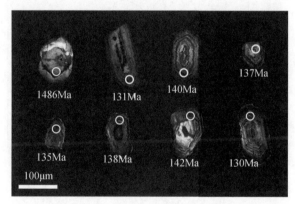

图 3-50 椰桥二长花岗闪长岩和脉岩花岗斑岩锆石阴极发光图像

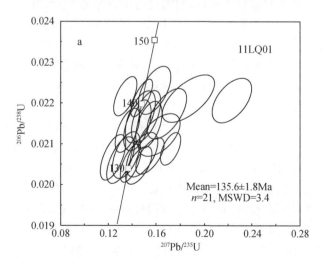

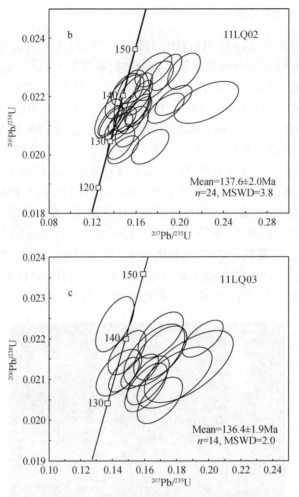

图 3-51　榔桥二长花岗闪长岩和脉岩花岗斑岩锆石 LA-ICP-MS U-Pb 年龄谐和图

脉岩花岗斑岩（锆石 11LQ03）锆石为无色透明，锆石粒径 30 ~ 100μm，晶体呈自形长柱状和自形短柱状，长宽之比多数为 4 : 1 左右，多数锆石具有清晰的岩浆振荡环带。锆石的 Th 含量为 119.64×10^{-6} ~ 957.04×10^{-6}，U 含量为 158.80×10^{-6} ~ 1536.93×10^{-6}，Th/U 值为 0.43 ~ 1.29，显示为典型的岩浆锆石。对该花岗斑岩锆石分析了 14 个点，^{206}Pb/^{238}U 年龄为 130.8 ~ 142.5Ma，加权平均年龄为 136.4±1.9Ma（MSWD=2.0）（图 3-51c）。该年龄可解释为榔桥侵入后期脉岩花岗斑岩的结晶年龄。

ZK7301 的锆石样品 WXZK7301-2 中，16 颗锆石的^{206}Pb/^{238}U 表面年龄为 134.6 ± 2.2Ma ~ 143.8±2.2Ma，加权平均年龄为 139.6±1.7Ma（MSWD=2.0），属于早白垩世。锆石 Th、U 含量较高，Th 含量为 168.7×10^{-6} ~ 590.6×10^{-6}，U 含量为 463.4×10^{-6} ~ 1590.7×10^{-6}，Th/U 值>0.28。谐和图见图 3-52。

ZK7001 的锆石样品 ZK7001-1 中，22 颗岩浆锆石的^{206}Pb/^{238}U 表面年龄为 130.2 ± 2.3Ma ~ 142.1±2.8Ma，加权平均年龄为 137.3±1.6Ma（MSWD=2.0）。锆石 Th、U 含量较高，Th 含量为 108.2×10^{-6} ~ 806.6×10^{-6}，U 含量为 245.3×10^{-6} ~ 1467.5×10^{-6}，Th/U 值

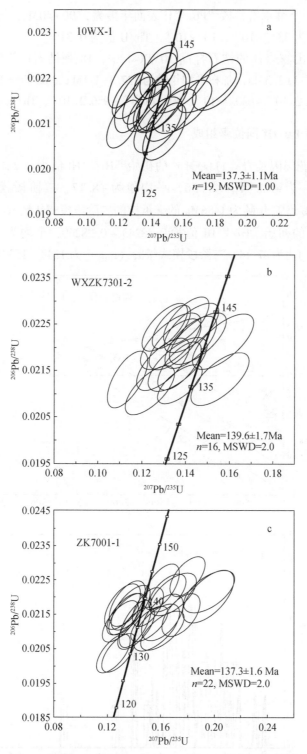

图 3-52　泾县乌溪金矿花岗斑岩锆石 LA-ICP-MS U-Pb 年龄谐和图

>0.37。该样品中一个继承锆石核^{206}Pb/^{238}U 表面年龄为 2590±40Ma，属于古太古代；锆石中 Th、U 含量分别为 33.7×10^{-6}、109×10^{-6}，Th/U 值为 0.31。

乌溪花岗斑岩出露岩体的锆石样品 10WX-1 中，18 颗锆石的^{206}Pb/^{238}U 表面年龄为 133.2±2.6Ma~141.2±2.3Ma，加权平均年龄为 137.3±1.1Ma（MSWD=1.0）。锆石 Th、U 含量较高，分别为 107.2×10^{-6}~630.4×10^{-6}，306.4×10^{-6}~956.2×10^{-6}，Th/U 值为 0.34~0.89。

3.4.3.3　锆石 Lu-Hf 同位素组成

榔桥岩体二长花岗闪长岩（11LQ01）的初始^{176}Hf/^{177}Hf 值为 0.28173~0.28256，平均为 0.28243，$\varepsilon_{Hf}(t)$ 为 -13.44~-5.56，平均值为 -8.17，二阶段模式年龄（t_{DM2}）为 1304~1702Ma。^{206}Pb/^{238}U 年龄为 1486Ma 的继承核的二阶段模式年龄（t_{DM2}）为 2390Ma。花岗斑岩（11LQ03）的初始^{176}Hf/^{177}Hf 值为 0.28243~0.28260，平均为 0.28251，$\varepsilon_{Hf}(t)$ 为 -9.78~-4.38，平均值为 -7.14，二阶段模式年龄（t_{DM2}）为 1248~1539Ma（图 3-53a、b）。

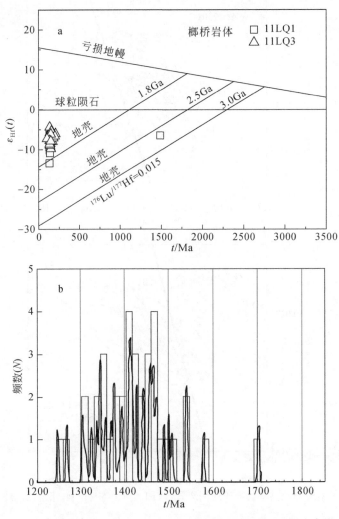

图 3-53　榔桥二长花岗闪长岩和脉岩花岗斑岩锆石 $\varepsilon_{Hf}(t)$-t 图解（a）和 Hf 同位素模式年龄分布图解（b）

3.4.3.4　磷灰石元素组成

乌溪花岗斑岩中磷灰石电子探针主量元素和 LA-ICP-MS 微量元素分析结果显示两个磷灰石样品中的 CaO 和 P_2O_5 含量分别为 53.31% ~ 55.56%，40.72% ~ 43.05%；同时磷灰石中含有较高的 F 含量，为 2.18% ~ 4.11%，介于沉积岩（2.21%）和火成岩型（4.06%）氟磷灰石氟含量平均值之间（王璞等，1987），属于氟磷灰石。磷灰石中还含有少量的 Cl 元素。

选定了 41 种元素进行 LA-ICP-MS 分析，本区花岗斑岩中磷灰石的微量元素特征为：磷灰石含有较高的 Mg、Si、Sc、V、Mn、Fe、Zn、Sr、Y、Zr、Ba、REE、Pb、Th 和 U，含量值高于仪器的检测限值，其余元素的含量均低于仪器的检测限（图 3-54）。在磷灰石中，Sr 的含量为 460.50×10^{-6} ~ 670.49×10^{-6}，Y 含量为 456.45×10^{-6} ~ 765×10^{-6}，Zr 含量为 0.20×10^{-6} ~ 1.32×10^{-6}，Ba 含量为 6.58×10^{-6} ~ 12.06×10^{-6}，La 含量为 586.53×10^{-6} ~ 1175.19×10^{-6}，Yb 含量为 31.21×10^{-6} ~ 50.27×10^{-6}，Th 含量为 35.55×10^{-6} ~ 81.00×10^{-6}，U 含量为 16.14×10^{-6} ~ 28.12×10^{-6}。稀土元素总量（ΣREE）为 3527.93×10^{-6} ~ 6665.14×10^{-6}，LREE/HREE 值为 7.58 ~ 12.73，δEu 值为 0.43 ~ 0.60。

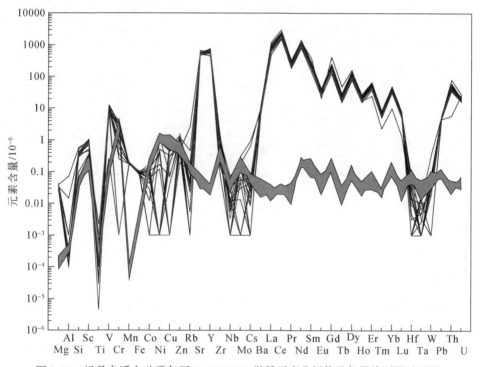

图 3-54　泾县乌溪金矿磷灰石 LA-ICP-MS 微量元素分析值及仪器检测限对照图

3.4.3.5　黄铁矿硫、铅同位素组成

乌溪矿床的 15 个黄铁矿样品的 $\delta^{34}S_{CDT}$ 值为 2.49‰ ~ 9.04‰，平均值为 6.65‰（表 3-10）。该值位于花岗岩 $\delta^{34}S_{CDT}$ 值范围内（-5‰ ~ 11‰）。除一个样品外（ZK7301-44），14 个黄

铁矿样品的 $\delta^{34}S_{CDT}$ 值比较集中，为 6.04‰ ~ 9.04‰，说明黄铁矿中硫具有单一的源区。7 个黄铁矿样品的铅同位素测试结果见表 3-11。其 $^{206}Pb/^{204}Pb$ 值为 18.119 ~ 18.190，$^{207}Pb/^{204}Pb$ 值为 15.516 ~ 15.583，$^{208}Pb/^{204}Pb$ 值为 38.160 ~ 38.368。7 个黄铁矿样品的铅同位素 $^{206}Pb/^{204}Pb$ 值和 $^{208}Pb/^{204}Pb$ 值变化范围比较小，说明具有单一的铅源区。

表 3-10　乌溪矿床黄铁矿硫同位素分析测试结果

样品号	矿物	$\delta^{34}S_{CDT}/‰$	$\delta^{34}S_{H_2S}/‰$	样品号	矿物	$\delta^{34}S_{CDT}/‰$	$\delta^{34}S_{H_2S}/‰$
13WX01	黄铁矿	9.04	7.68	12WX09	黄铁矿	6.91	5.55
13WX01	黄铁矿	8.98	7.62	12WX10	黄铁矿	6.64	5.28
13WX02	黄铁矿	6.04	4.68	12WX11	黄铁矿	6.73	5.37
13WX03	黄铁矿	6.20	4.84	12WX12	黄铁矿	6.76	5.40
13WX04	黄铁矿	6.44	5.08	12WX13	黄铁矿	6.80	5.44
13WX06	黄铁矿	6.06	4.70	12WX14	黄铁矿	6.85	5.49
12WX08	黄铁矿	6.87	5.51	ZK7301-44	黄铁矿	2.49	1.13

表 3-11　乌溪矿床黄铁矿铅同位素分析测试结果

样品号	矿物	同位素比值			表面年龄	Φ 值	μ 值	Th/U
		$^{206}Pb/^{204}Pb$	$^{207}Pb/^{204}Pb$	$^{208}Pb/^{204}Pb$				
12WXa-07-1	黄铁矿	18.190±0.005	15.583±0.005	38.368±0.013	306	0.595	9.45	3.82
12WXa-07-2	黄铁矿	18.133±0.005	15.518±0.006	38.160±0.014	268	0.592	9.33	3.75
12WXa-07-3	黄铁矿	18.187±0.006	15.573±0.004	38.314±0.014	296	0.594	9.44	3.79
12WXa-07-4	黄铁矿	18.119±0.008	15.516±0.006	38.207±0.018	276	0.593	9.33	3.77
12WXa-07-5	黄铁矿	18.140±0.006	15.526±0.003	38.205±0.004	272	0.592	9.35	3.76
12WXa-07-6	黄铁矿	18.187±0.006	15.577±0.005	38.363±0.012	301	0.595	9.44	3.82
12WXa-07-7	黄铁矿	18.180±0.002	15.572±0.002	38.327±0.006	300	0.595	9.43	3.8

3.4.4　讨论

3.4.4.1　成岩成矿时代

椰桥岩体是泾县乌溪金矿的主要富矿岩浆岩围岩，位于乌溪金矿矿区东南部。测得椰桥岩体主侵入期二长花岗闪长岩、蚀变黑云母二长花岗闪长岩和侵入后期脉岩花岗斑岩的年龄分别为 135.6±1.8Ma，137.6±2.0Ma，136.4±1.9Ma，表明椰桥复式岩体形成于早白垩世，与前人获得的锆石年龄一致（Wu et al., 2012），属于燕山期岩浆作用。

乌溪成矿花岗斑岩钻孔样品以及地表出露岩体的锆石定年结果一致，分别为 139.6±1.7Ma（ZK7301）、137.3±1.6Ma（ZK7001）、137.3±1.1Ma（10WX-1），表明该岩体形成时代为燕山期早白垩世，与中国东部 A 型花岗岩、正长岩以及皖南地区 I 型花岗岩属于同一时期岩浆活动成岩；与围岩椰桥岩体、本区域内其他岩体形成时间一致，主要受断裂构造控制（Liu et al., 2010; Sun et al., 2003; Wu et al., 2012; Xie et al., 2009）。锆石样品中含有古太古代继承锆石核，表明该岩体在成岩过程中受到少量古太古代地壳物质的混染。在乌溪隐伏花岗斑岩中发育大量的隐爆角砾岩，并且存在黄铜矿化、铅锌矿化含矿角砾，表明乌溪矿体与花岗斑岩岩体可能同时形成；同时乌溪矿体受到本区断裂构造的严格控制，也支持该观点。

3.4.4.2　成岩成矿源区

锆石 Hf 同位素分析是鉴别花岗岩浆的物质来源的非常有用的方法（Griffin et al.，2002；吴福元等，2007a），由于锆石中 Lu/Hf 值很低，因而由 ^{176}Lu 衰变生成的 ^{176}Hf 极少，因此锆石 ^{176}Hf/^{177}Hf 值可以代表该锆石形成时的 ^{176}Hf/^{177}Hf 值，可以为其成因提供重要信息（Kinny，2003；Knudsen et al.，2001；Patchett et al.，1981）。$\varepsilon_{Hf}(t) < 0$ 的岩石为古老下地壳部分熔融而形成（Griffin et al.，2004；Vervoort et al.，2000）。榔桥二长花岗闪长岩的 $\varepsilon_{Hf}(t)$ 为 $-13.44 \sim -5.56$，平均值为 -8.17，二阶段模式年龄（t_{DM2}）为 1304～1702Ma；花岗斑岩 $\varepsilon_{Hf}(t)$ 为 $-9.78 \sim -4.38$，平均值为 -7.14，二阶段模式年龄（t_{DM2}）为 1248～1539Ma；两个样品的二阶段模式年龄（t_{DM2}）峰值为 1.4～1.5Ga（图 3-53b）。长江中下游地区中生代岩石锆石 Hf 二阶段模式年龄（t_{DM2}）主要集中在 1.0～1.5Ga，峰值为约 1.4Ga（Wu et al.，2012）。在 $\varepsilon_{Hf}(t)$-t 图解（图 3-53a）中投点在古元古代与亏损地幔演化线之间，表明榔桥岩体可能由中元古代地壳物质部分熔融形成。测试的最大的二阶段模式年龄（t_{DM2}）为 2390Ma，为继承锆石核年龄，相应的 ε_{Hf} 值为 -6.48，表明岩体形成时有少量古元古代地壳物质的加入。

测得黄铁矿硫同位素值位于花岗岩 $\delta^{34}S_{CDT}$ 值范围内（$-5‰ \sim 11‰$）。同时采用 Ohmoto 和 Goldhaber（1997）建议的硫化物-H_2S 平衡同位素分馏因子得到乌溪矿床成矿流体的 $\delta^{34}S_{H_2S}$ 值为 $1.13‰ \sim 7.68‰$，平均值为 $5.29‰$。因此认为成矿流体来自乌溪花岗斑岩岩体（图 3-55）。黄铁矿铅同位素在 $^{207}Pb/^{204}Pb$-$^{206}Pb/^{204}Pb$ 图解中投点在造山带中（Zartman and Haines，1988）（图 3-56a），说明铅具有造山带源区。而在 $^{208}Pb/^{204}Pb$-$^{206}Pb/^{204}Pb$ 图解中铅同位素投点于造山带和下地壳源区之间（图 3-56b），因此推断乌溪矿床的成矿物质具有下地壳和造山带混合源区。

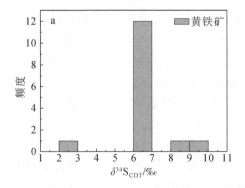
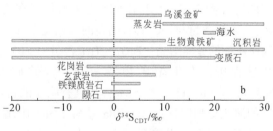

图 3-55　乌溪矿床黄铁矿硫同位素组成

a. $\delta^{34}S_{CDT}$ 值柱状图；b. $\delta^{34}S_{CDT}$ 值分布图

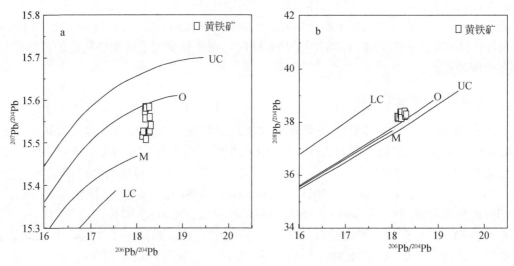

图 3-56　乌溪矿床黄铁矿铅同位素组成

a. $^{207}Pb/^{204}Pb-^{206}Pb/^{204}Pb$；b. $^{208}Pb/^{204}Pb-^{206}Pb/^{204}Pb$。LC. 下地壳；M. 洋中脊玄武岩；O. 洋岛玄武岩；UC. 上地壳

3.4.4.3　岩石成因学

由于花岗岩浆早期的结晶温度可以近似代表岩浆形成时的温度（吴福元等，2007b），而且锆石在酸性岩浆中为较早结晶的矿物，所以锆石饱和温度与液相线温度接近（Ferreira et al.，2003），可以近似认为是岩浆形成的温度。根据全岩 Zr 含量计算出榔桥岩体二长花岗闪长岩"锆石饱和温度"为 749～781℃，脉岩花岗斑岩"锆石饱和温度"为 722～745℃，比主侵入岩结晶温度低 20～40℃，但是锆石定年结果表明榔桥主侵入期二长花岗闪长岩和脉岩花岗斑岩成岩年龄一致，因此表明岩浆在成岩过程中快速冷却。乌溪花岗斑岩"锆石饱和温度"为 726～806℃，与榔桥岩体具有相似的成岩温度，而且锆石定年结果说明两个岩体形成时间一致，说明乌溪花岗斑岩与榔桥岩体可能由同一岩浆作用形成。

榔桥岩体主侵入期二长花岗闪长岩主量、微量元素对 SiO_2 协变图解及微量元素之间的协变图解（图 3-57），表明本区花岗闪长岩在岩浆演化过程中发生明显的结晶分异作用。Fe_2O_3、MgO 含量与 SiO_2 具有明显的负相关性（图 3-57c、e），表明在岩浆演化过程中发生富铁镁质矿物的分离结晶；P_2O_5、TiO_2 含量对 SiO_2 的负相关性关系（图 3-57b、f）表明岩浆演化过程中，发生副矿物磷灰石、钛铁矿的分离。在微量元素以及比值图解上（图 3-58），$Eu_N/Eu_N{}^*$ 与 SiO_2 含量具有明显的负相关性（图 3-58a），显示 Eu 负异常随着岩浆的演化更加明显；在 Sr/Ba 对 Sr 含量的图解中（图 3-58b）可以看出 Eu 异常的增加受斜长石、钾长石分离结晶的控制。样品 11LQ01 中继承锆石 $^{206}Pb/^{238}U$ 年龄为 1486Ma，ε_{Hf} 值为 -6.48，表明岩浆中含有基底成分，有少量元古宙地壳物质的加入，即受到了浅部地壳成分的混染作用。

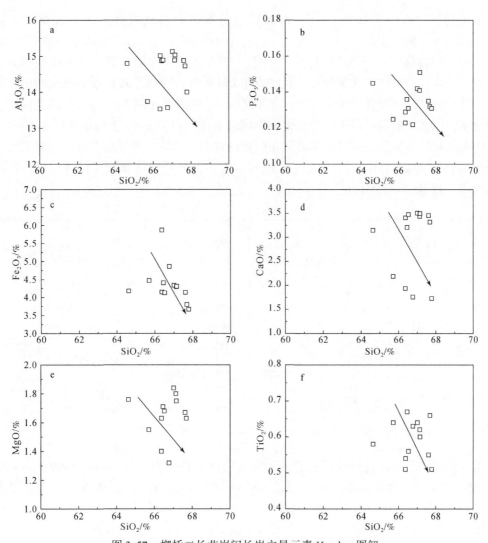

图 3-57　榔桥二长花岗闪长岩主量元素 Harcker 图解

a. Al_2O_3-SiO_2；b. P_2O_5-SiO_2；c. TFe_2O_3-SiO_2；d. CaO-SiO_2；e. MgO-SiO_2；f. TiO_2-SiO_2

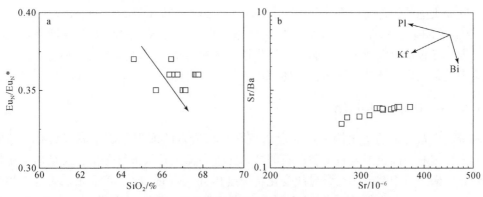

图 3-58　榔桥二长花岗闪长岩微量元素及其比值协变图解

a. Eu_N/Eu_N^* - SiO_2；b. Sr/Ba-Sr

　　榔桥岩体和乌溪岩体的微量元素都显示出本区岩石具有类似岛弧岩浆岩的特征
（Defant and Kepezhinskas, 2001; Pearce et al., 1984; Sakuyama and Nesbitt, 1986; Wilson,
1989）：岩石呈钙碱性、高钾钙碱性、过铝质，富集大离子亲石元素，亏损高场强元素以
及重稀土元素，轻重稀土显著分异，且轻微 Eu 负异常。同时，具有指示意义的协变图解
可以反映成岩过程以及成岩作用规律。在 Ta/Sm-Ta 图解中（图3-59a），乌溪花岗斑岩呈
线性分布，说明在成岩过程中以部分熔融作用为主；在 Ce/Yb-Ce 图解中（图3-59b），乌
溪花岗斑岩样品呈倾斜分布，表明岩浆在演化过程中受到地壳物质的混染，同时发生以斜
长石为主的分离结晶作用。同时从图3-59可以看出，榔桥岩体在演化过程中以分离结晶
作用为主，与 Hacker 图解分析结果一致。

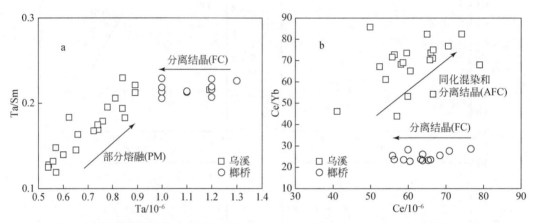

图3-59　泾县榔桥岩体和乌溪花岗斑岩 Ta/Sm-Ta 图解（a）和 Ce/Yb-Ce 图解（b）

　　前人研究表明高钾钙碱性岩石普遍产出于后碰撞环境中（Barbarin, 1999; Liégeois et
al., 1998; Maniar and Piccoli, 1989; Roberts and Clemens, 1993）。在 Rb-Y+Nb 图解上
（图3-60a），榔桥岩体和乌溪花岗斑岩投点在碰撞花岗岩区域，而在 Rb/10-Hf-3×Ta 构造
判别图解（图3-60b）中，本区样品点则投在同碰撞花岗岩、火山弧花岗岩及后碰撞花岗
岩区域的重叠部分，因此榔桥岩体和乌溪花岗斑岩可能受到碰撞作用的影响。中国东部从
侏罗纪开始处于汇聚板块的构造背景下，进入滨太平洋构造域，其主要地质活动与太平洋
板块对欧亚大陆的俯冲碰撞密切相关（Li and Li, 2007; Maruyama et al., 1997; Sun et al.,
2007; Zhou and Li, 2000）。乌溪矿床位于江南造山带，本区域在燕山中晚期（<145Ma）
受到古太平洋板块对欧亚大陆的俯冲碰撞作用的影响，整个区域处于挤压环境，从而产生
了大规模的侵入岩浆活动，形成大量的花岗岩体、斑岩体（周涛发等，2004）。

3.4.4.4　矿床成因与展望

　　磷灰石微量元素的变化特征对确定磷灰石及其岩石的成因、矿床成因具有一定的意
义；前人通过对不同类型岩石中磷灰石的微量元素和稀土元素进行分析，总结出从基性到
酸性岩石中磷灰石中部分元素含量的变化特征（Belousova et al., 2002; 张乐骏等, 2011），
利用稀土元素、Sr、Y 等的关系图解可以判别磷灰石来源的岩石类型。在 Y-δEu 图解
（图3-61a）中，磷灰石样品投点于花岗质岩与基性岩的重叠区，在 Sr-Y 图解（图3-61b）

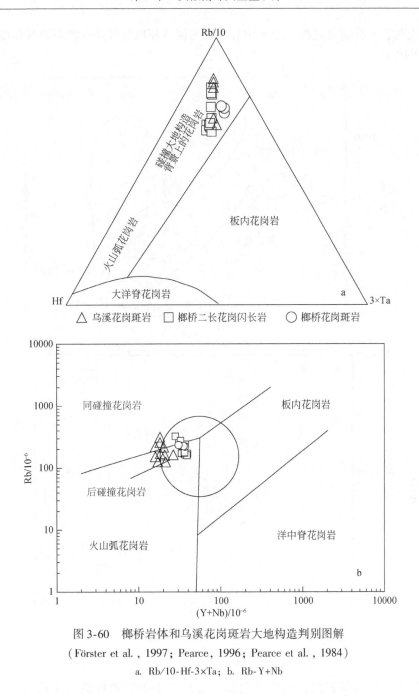

图 3-60 椰桥岩体和乌溪花岗斑岩大地构造判别图解

(Förster et al., 1997；Pearce, 1996；Pearce et al., 1984)

a. Rb/10-Hf-3×Ta；b. Rb-Y+Nb

中，样品全部投点在花岗质岩的区域内，表明本区磷灰石是由岩浆分异形成的。张绍立等 (1985) 根据磷灰石稀土元素地球化学特征将华南花岗岩划分为以壳源物质为主的南岭花岗岩系列和以幔源物质为主的长江系列花岗岩；其中长江系列花岗岩的磷灰石稀土元素含量为 $4333×10^{-6} \sim 17706×10^{-6}$，LREE/HREE 值为 $4.78 \sim 29.48$，δEu 值为 $0.2 \sim 0.52$。乌溪花岗斑岩中的磷灰石与长江系列花岗岩磷灰石稀土特征相似 (图 3-62)，表明本区磷灰石的稀土元素特征受到幔源岩浆流体活动的影响；同时本区磷灰石 δEu 值为 $0.43 \sim 0.60$，相对偏高，说明岩浆在演化过程中处于相对开放的构造环境并且具有较高的氧逸度条件（聂凤军等，2005）。

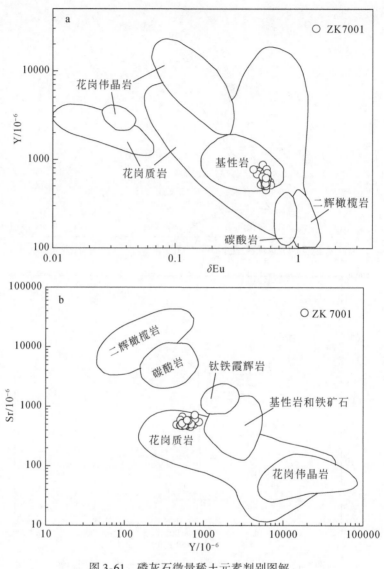

图 3-61　磷灰石微量稀土元素判别图解

a. Y-δEu 图解；b. Sr-Y 图解

前人通过区域岩浆岩的锆石定年测试，将长江中下游地区的中生代岩浆分为两期，150～136Ma 和 136～120Ma（Wu et al., 2012），早期岩浆活动与 Cu-Mo-（Au）矿化活动有关（Mao et al., 2006；Wu et al., 2012；Xie et al., 2009）。多数岩浆-热液 Cu-Au 矿床与高氧逸度的钙碱性侵入岩相关（Audetat et al., 2004；Blevin and Chappell, 1992；Candela, 1992；Gustafson and Hunt, 1975；Hedenquist and Lowenstern, 1994；Liang et al., 2006, 2009；Mungall, 2002；Sun et al., 2007），锆石 Ce^{4+}/Ce^{3+}-Eu_N/Eu_N^* 值是判断岩浆氧逸度的有效方法，斑岩型 Cu 矿化一般与锆石 Ce^{4+}/Ce^{3+}>300，Eu_N/Eu_N^*>0.4 的岩体相关（Ballard et

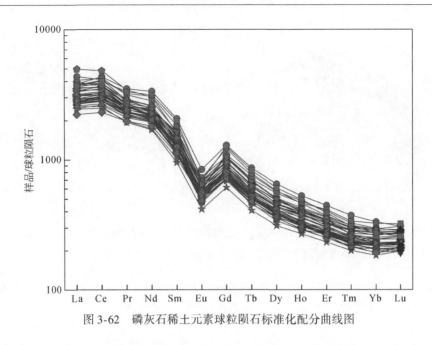

图 3-62 磷灰石稀土元素球粒陨石标准化配分曲线图

al., 2002)。根据锆石–熔体中稀土的分配来计算锆石 Ce^{4+}/Ce^{3+} 值不会受到锆石分离结晶作用或者堆晶作用的影响,同时也不受富轻稀土矿物(如磷钇矿和独居石)的结晶分异作用的影响(Hinton and Upton, 1991; Philpotts, 1970)。椰桥岩体主侵入期二长花岗闪长岩(样品 11LQ01, 11LQ02)相对脉岩花岗斑岩(样品 11LQ03)具有较高的 Ce^{4+}/Ce^{3+} 值(图 3-63a),与高氧逸度富矿的中酸性岩石一致(数据来自 Ballard et al., 2002)。椰桥岩体锆石样品的 Eu_N/Eu_N^* 值为 0.2 ~ 0.4(图 3-63a),主要是因为岩浆在演化过程中发生斜长石的分离结晶,使得熔体中的 Eu_N/Eu_N^* 值发生改变(Ballard et al., 2002)。因此椰桥岩体成岩过程中的高氧逸度有利于本区域发生 Cu-Au 矿化。选自乌溪花岗斑岩的 3 个锆石样品(10WX-1, ZK7301-2, ZK7001)Ce^{4+}/Ce^{3+} 值变化范围大,主要集中在 200 ~ 1500 之间,Eu_N/Eu_N^* 值主要集中在 0.4 ~ 0.6 之间(图 3-63b),与智利富矿斑岩相似(Ballard et al., 2002; Liang et al., 2006),表明本区花岗斑岩在形成过程中具有较高的氧逸度,有利于 Cu、Au 等成矿元素富集。

在乌溪 ZK7301 钻孔中,花岗斑岩中硫含量为 1.23% ~ 2.33%,在绢英岩化带和硅化带中,围岩砂岩、粉砂岩中硫含量相对较高,强烈矿化样品中硫含量可达到 8.55%,比大陆上地壳的硫含量平均值高(Rudnick and Gao, 2003)($S_{ucc} = 621 \times 10^{-6}$)。金是丰度值很低的元素,其性质受硫的控制,且铜是亲硫元素,在岩浆中易进入硫化物相,在硫化物饱和的岩浆中为相容性,在硫化物不饱和的岩浆中为不相容性(Jugo et al., 1999, 2005; Lynton et al., 1993),硫可以活化并萃取铜、金等亲硫元素进入成矿流体(Ulrich et al., 1999),含水氧化岩浆有利于斑岩铜矿床的形成(Cline and Bodnar, 1991; Pasteris, 1996);金在陆壳中的平均丰度只有 2×10^{-9},要富集成金矿需要成矿流体大量萃取、富集金,然后集中释放。而破碎可以提供流体运移通道,由于破碎,压力突然降低,流体的性质会发生很大的改变,如 S、SiO_2、CO_2 等的溶解度突然大幅度下降,产生一系列的含金石英脉。在金、硫被活化的同时,其他亲硫元素汞、铜、铅、锌等低温元素,汞、砷、锑等元素常常与金矿

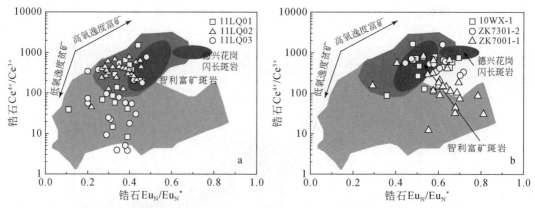

图 3-63　锆石微量元素 Ce^{4+}/Ce^{3+}-Eu_N/Eu_N^* 氧逸度判别图解（底图数据来自 Ballard et al.，2002）

a. 榔桥二长花岗闪长岩和脉岩花岗斑岩；b. 乌溪花岗斑岩

共生（Sun et al.，2003，2007，2012；孙卫东等，2010）。同时乌溪金矿矿区内发育的大量断裂构造为成矿流体提供了充分的运移通道，有利于金矿的形成。

3.4.5　小结

皖南乌溪金矿位于安徽省泾县榔桥镇，介于长江中下游多金属成矿带与华南成矿带之间，属于江南过渡带上的一个蚀变岩型金矿类型。安徽泾县榔桥花岗闪长岩体是泾县乌溪金矿的主要富矿岩浆岩围岩，位于乌溪金矿矿区东南部。测得榔桥岩体主侵入期二长花岗闪长岩、蚀变黑云母二长花岗闪长岩和侵入后期脉岩花岗斑岩的年龄分别为 135.6±1.8Ma，137.6±2.0Ma，136.4±1.9Ma，表明榔桥复式岩体形成于早白垩世。同时对乌溪成矿花岗斑岩钻孔样品以及地表出露岩体的锆石开展 LA-ICP-MS 定年，分别获得 139.6±1.7Ma（ZK7301）、137.3±1.6Ma（ZK7001）、137.3±1.1Ma（10WX-1）三组年龄，表明钻孔中的斑岩和地表出露的岩体时代一致。这些年龄表明岩体形成时代为燕山期早白垩世，与围岩榔桥岩体、本区域内其他岩体形成时间一致，同时岩体主要受断裂构造控制，在成岩过程中受到少量古太古代地壳物质的混染。岩体中发育大量的隐爆角砾岩，以及矿化角砾，表明乌溪矿体与花岗斑岩岩体可能同时形成。

榔桥岩体、乌溪花岗斑岩元素分析结果说明岩石具有类似岛弧岩浆岩的特征：钙碱性、高钾钙碱性，过铝质，富集大离子亲石元素，亏损高场强元素以及重稀土元素，轻重稀土显著分异，且轻微 Eu 负异常。根据全岩 Zr 含量计算出榔桥岩体二长花岗闪长岩"锆石饱和温度"为 749~781℃，脉岩花岗斑岩"锆石饱和温度"为 722~745℃，乌溪花岗斑岩"锆石饱和温度"为 726~806℃，两个岩体具有相似的成岩温度，而且锆石定年结果说明两个岩体形成时间一致，因此乌溪花岗斑岩与榔桥岩体可能由同一岩浆作用形成。榔桥岩体在岩浆演化过程中经历斜长石、钛铁矿等单矿物的分离结晶作用，而乌溪岩体在成岩演化过程中以部分熔融作用为主。锆石 Hf 同位素分析表明榔桥岩体可能由中元古代地壳物质部分熔融形成，同时继承锆石核的存在表明岩体形成时有少量古元古代地壳物质的加入。乌溪矿床黄铁矿样品的 $\delta^{34}S_{CDT}$ 值为 2.49‰~9.04‰，硫来自于花岗斑岩岩浆。黄铁矿铅同位素测试结果说明成矿物质具有造山带和下地壳混合源区。乌溪矿床位于江南过渡带，其形成与古太平洋板块对欧亚大陆的俯冲碰撞作用密切相关。

乌溪花岗斑岩中的磷灰石与长江系列花岗岩磷灰石稀土特征相似，表明本区磷灰石的稀土元素特征受到幔源岩浆流体活动的影响；同时因为磷灰石 δEu 值较高，说明岩浆在演化过程中处于相对开放的构造环境并且具有较高的氧逸度条件。锆石氧逸度计算表明椰桥岩体、乌溪花岗斑岩在形成过程中具有较高的氧逸度，有利于 Cu、Au 等成矿元素在断裂构造中富集沉淀成矿。

3.5　东至查册桥金矿多阶段叠加成矿作用

3.5.1　区域地质背景

查册桥矿区是近年长江中下游成矿带南侧安徽省境内沿高坦断裂带附近发现的一系列金多金属矿床之一。矿区西邻花山锑金矿（中型），区内包括多个金矿段、矿点，已发现的矿种以金为主，并见有钨、钼、铅锌、锑等矿化。矿床类型以热液型为主，次为风化壳（红土）型、层控夕卡岩型等。矿区中牛头高家金矿是较早发现的一个金矿段，主要矿体为红土型（聂张星等，2012），深部见原生金矿体（安徽省地质矿产勘查局 311 地质队和中国科技大学，2019），并陆续在其南侧发现赋存于不同地质构造部位的金矿。以往开展了本区金多金属矿成矿地质条件、主要控矿因素等方面的专题研究，特别是加强了对查册桥矿区控矿构造（聂张星等，2015）、岩石学及矿床地球化学（沈欢喜等，2016；石磊等，2015）、区域金矿类型及找矿方向（聂张星等，2013）、成岩成矿年代学特征（聂张星等，2016a）等方面的研究，认为本区成矿地质条件有利，成矿受地层层位、地质构造及燕山期岩浆活动多因素控制，具较大金多金属矿找矿潜力。上述研究成果及时得到应用和转化，促进了该矿区及本区域地质找矿工作，沿高坦断裂带附近陆续发现多处金多金属矿床（点）；查册桥矿区内已知矿体规模仍在不断扩大，新的矿体及新的矿化类型陆续发现。进一步的研究表明，金矿为多阶段叠加形成（聂张星等，2016b），原生金矿主体属卡林型金矿，形成于燕山期（安徽省地质矿产勘查局 311 地质队和中国科技大学，2019）。

本区位于扬子陆块北缘，大别造山带与江南造山带的间夹部位（图 3-64），大体以高坦断裂为界，划为下扬子前陆带和江南隆起带两个次级构造单元。其中江南隆起带北部的江南断裂与高坦断裂之间为长江中下游成矿带南外带（常印佛等，1991），也称为江南过渡带。江南过渡带以新元古代—早古生代沉积为主，前南华纪沉积一套碎屑岩建造构成了隆起带的褶皱基底；金矿主要赋矿层位为青白口系邓家组、南华系休宁组、震旦系蓝田组、寒武系黄柏岭组、奥陶系等。本区褶皱及断裂构造发育；燕山期岩浆活动强烈，大-中-小型中酸性岩体均有出露，已发现的矿床（点）主要沿北东向构造带展布，于区域性断裂构造结点聚集（图 3-64）。

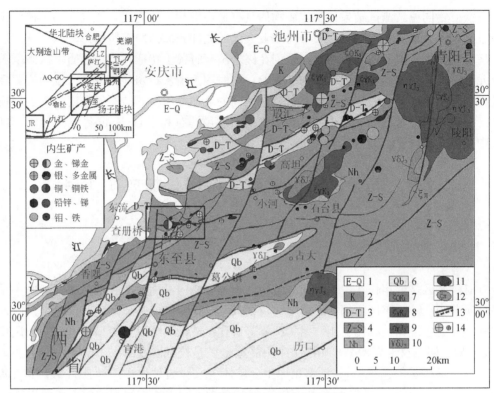

图 3-64　安徽池州地区地质矿产略图

1. 古近系—第四系；2. 白垩系；3. 泥盆系—三叠系；4. 震旦系—志留系；5. 南华系；6. 青白口系；

7. 石英正长岩；8. 钾长花岗岩；9. 二长花岗岩；10. 花岗闪长岩；11. 浅成/超浅成斑（玢）岩体；

12. 正长斑岩；13. 实/推测断层；14. 矿床（点）。已圈定矿集区：JR. 九瑞矿集区；

LZ. 庐枞矿集区；AQ-GC. 安庆–贵池矿集区；TL. 铜陵矿集区

3.5.2　成矿地质条件

矿区西邻花山锑金矿，东接铜锣尖金多金属矿，包括牛头高家、路源、程檀等矿段及多个矿点（图 3-65 左上），构造岩浆活动强烈，有利于金多金属矿床的形成。

1. 地层条件

矿区出露地层为南华系休宁组至志留系坟头组。其中南华纪地层主要由碎屑岩–冰碛岩的冰海沉积和陆相与滨、浅海相沉积组成，分布于背斜核部；震旦纪地层主要由碳质泥岩–碳酸盐岩–硅质岩组成，为陆棚、盆地相沉积；早古生代寒武纪地层为一套陆缘浅海–滨海相碳酸盐硅质沉积，晚寒武世本区处在盆地与碳酸盐台地的交接部位，奥陶纪以碳酸盐台地斜坡相沉积为主；志留纪地层为一套浅海相陆棚相–滨海相碎屑沉积岩。

区域上，主要的赋矿层位自下至上包括青白口系，南华系休宁组、南沱组含硅质泥岩，震旦系蓝田组，寒武系皮园村组、黄柏岭组，奥陶系及志留系等。区内程檀矿段金及多金属矿围岩主要为蓝田组、南沱组、休宁组；花山锑金矿矿体围岩为寒武系中、下统；

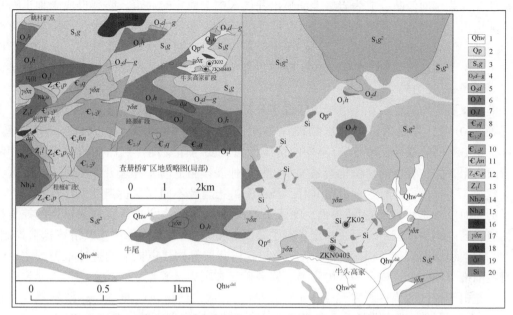

图 3-65　查册桥矿区地质略图（左上，局部）及牛头高家矿段地质图

1. 全新统芜湖组：al. 冲积层，dal. 坡冲积层；2. 更新统：el. 残积层；3. 志留系高家边组；4. 奥陶系东至组-牯牛潭组；5 ~ 7. 奥陶系东至组、红花园组、仑山组；8 ~ 11. 寒武系青坑组系、团山组、杨柳岗组、黄柏岭组；12. 震旦系—寒武系皮园村组；13. 震旦系蓝田组；14、15. 南华系南沱组、休宁组；16 ~ 19. 燕山期侵入岩：花岗闪长岩、花岗闪长斑岩、闪长玢岩、英安玢岩；20. 硅化岩岩块

路源矿段金矿主要赋存于黄柏岭组内。奥陶系灰岩、白云岩层位本身也利于形成夕卡岩型、热液型金多金属矿化，邻区已见夕卡岩型铜钼铅锌矿及热液型金多金属矿，区内与志留系断层接触界面为牛头高家、姚村金矿赋矿部位（图 3-65）。

2. 构造条件

区内褶皱主要形成于印支期，属七都复背斜三岗尖-杨美桥背斜，矿区位于该背斜转折端及北西翼，次级褶皱极为发育，转折端部位及翼部与褶皱相关的断裂构造发育，控矿明显，区内程檀金矿即位于该褶皱转折端与北东向逆冲断层复合部位，东边金矿点则位于北东转折端与北东向兰程畈断层带复合部位。

区域上北北东向、北东东-近东西向区域性深大断裂形成的菱形断块构造为主体。矿区位于北北东向东至断裂东侧，近东西向高坦断裂横切矿区，两断裂与矿区东南部北东向赵村断层形成三角形构造地块，次级断裂、推覆-滑覆构造及层间滑脱带为补充，以脆性断裂为主，脆韧性剪切带及层间滑脱带发育。

东至断裂由多条北北东向走滑断裂系组成，带宽数千米，断裂带多以硅化破碎带形式出现，带内发育次级断层将断裂带内地质体分割成岩块或构造透镜体，该断裂具多期次活动，区内西部局部见小型左行走滑断层。

高坦断裂区域上总体走向北东东，倾向北西，倾角 50° ~ 85°。本区又称为花山-洋湖断裂带，由一系列近东西向发育于震旦系—奥陶系内断层组成（聂张星等，2015）。该断裂在重、磁异常图及物探剖面上同样有较好显示，邵陆森等（2015）推断该断裂向深部地壳延伸并致莫霍面错断，成为岩浆上涌喷出和侵入中上地壳的通道。断裂形成于加里东早期，加里东—海西期具同沉积断层特征，印支期转换为高角度逆冲断层带，燕山早期再次强烈活动，形成高角度逆冲断层，早白垩世中期在伸展机制下表现为张性特征，局部形成犁式正断层。该断裂为重要的控岩控矿断裂，是花山、查册桥、铜锣尖等矿区控岩控矿构造（聂张星等，2015）。

推覆及滑覆构造在长江中下游地区成带分布（李海滨等，2011；宋传中等，2014；王鹏程等，2015），并得到深部地球物理探测断面的证实（董树文等，2011；吕庆田等，2011，2015；邵陆森等，2015）。早期的挤压推覆主要与印支期、燕山期的碰撞造山和陆内造山作用有关，晚期的滑覆构造系统则与陆内伸展体制下的差异隆升作用有关。本区主要表现为：①早期逆冲与晚期滑覆并存，浅部逆冲推覆及不同层次拆离断层广泛发育，其中主拆离面位于志留系/奥陶系界面、寒武系内及南华/震旦系界面等，成为重要的控岩控矿构造，区内牛头高家矿段及姚村金矿点主要受志留系/奥陶系界面推覆及滑覆构造控制；②北东向兰程畈断层带、程檀–路源断层带和赵村断层等构成以向北西逆冲推覆为主、晚期滑覆的推覆构造，该构造为区内程檀、路源矿段和东边金矿点主要控矿构造。通过对查册桥、花山等矿区的构造研究（聂张星等，2015），区内的挤压逆冲–褶皱–滑覆系统可包括印支–燕山早期的逆冲推覆系统和燕山中、晚期的拆离滑覆系统，其中：奥陶系/志留系界面间的推覆–滑覆断层，局部形成"构造窗"和"飞来峰"，与高坦断裂、北东推覆构造系统相互作用，形成复杂的断裂构造组合样式。

3. 岩浆岩条件

本区燕山期岩浆作用主要为与陆内造山作用有关的岩体侵入，高坦断裂带两侧及前陆褶冲带为含矿斑岩主要的分布区（图3-64）。常印佛等（1991）将长江中下游地区岩浆岩分为同熔型和陆壳改造型两个岩石系列，同熔型系列中分为扬子式和江南式两类。扬子式同熔型系列中尚包括两个成岩序列，区内主要属第一成岩序列，即中基性–中性–中酸性–次碱性–碱性（–酸性）成岩序列；南侧、东南侧外围见江南型大型复式岩基。

晚侏罗世侵入岩：主要岩体有里廖、花山、马街、东边、马田赵村和牛头高家等岩体。岩性包括花岗闪长岩、花岗闪长斑岩、闪长玢岩等，为区内地表出露的主要岩体，除里廖岩体为规模较大的岩株，其他多以岩枝、岩脉状产出。

里廖花岗闪长岩岩体出露面积约3km^2，岩体接触带可形成大理岩、板岩，岩石为灰色，细–中粒不等粒半自形粒状结构，粒径0.2～2mm，块状构造。主要矿物为斜长石（60%左右）、石英（20%左右）、钾长石（10%左右）、黑云母（10%左右），含少量黄铁矿、锆石、榍石、磷灰石等。

牛头高家花岗闪长斑岩呈岩脉产出。岩石为变余斑状结构，块状构造，岩石蚀变较强烈。斑晶含量45%左右，其中石英含量20%左右，呈他形粒状；斜长石含量16%左右，部分完全被绢云母和隐晶质石英交代；黑云母含量9%左右，呈片状。基质含量55%左右，基质不透明矿物呈他形粒状，浸染状分布。

东边、程檀等地闪长玢岩呈岩脉产出，岩石为灰色；斑状结构，基质半自形粒状结构，块状构造。主要成分：斑晶35%左右，其中斜长石18%左右，黑云母8%左右，角闪石4%左右，石英5%左右；基质65%左右，其中石英10%左右；斜长石30%左右；暗色矿物 25% 左右。次生矿物：绢（白）云母含量 15% 左右；碳酸盐矿物含量 60% 左右；绿泥石含量 8% 左右；不透明矿物含量 2% 左右。

岩石化学成分特征见表 3-12。在 TAS 图解和 SiO_2-K_2O 图解中（图 3-66），牛头高家和花山花岗闪长斑岩属花岗闪长岩类，为高钾钙碱性系列；东边、路源和程檀闪长玢岩偏基性，属闪长岩类，SiO_2-K_2O 图解中东边和程檀岩体落入钙碱性系列，路源岩体落入钾玄岩系列，为后期钾化等蚀变影响。

表 3-12　岩浆岩岩石化学成分简表

侵入体名称	岩石类型	样品数	分析结果/10^{-2}												
			SiO_2	TiO_2	Al_2O_3	Fe_2O_3	FeO	MnO	MgO	CaO	Na_2O	K_2O	P_2O_5	H_2O^+	LOI	总和
里廖	花岗闪长岩	1	63.24	0.71	15.69	0.28	3.81	0.08	1.99	3.78	3.20	3.88	0.19			96.57
牛头高家	花岗闪长斑岩	11	70.30	0.33	15.08	1.89	0.53	0.04	1.63	0.96	0.56	3.40	0.11	2.32	5.00	102.12
程檀	闪长玢岩	3	59.94	0.61	14.93	1.48	2.92	0.09	1.70	4.49	3.41	1.85	0.23	1.61	7.71	100.09
路源	花岗闪长斑岩	2	57.985	0.51	14.45	3.13	1.21	0.08	4.37	2.995	0.12	4.04	0.22	1.78	10.33	101.20
东边	闪长玢岩	4	58.91	0.39	13.96	1.83	4.13		5.29	2.92	3.04	3.00	0.14	1.95	11.36	101.35
花山 ZK171	花岗闪长斑岩	2	64.01	0.53	15.65	0.50	1.71	0.06	1.47	4.86	3.05	1.17	0.24		6.91	100.13
黎彤	花岗闪长岩		64.98	0.52	16.33	1.89	2.49	0.09	1.94	3.70	2.65	3.67	0.32			

注：测试单位为原国土资源部合肥矿产资源监督检测中心；花山 ZK171 岩体原始数据引自杨书桐（1993）。

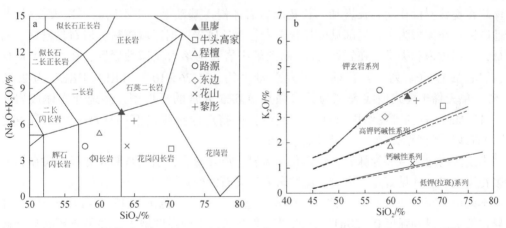

图 3-66　查册桥矿区侵入岩 TAS 图解（a，据 Middlemost，1994）和 SiO_2-K_2O 图解
（b，实线据 Peccerillo and Taylor，1976；虚线据 Middlemost，1985）

查册桥矿区岩石稀土元素 ΣREE 范围在 102.15×10^{-6} ~ 168.51×10^{-6}，δEu 范围在 0.60 ~ 0.84，配分模型为轻稀土富集的右倾配分模型，为 LREE 相对富集，HREE 相对亏损型。其中牛头高家花岗闪长斑岩 ΣREE 范围在 102.15×10^{-6} ~ 119.29×10^{-6}，δEu 范围在 0.60 ~ 0.72，$(La/Yb)_N$ 范围在 16.59 ~ 30.65。LREE 元素间的分馏程度明显高于 HREE 元素；δEu 无异常至轻缓负异常（沈欢喜等，2016）。区内花岗闪长岩、花岗闪长斑岩、闪长玢岩均表现为轻稀土富集的扬子系列花岗岩，有利于形成 Au、Cu 多金属矿床。

对查册桥地区岩石微量元素特征的分析（沈欢喜等，2016），显示富集 LILE（Rb、

La、Ba、Sr）和相对亏损 HFSE（Nb、Y），在微量元素球粒陨石标准化蛛网图上呈现显著的 Nb、Y 负异常谷，Sr 平均值 425.2，Y 平均值为 10.9，Sr/Y 值的平均值为 43.3，结合岩石化学特征，认为区内岩浆岩是埃达克质岩石。

通过对查册桥地区不同侵入体锆石 LA-ICP-MS U-Pb 年龄测试（聂张星等，2016a），牛头高家 ZK02 孔、ZKN0403 孔花岗闪长斑岩样品 $^{206}Pb/^{208}U$ 加权平均年龄分别为 143.8±3Ma 和 148.3±1.7Ma；里廖花岗闪长岩（ZK01 孔）$^{206}Pb/^{208}U$ 加权平均年龄为 145.4±1.6Ma；东边闪长玢岩（ZKD0303 孔）$^{206}Pb/^{208}U$ 加权平均年龄为 142.8±2.3Ma，反映其成岩晚于花岗闪长斑岩及花岗闪长岩。

根据 Blundy 和 Wood（1994）的公式计算出本区岩浆岩锆石的 Ce^{4+}/Ce^{3+} 为 62～2074，平均值为 543，指示岩体具有高的氧逸度。氧逸度可以作为一个经验性的指标来区分成矿岩体与不成矿岩体（Ballard et al.，2002），高氧逸度指示岩体具有成矿的潜力（聂张星等，2016a），查册桥矿区已发现有铅锌、钨、钼等矿化，矿区附近已发现有与同类岩体相关的斑岩型、夕卡岩型及热液型铜、金多金属矿床，说明区内岩体可直接形成与岩浆作用有关的多金属矿床。同时根据区内矿床特征及成矿作用的研究，与本期岩浆作用相对应，区内出现强度高、范围大的黄铁矿化、硅化及绢云母化。

早白垩世侵入岩：是本区域重要的岩浆活动阶段，不仅拗陷区存在强烈的火山活动和岩浆岩侵入，隆起区及江南古陆也见大规模酸性、碱性复式岩体侵入，本区东侧同处高坦断裂带南侧及三岗尖-杨美桥背斜核部见有谭山岩体和青阳九华大型复式杂岩体（图3-64），两岩体均在晚侏罗世花岗闪长岩和二长花岗岩岩体侵入基础上，于本阶段再次大规模侵入，岩性以钾长花岗岩为主，局部见碱长花岗岩、正长斑岩。据区域资料，岩石具富碱、富钾特征，为铝过饱和类型。在岩石的硅-碱图解中岩石均落入亚碱性岩区，在 Na_2O-K_2O 图中，岩石属钾质系列，岩石稀土元素总量平均 $167.76×10^{-6}$，LREE/HREE 为 2.40～13.87，单元稀土模式曲线表现为具有强烈负 δEu 异常的平坦型，经统计岩体成岩年龄 131～114Ma 左右，岩浆作用可能主要发生在由挤压向拉张过渡的地球动力学背景之下（安徽省地质矿产勘查局 311 地质队，2016）。

本期区内侵入岩多为脉岩，包括花岗斑岩、英安玢岩，东区东侧相邻铜锣尖矿区发育较多花岗斑岩，并见有正长斑岩、流纹斑岩，岩石蚀变强烈。

本区位于花山环状航磁异常区，该异常整体等轴状，范围约 17km×17km。中心部位磁异常低缓，磁场强度 0～20nT，向四周逐渐增强，磁场强度增大，并形成环状局部磁异常，推测低缓异常是由深部隐伏中酸性岩体引起。

3.5.3　矿化特征

1. 总体矿化特征

查册桥矿区金多金属矿化包括多个矿段（点）。矿段（点）集中分布于花山-洋湖断层带两侧，矿化与地层层位及岩性有关，主要受构造及岩浆活动控制，于有利的地质构造部位成矿。区内矿种以金、锑为主，局部见钨、铅、锌、钼等，原生矿化类型多为热液型，矿区外围见层控夕卡岩型钨钼矿（柴山）、层控夕卡岩型金硫多金属矿（铜锣尖）、破碎带蚀变岩型金矿（柴山）等（图3-64），其中锑矿规模已达中型，金矿总资源量也已达中型。

区内金多金属矿矿体主要赋存于构造破碎带中。一是沿奥陶系/志留系间的逆冲–推覆断层界面分布，如牛头高家金矿段浅部为红土型金矿，深部见原生构造角砾岩型及浸染状大理岩型金矿，沿该断层破碎带东西两侧尚分布有金龙、姚村两个红土型金矿（化）点，最近，在西峰尖矿区，新发现受该破碎带控制的原生金矿体，与牛头高家金矿体相连。二是寒武系内受花山–洋湖断裂带控制的锑金矿，花山锑金矿主要赋存于其次级近东西向张性断裂构造破碎带内。三是受北东向叠瓦状逆冲推覆断层带控制的金多金属矿，如程檀金矿段见多个金矿体，主矿体位于逆冲断层上盘，地表已控制长1000m，最大斜深300m，平均厚约3m，平均品位约3.1×10^{-6}，最高达19.34×10^{-6}；东侧蓝田组次级构造破碎带内见铅锌矿体；东边矿点矿体则主要受北东向兰程畈逆冲断层带控制，其西南该断层带发现有层控夕卡岩型钨钼矿及低温热液型金矿。四是受休宁组砂岩内次构造控制的破碎带热液型金矿，主要见于背斜核部构造破碎带内，也见于脉岩内，在程檀西侧—柴山一带见多个金矿体。

2. 牛头高家金矿特征

牛头高家金矿原生矿主要赋存于奥陶系/志留系间逆冲推覆–滑覆形成的蚀变构造破碎带内及其下盘，主要受断裂构造控制，并与有利的地层层位和岩体侵入关系密切，近地表经氧化淋滤和富集，矿体赋存于第四系更新统残积层及下伏全、强风化层内（图3-67），属风化壳型红土型金矿。

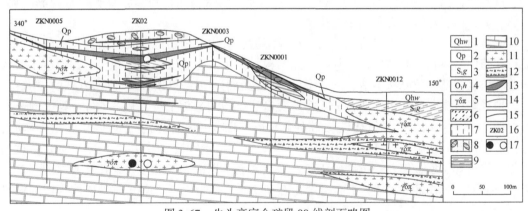

图 3-67　牛头高家金矿段00线剖面略图

1. 第四系全新统芜湖组；2. 第四系更新统；3. 高家边组；4. 红花园组；5. 花岗闪长斑岩；6. 松散堆积；
7. 残（坡）积含硅质岩及其他岩块黏土；8. 硅化岩夹黏土；9. 泥质粉砂岩；10. 大理岩及大理岩化灰岩；
11. 花岗闪长斑岩；12. 构造角砾岩；13. 金矿体；14. 断层界面；15. 地质界线；16. 钻孔编号；17. 锆石/绢云
母年龄样取样位置

区内共圈定4个金矿体，矿体编号为NAuⅠ、NAuⅡ、NAuⅢ、NAuⅣ。其中氧化矿体3个，均呈似层状、透镜状分布于浅表残积层及全、强风化层内；原生矿体1个，位于风化层底板红花园组大理岩内。NAuⅠ号矿体总体分布于氧化带内的中部位置，分布较稳定，矿体连续性较好，构成主矿层，ZK0301孔见半氧化角砾岩型金矿石（图3-68）；NAuⅣ号矿体为氧化界面以下的原生矿体。NAuⅠ号主矿体总体呈北西向展布，赋存于浅表残积层及氧化带中，以氧化矿体为主，深部见原生矿体，赋存于东至组泥质瘤状灰岩与红花园组大理岩层间硅化构造角砾岩中，矿体长830m，宽160～320m，总体呈近水平似层状，局部有起伏、分支，矿体平均厚12.44m，Au平均品位1.46×10^{-6}。

图3-68　牛头高家金矿矿石岩心照片

矿石矿物成分主要有赤褐铁矿、黄钾铁矾，少量黄铁矿、方铅矿、磁铁矿，偶见辰砂、毒砂等，仅于重砂样内发现1颗自然金，金多以微细粒存在。脉石矿物有微晶石英、玉髓、绢云母、碳酸盐类及黏土类矿物。

矿石结构主要为松散状粉粒结构、泥粒结构、风化残余结构、胶状结构，部分保留自形粒状结构、粒状变晶结构、鳞片状变晶结构、斑状结构、压碎结构等。矿石构造以土状构造、块状构造、角砾状构造、细脉浸染状构造为主，局部见条带状（变余层状）构造。

根据矿石成分及结构构造特征，将矿石自然类型划分为七类（图3-68）：黏土型金矿石（图3-68a）；黏土夹强风化硅化岩型金矿石（图3-68d）；褐铁矿化硅化岩型金矿石；褐铁矿化角砾岩型金矿石（图3-68c）；褐铁矿化泥质粉砂岩型金矿石（图3-68b）；黄铁矿化硅化角砾岩型金矿石；黄铁矿化灰岩型金矿石。以前四类为主。矿床工业类型：NAuⅠ、NAuⅡ、NAuⅢ号矿体为红土型金矿石和角砾岩型金矿石，NAuⅣ号矿体为微细粒浸染型金矿石。

3.5.4　多阶段叠加成矿作用

叠加成矿作用也称叠生成矿作用，为不同时期的成矿作用在空间上的叠加（翟裕生等，2009），或指在原来早期已有矿床的基础上，后来又有新的成矿物质加入。成矿中不但对原来矿床或含矿建造有一定改造，且有新的成矿物质加入，其形成的矿床称为叠生矿床，又可被称为叠加改造矿床（翟裕生等，2011）等。

牛头高家金矿原生金矿具层控、低温和多阶段叠加矿化特征，最后氧化淋滤富集成矿，其成矿作用属叠加成矿作用，初步分为矿源层及赋矿部位形成期，原生金矿成矿期和红土型金矿成矿期（图3-69）。

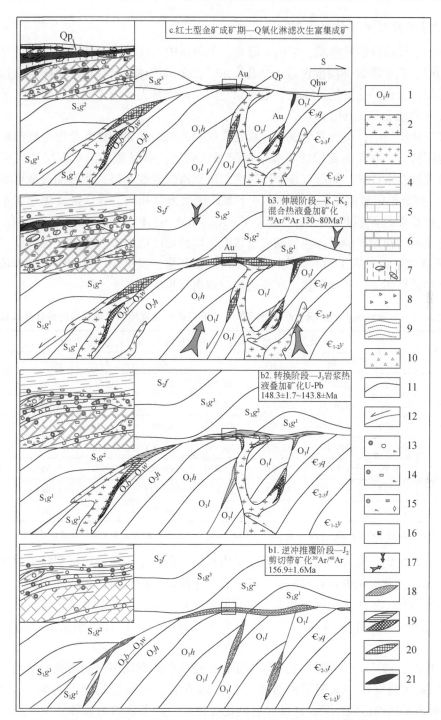

图 3-69 东至查册桥金矿牛头高家金矿多阶段叠加成矿模式图

1. 地层代号；2. J_3花岗闪长岩、花岗闪长斑岩；3. K_1花岗斑岩、英安玢岩；4. 泥质粉砂岩；5. 灰岩；6. 大理岩化灰岩；7. 含硅化岩等岩块黏土；8. 早期碎裂岩；9. 早期糜棱岩、千糜岩；10. K_1构造角砾岩；11. 地质界线；12. 断层及动向；13. 早期硅化、黄铁矿化、绢云母化；14. J_3硅化、黄铁矿化、绢云母化；15. K_1硅化、黄铁矿化、绢云母化、碳酸盐化；16. 褐铁矿化；17. 深部混合成矿热液迁移及上部地下水方向；18. 早期金矿化；19. J_3岩浆热液金矿化、多金属矿化；20. K_1低温混合热液金矿化；21. 金矿体

1. 矿源层及赋矿部位形成期（A）

矿区位于江南过渡带西段，据前人研究，奥陶系中上统泥质瘤状灰岩中金的平均含量为 9.2×10^{-9}，其中泥岩夹层金含量高达几十 10^{-9}，金以胶体状质点被泥质吸附，这些金的初始富集层，为金矿化提供了物质基础。稳定同位素资料表明成矿流体中的碳、硫也主要来自地层（嵇福元等，1991）。

在其下伏层位中，包含多个成矿元素富集层和矿源层，如震旦系蓝田组底部层位及休宁组、皮园村组，寒武系黄柏岭组和荷塘组黑色岩系，有时能形成矿源层甚至成为矿胚层，或经叠加改造成矿，如震旦系蓝田组底部沉积富含黄铁矿层，经叠加改造可形成层控（夕卡岩）型金钨钼多金属矿；上震旦—下寒武统为海盆相碳、硅、泥质黑色岩系，可能是盆山转换型碳硅泥质热水沉积，富含 V、Ag、Mo、S、P 及 Pb、Zn、Sb，伴有 As、Au 元素，是重要的初始矿源层，经后期岩浆热液作用叠加改造成矿。上述层位 Au、Ag、As、Sb 成矿元素含量高（表3-13），可作为矿源层、矿胚层，提供 Au、S、As、Sb 等成矿物质来源，在热液作用下，活化迁移，在断裂破碎带内富集成矿。

表3-13　东至地区水系沉积物部分地质单元（组）部分元素地球化学参数的统计结果表

地质单元	元素含量平均值（Au、Ag 单位为 10^{-9}，其他元素单位为 10^{-6}）							
	Au	Ag	Cu	Pb	Zn	As	Sb	Mo
全省	2.66	114.07	25.45	28.05	28.87	10.34	0.85	1.00
东至地区	3.392	178.31	30.148	35.917	99.643	22.868	2.626	3.425
O_1	3.624	128.104	29.876	41.176	96.931	55.416	4.813	1.458
$\epsilon_1 h$	4.054	490.108	53.576	40.264	176.003	37.955	5.76	15.862
$Z_2 \epsilon_1 p$	4.38	817.046	54.016	47.059	189.489	33.272	9.367	11.189
$Z_1 l$	4.285	323.071	36.129	37.679	129.143	42.843	5.883	6.069
$Nh_2 n$	3.919	286.42	37.102	43.917	144.818	27.481	3.484	4.786

资料来源：安徽省地质矿产勘查局311地质队，2016. 安徽省东至地区铅锌金多金属矿调查评价报告（送审稿）。

同时，晚奥陶世末—早志留世起，本区由缓坡、台凹相碳酸盐岩沉积转为滞流盆地相含碳硅质泥岩、盆地相细碎屑岩沉积，形成有利于成矿的硅钙面，多成为本区及邻近地区重要的赋矿部位。如矿区东侧铜锣尖夕卡岩型金硫多金属矿、黄金塘锑金矿、里亭金矿均赋存于该部位，区域上尹家榨金矿、吕山金矿及湖北蛇屋山红土型金矿也均赋存于该层位。

燕山期前，前述褶皱主要形成于印支期；前述主要断裂在印支期均强烈活动，其中奥陶系/志留系间断层在印支期层间滑脱带及背斜翼部逆冲断层基础上形成（聂张星等，2015），形成早期构造破碎带，并可伴有硅化等蚀变，其形成的石英脉经历了后期中深层次强烈韧性剪切变形，糜棱岩化带内，先期形成的石英脉被强烈剪切、拉伸变形或拉断形成碎斑（图3-70b），碎斑具旋转特征。本期形成的其他蚀变难以保留或不易识别，但所形成的奥陶系/志留系间早期断裂构造为燕山期该断裂强烈活动并成为赋矿构造奠定了基础。

图 3-70 牛头高家金矿多阶段叠加蚀变特征照片

a. ZKN0303 硅化岩；b. ZKN0301 蚀变糜棱岩；c. ZK02 硅化构造角砾岩（金矿石）；d、e. ZKN0303 硅化岩；
f. ZKN0301 硅化瘤状灰岩（下格为强风化岩心；其下为块状硅化岩）；g. ZKN0303 强蚀变构造角砾岩（金矿石）。
qa 印支期（？）硅化；q1. B1 期硅化；q2. B2 期硅化；q3. B3 期硅化；py1. B1 期黄铁矿化；py2. B2 期黄铁矿化；
py3. B3 期黄铁矿化；cal3. B3 期碳酸盐化；γδπ. 花岗闪长斑岩；ls. 瘤状灰岩；lm. 褐铁矿，Br. 构造角砾；myl.
蚀变糜棱岩；si. 硅化岩

2. 原生金矿成矿期（B）

本区原生金矿成矿为多阶段热液叠加成矿，进一步分为三个矿化阶段：①逆冲推覆阶段——早期剪切带金矿化，②构造转换阶段——早期岩浆热液叠加金矿化，③伸展拆离阶段——晚期混合热液叠加金矿化。

1）逆冲推覆阶段（B1）——早期剪切带金矿化

印支期碰撞造山阶段，本区所在的下扬子地区成为大别山同造山作用形成的前陆盆地，早期以强烈的陆内挤压收缩变形为特点，主要形成一系列同斜紧闭、同斜倒转褶皱和逆冲推覆断裂构造，其后在造山后江南基底隆起和大别山隆起隆升、下扬子地区出现持续拗陷过程中，形成一套滑覆拆离构造为主的变形，出现面向北西的正向滑覆构造带（安徽省地质调查院，2004）。本区位于印支期形成的三岗尖-杨美桥背斜北西翼，于奥陶系/志留系界面，形成规模较大、低角度切穿部分层位的翼部楔入逆冲断层（聂张星等，2015），形成早期蚀变断裂构造破碎带。

燕山早期，中侏罗世至晚侏罗世早期，于主挤压造山阶段（165±5Ma～145Ma）（董树文等，2011），奥陶系/志留系界面断裂在本阶段在中侏罗世北北西-南南东向挤压应力场下（侯明金等，2007），表现为由北-北北西向南-南南东向的逆冲推覆，受前期断裂及后期褶皱等方面影响，断面呈向北北西缓倾的波状，局部倾向南东，平面上蜿曲延伸（聂张星等，2015），形成韧性-韧脆性构造破碎带，同时形成早期硅化、黄铁矿化、绢云母化等蚀变，伴有早期金矿化（图3-70b）。

早期围岩蚀变多被后期强烈改造，经强氧化后更难以辨别。根据对本区大量全、强氧化带、半氧化带岩心的观察研究，可主要从以硅化为主的蚀变特征及与构造、岩石特征及与晚期蚀变的关系等方面确定其基本特征。

本期蚀变主要沿奥陶系/志留系间的逆冲-推覆断层界面及其下盘分布，宏观上，在构造破碎带内形成大面积面状分布的硅化岩，剖面或钻孔中，硅化岩分段分布，主要集中于断层带内，经红土化残存于红土中。

本期的硅化可能包括两类：主要为在断层带内，岩石经中深层次强挤压剪切形成糜棱岩等构造岩（聂张星等，2015），带内局部形成构造透镜体，高家边组泥质粉砂岩透镜体边缘具糜棱岩化，构造岩经较大范围强烈蚀变，以硅化为主，伴有绢云母化，可形成块状硅化岩（图3-68d，图3-70a、c、d、e）或硅化构造岩，先期形成的构造角砾岩中角砾和胶结物也同时具强硅化蚀变（图3-70g，图3-71c、d）；次为在灰岩等岩石内可形成网脉状硅化（图3-70f）。本期形成的硅化岩可见后期硅化脉穿插（图3-70a、b、d、e），或再经破碎形成新构造角砾岩（图3-70g）。镜下本阶段形成的块状硅化岩中石英多具微晶-隐晶结构、粒径0.05～0.2mm，含量约90%～97%，含约3%绢云母及少量黄（褐）铁矿、碳酸盐矿物等。

早期黄铁矿化难以保留或难以识别，图3-71f瘤状灰岩内网脉状褐铁矿[py1（lm）]可能为本期黄铁矿氧化形成，与硅化细网脉共生，其下为硅化岩、角砾岩（角砾为硅化岩），见金矿体（图3-68c）；本期的绢云母化可见于硅化岩内及志留系泥质粉砂岩构造透镜体或角砾中（图3-71c）。

牛头高家矿段ZK02孔含金蚀变志留系泥质粉砂岩透镜体内的绢云母$^{39}Ar/^{40}Ar$坪年龄156.9±1.6Ma，等时线年龄152±28Ma（聂张星等，2017），可反映本阶段蚀变矿化时代，程檀矿段及路源矿段金矿化蚀变构造破碎带内绢云母$^{39}Ar/^{40}Ar$坪年龄180.89±11.74Ma、175.61±17.69Ma，则反映更早期的逆冲推覆阶段硫化蚀变时代。

2）构造转换阶段（B2）——早期岩浆热液叠加金矿化

晚侏罗世中晚期至早白垩世早期过渡阶段，本区应力场转换为北西-南东向（侯明金等，2007），前期断裂继续强烈活动。燕山早期岩浆活动在本区大和山形成热液型钼矿化，南及西南部程檀、东边及柴山等地形成热液型铅锌矿、夕卡岩型钨钼多金属矿化，东北侧

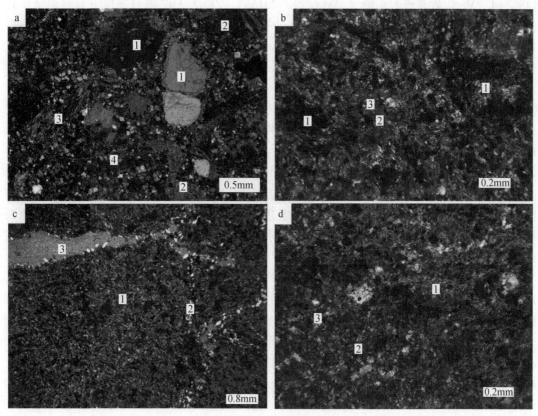

图 3-71　镜下岩石蚀变特征

a. ZKN0402-b1，绢英岩化花岗闪长斑岩：1. 石英斑晶；2. 斜长石斑晶（绢云母化）；3. 黑云母斑晶（白云母化）；4. 基质。b. ZKN0303-b3，黄铁绢英岩化花岗闪长斑岩（已氧化）：1. 呈交代假象斑晶；2. 绢云母；3. 石英，针状暗色矿物疑似毒砂。c、d. ZKN0303-b1，硅化构造角砾岩。其中 c. 角砾：1. 硅化（q1）绢云母化碎裂角砾；2. 微裂隙间充填的石英（q3）；3. 长英质脉蚀变的绢云母及石英（q2）。d. 角砾间硅化绢云母化胶结物：1. 黄（褐）铁矿化、绢云母化微细岩石角砾；2. 硅化（q2）基质；3. 石英脉（q3）

外围见铜锣尖夕卡岩型金铜多金属矿、马石斑岩型铜矿、马头斑岩型钼矿、银坑洞热液型铅锌矿、黄山岭夕卡岩型铅锌钼矿等矿床（图 3-64），牛头高家见花岗闪长斑岩枝、岩脉侵入。区内虽未形成多金属矿床，但可促使金等成矿物质进一步迁移富集。

　　本阶段围岩蚀变主要分布于岩体及其接触带附近。岩体内，岩石斑晶及基质均强烈蚀变，长石蚀变为绢云母，保留其假象（图 3-71a、b）；石英具次生加大现象；黄铁矿多呈浸染状。岩体及碎屑岩围岩部分形成绢英岩或黄铁绢英岩。岩体及围岩内也多见石英脉（图 3-70d），牛头高家矿区石英脉较纯，白色，脉侧可见黄（褐）铁矿（图 3-70a）；外围柴山石英脉见较多黄铁矿，局部见辉钼矿、黄铜矿、闪锌矿等。前阶段于奥陶系/志留系界面断裂内的硅化岩内也见本期硅化，多表现为形成石英大脉（图 3-70c、d、e）或细脉（图 3-70a，图 3-71a），也可能对早期石英微颗粒加大。在其他矿段（点），本阶段形成的黄铁矿多结晶较好，经 NITON XL3t 型手持式合金分析仪检测，含砷较低。

　　ZK02 孔、ZKN0403 孔蚀变花岗闪长斑岩锆石 $^{206}Pb/^{208}U$ 加权平均年龄为 143.8±3Ma、

148.3±1.7Ma 代表其成岩年龄（聂张星等，2016a）。ZK02-AR2 取自断层下盘具弱金矿化的强蚀变花岗闪长斑岩岩脉绢云母^{40}Ar-^{39}Ar 同位素坪年龄 142.1±1.3Ma，等时线年龄137±13Ma（聂张星等，2016b），与岩体锆石^{206}Pb/^{208}U 加权平均年龄 143.8±3.0Ma 值对应，反映本阶段岩浆期后热液蚀变和矿化的年龄。

　　3）伸展滑覆阶段（B3）——晚期混合热液叠加金矿化

　　早白垩世中期主伸展阶段，本区应力场转换为北西-南东向拉伸，伴随东至断裂的较大规模左行平移，本区东部形成一系列左行平移断层，区内其他断裂也再次活动，断裂性质发生变化，其中奥陶系/志留系界面断层由前阶段的逆冲推覆转换为拆离滑覆（聂张星等，2015），形成张性构造角砾岩（图3-68c）。伴随区域上岩浆活动持续，区内形成较大范围低温热液叠加蚀变，金于构造破碎带内最终迁移富集形成原生金矿体，早期侵入的花岗闪长斑岩等岩脉也具不同程度金矿化。上述过程中，奥陶系/志留系界面断层及其他断裂提供重要热液活动通道和赋矿空间；奥陶系/志留系间的硅钙面有利于水岩反应的矿质沉淀。

　　本阶段围岩蚀变大范围分布，在构造破碎带附近尤为强烈，强烈改造前期蚀变岩石，以低温蚀变为主。蚀变以碳酸盐化、黄铁矿化为主，伴有绢云母化及弱硅化。碳酸盐可呈微细网脉状，局部为大脉状（图3-70f），区内以方解石脉为主，程檀和路源等矿段可见较多的铁白云石细脉；早期侵入的岩浆岩也普遍经历碳酸盐化，其中东边闪长玢岩中ZKD0003-b1 碳酸盐矿物可达40%～60%；黄铁矿呈微细脉状及微细粒浸染状，颗粒细小，多呈粉末状，经 NITON XL3t 型手持式合金分析仪检测，含砷高，一般为 $n×10^{-3}$，程檀和路源等矿段多伴有毒砂化。石英多呈微细网脉状，多与黄（褐）铁矿相伴产出，为烟灰色半透明状，切割前期石英脉（图3-70）；在构造角砾岩及胶结物中也见本期石英脉（图3-71d）。本阶段蚀变生成的绢云母颗粒细小，易水化，为了测定成矿年龄多次采集分离其矿物均未成功。与区内低温热液型金（锑）矿化关系密切。

　　石英流体包裹体研究表明，查册桥金矿床属于低温低盐度包裹体，均一温度为 140～200℃，盐度为 0.35%～4.03%，平均值 2.31%（图3-72）；程檀矿段多数为低温低盐度包裹体，存在少数中低温中盐度包裹体，均一温度为 110～245℃，盐度为 6.16%～12.62%；牛头高家矿段成矿期流体包裹体均一温度变化范围为 130～200℃，平均值为164.7℃，流体盐度为 0.35%～4.03%，平均值为 2.31%。两矿段盐度都远远小于20%，成矿流体主要来源于变质热液或大气降水热液。成矿深度按照地压梯度 25MPa/km 计算，公式中 H1 即为成矿深度，查册桥金矿成矿深度变化范围 0.33～0.60km，平均值 0.47km。其中程檀金矿成矿深度变化范围 0.32～0.90km，平均值 0.52km，属浅成热液成矿。

　　通过硫铅同位素研究（石磊等，2015），铅同位素 $μ$ 值为 9.43～9.77，平均值9.60，极差 0.17，相对集中，略高于地壳原始铅 $μ$（9.58）值范围，表明铅源总体具有上地壳物质特征，铅同位素参数 $ω$ 值为 32.81～38.82，平均值 36.81，极差 6.01，总体上低于平均地壳铅的 $ω$ 值（36.84）。

　　铅同位素特征与滇黔桂地区卡林型金矿相比，构造模式及构造源区判别图中（图3-73）点位更离散，也更多地表现为上地壳来源特征，点位离散可能与多阶段叠加成矿，形成不同期次黄铁矿有关。硫同位素分析测试结果显示（表3-14），牛头高家金矿床

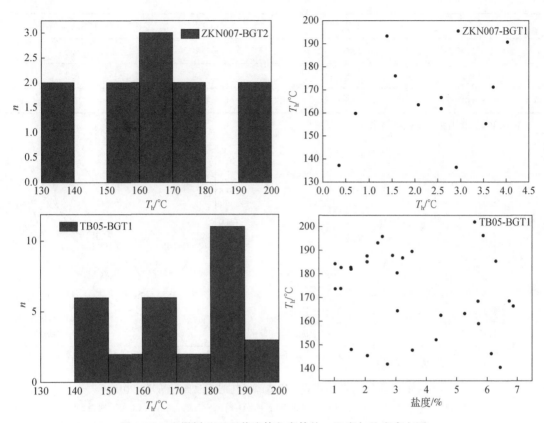

图 3-72　查册桥矿区石英流体包裹体均一温度与盐度直方图

$\delta^{34}S_{V\text{-}CDT}$变化范围 1.8‰ ~ 11.2‰，分布也较为分散，变化范围较大。硫具有三种不同的^{34}S 储库：幔源硫，其 δ^{34}S 值约为 0±3‰；海水硫，其 δ^{34}S 值为 +20‰。上述结果表明，其成矿物质主要来自围岩，部分来自岩浆热液，区内岩浆活动除了本身携带了部分成矿元素外，还对先期形成的矿源层、含矿岩系，甚至矿床（化）中的成矿元素起着改造与转移的作用，并可能指示多阶段矿化特征。

表 3-14　牛头高家金矿床硫化物 S 同位素组成数据表

个数	样品编号	单矿物	$\delta^{34}S_{V\text{-}CDT}$/‰
1	ZKN0303-1	黄铁矿	6.8
2	HS-1	黄铁矿	7.3
3	HS-2	辉锑矿	5.7
4	ZKN0301-1	黄铁矿	6.1
5	ZKN0301-2	黄铁矿	1.8
6	ZKN001-1	黄铁矿	11.2

续表

个数	样品编号	单矿物	$\delta^{34}S_{V-CDT}/\permil$
7	ZKN001-2	黄铁矿	9.6
8	ZK02-1	黄铁矿	6.4
9	ZK02-2	黄铁矿	7.4

测试单位：核工业北京地质研究院分析测试中心。

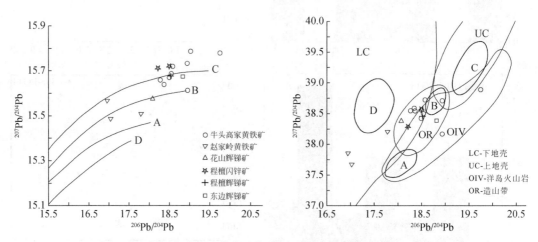

图3-73　铅同位素构造模式及构造源区判别（改自石磊等，2015）

D（LC：下地壳）；A（M：洋中脊玄武岩）；B（O：洋岛玄武岩）；C（UC：上地壳）

氢氧同位素研究表明，成矿流体均表现出岩浆和天水混合热液来源特征（图3-74）。成矿流体的氢氧同位素组成数据集中落在岩浆水与大气降水之间的区域，氧同位素有较小的漂移，表明热液中大气降水的加入。

本区东部谭山岩体花岗岩两个样品的锆石$^{206}Pb/^{238}U$加权平均年龄分别为128.5±1.7Ma和128.3±1.5 Ma（赵玲和陈志洪，2014），可反映侵入主伸展阶段的A型花岗岩时间。本区南部兆吉口铅锌矿细晶闪长岩脉LA-ICP-MS锆石年龄为129.0±2.3Ma和128.4±2.7Ma，徐晓春等（2014）认为铅锌矿化与该期岩浆作用关系密切。牛头高家样品ZK02-AR2矿化花岗闪长斑岩绢云母样经中国地质科学院地质研究所进行$^{40}Ar-^{39}Ar$测年，经过9个温度段加热，其中720~820℃温度段^{39}Ar累计释放73.8%，得到稳定的$^{40}Ar-^{39}Ar$同位素坪年龄142.1±1.3Ma，可能与岩浆期后矿化有关；在121.6±2.8Ma~76.3±3.2Ma释放^{39}Ar约占11%（表3-15）。段留安等（2014）对本区东北抛刀岭金矿研究认为，矿区低温类型金矿可能是成岩成矿过程中大气降水参与，成矿或者受后期花园巩A型钾长花岗岩侵位，使金再次富集而形成；通过对磷灰石裂变径迹研究，田朋飞等（2012）认为缓慢冷却期分组年龄（对应于123Ma、107Ma和86Ma）反映区域上相应的构造热事件，这一年龄结果与牛头高家^{39}Ar后期释放所计算的年龄契合，可能反映本区早白垩世中、晚期低温热液型金矿化叠加成矿的过程（聂张星等，2016b）。

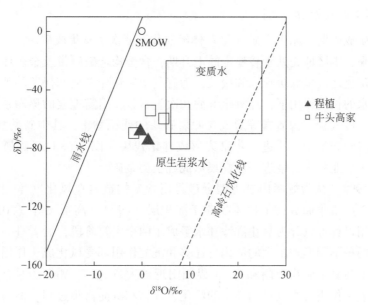

图 3-74　查册桥金矿床 $\delta^{18}O$-δD 相关图

雨水线：$\delta D = 8\delta^{18}O + 10$。高岭石风化线：$\delta D = 7.6\delta^{18}O - 220$。$\delta D(‰) = [(D/H)_样/(D/H)_标 - 1] \times$

$1000;\delta^{18}O(‰) = [(^{18}O/^{16}O)_样/(^{18}O/^{16}O)_标 - 1] \times 1000$

表 3-15　查册桥金矿 ZK02-AR2 绢云母 ^{40}Ar-^{39}Ar 快中子活化年龄测试数据

样品号：ZK02-AR2		测试参数：$W = 30.42\text{mg}$			$J = 0.003060$					
$T/℃$	$(^{40}Ar/^{39}Ar)_m$	$(^{36}Ar/^{39}Ar)_m$	$(^{37}Ar_0/^{39}Ar)_m$	$(^{38}Ar/^{39}Ar)_m$	$^{40}Ar/\%$	F	$^{39}Ar/(10^{-14}\text{mol})$	$^{39}Ar(\text{Cum.})/\%$	年龄/Ma	$\pm 1\sigma$/Ma
700	29.8448	0.0176	0.1105	0.0158	82.56	24.6581	0.54	9.14	131.2	1.4
720	27.9519	0.0044	0.0567	0.0132	95.31	26.6413	1.66	36.92	141.4	1.4
740	28.4192	0.0052	0.2570	0.0134	94.67	26.9090	0.86	51.30	142.7	1.4
760	28.6462	0.0064	0.3617	0.0137	93.48	26.7870	0.68	62.72	142.1	1.4
790	28.6643	0.0055	0.5106	0.0133	94.48	27.0933	0.65	73.56	143.7	1.4
820	28.4699	0.0069	0.3800	0.0135	92.88	26.4504	0.56	82.98	140.4	1.6
850	27.5899	0.0086	0.4232	0.0164	90.87	25.0801	0.35	88.84	133.4	1.5
880	26.6906	0.0134	0.5759	0.0147	85.34	22.7888	0.12	90.78	121.6	2.8
980	27.1030	0.0225	0.3422	0.0194	75.52	20.4751	0.21	94.38	109.6	2.0
1150	34.9828	0.0553	0.2650	0.0261	53.32	18.6569	0.22	98.12	100.2	1.7
1400	51.5373	0.1269	1.1509	0.0445	27.38	14.1219	0.11	100.00	76.3	3.2

注：表中下标 m 代表样品中测定的同位素比值 total age（总气体年龄）= 136.1Ma，$F = {^{40}Ar^*}/{^{39}Ar}$。

　　因此，本阶段矿化为约 130Ma 以后，可能持续至 80Ma 左右，在较长时间内，受区域上早白垩世岩浆侵入影响，在远程低温混合热液叠加改造作用下，最终形成本区原生金（锑）矿化。

3. 红土型金矿成矿期（C）

红土型金矿成矿期，原生金矿（化）体经氧化淋滤次生富集成矿。

新生代以来，本区地壳处于较稳定的上升期，含金构造破碎带及金矿体经长期缓慢剥蚀出露地表，矿化地段呈低缓丘岗和缓坡，为有利于风化壳形成和保留的地貌条件，在大气降水和地球水的长期作用下，经氧化淋滤和次生富集，出露地表的奥陶系至志留系碳酸盐岩及碎屑岩、侵入岩、构造岩等形成含原岩碎块的残积黏土，其中碳酸盐岩形成红土，金矿化硅化构造破碎带中硅质进一步富集形成硅化残块（图 3-68d），碎屑岩及花岗闪长斑岩形成亚砂土、亚黏土，金进一步富集形成红土型金矿。

钟志林（1998）认为蛇屋山红土型金矿是由含矿构造岩在风化（红土化）过程中，矿质发生淋积作用富集而成，主矿体赋存于淀积层（Qp^2）；高帮飞等（2011）认为碳酸盐风化成土作用过程可以分为氧化淋滤和水解成土两个主要阶段，后者进一步分为水解成土和水解迁移两种不同形式，金的活化、迁移和沉淀作用都受风化成土作用过程制约，金的沉淀富集主要与黏土矿物吸附和岩–土界面附近被大量 Fe^{2+}、Mn^{2+} 还原有关。牛头高家红土型金矿在表生作用阶段也具同样金的活化、迁移和沉淀富集过程，但与蛇屋山金矿不同的是，牛头高家矿体不仅赋存于淀积层中，已发现赋存于奥陶系/志留系间逆冲推覆–滑覆构造破碎带内的原生金矿体及赋存于断层下盘红花园组大理岩化灰岩内浸染状原生金矿体，在断层带内可见半氧化矿石（图 3-68c、图 3-70g），因此红土化只是进一步迁移、富集的一种重要形式。

3.5.5　讨论

1. 原生金矿矿床类型

前人对江南过渡带北缘产于寒武系、奥陶系内的金矿床进行了专门的研究，认为包括本区西侧的花山锑金矿、东侧外围里亭金矿及东部同处高坦断裂附近的青阳尹家榨金矿、南陵吕山金矿等属微细浸染型金矿（嵇福元等，1991）；储国正（2010）称其为似卡林型金矿；安徽省地质调查院（2001）将吕山金矿和花山锑矿划归低温热液型（似）卡林型金矿，认为硅化、黄铁矿化均由多期多阶段形成，其中第二硅化由多期次多世代石英细脉穿插第一阶段硅化岩，黄铁矿是主要载金矿物，矿化受奥陶系/志留系间断裂构造控制。

湖北蛇屋山红土型金矿研究较早，该矿不但同样赋存于奥陶系/志留系界面间，地质特征、矿化特征也与牛头高家金矿、青阳尹家榨金矿、南陵吕山金矿相近（聂张星等，2013）。蛇屋山金矿原生金矿化经历三个矿化阶段（虞人育，1994；毛景文等，2012），即早期蚀变阶段、中期蚀变矿化阶段和晚期蚀变矿化阶段，后经淋积作用富集而成。关于其成因类型有红土论和卡林论（蔡鹏捷等，2016），近年多数认为属卡林型金矿（刘施民和黎家祥，1995；刘蕴光等，2012；徐萌萌等，2012）；即使红土论者，都认为红土矿化是风化淋滤作用的结果，均承认原岩微细浸染型金矿化的存在（虞人育，1994；李松生，1998）。

卡林型金矿这一名称最早由美国人 S. 拉德克提出，指产于渗透性良好的角砾薄层碳质粉砂质碳酸盐岩中，呈微细浸染状的金矿床。翟裕生等（2011）将卡林型金矿床概括为：主要产于沉积岩中的微细浸染型金矿床，又简称为微细浸染型金矿。近年研究表明，该类型金矿容矿岩石不仅局限在碳酸盐岩中，在硅质岩、粉砂岩和凝灰岩中也较发育。经过半个多世纪的研究，对其成矿特征已达成共识，但关于成矿机制、成矿背景、成矿模式等方面仍然存在较多争议（杨建鹏等，2013；谢卓君等，2013），也有提出类卡林金矿的概念（李得刚等，2012）。王登红（2000）认为，地层对于成矿的意义不如构造和深源的成矿流体，滇黔桂、陕甘川等卡林型金矿集中区在许多方面可与美国卡林型金矿对比；陈衍景（2013）认为，微细粒浸染型又称卡林型或类卡林型，实为发生于沉积岩中的改造热液成矿系统，其包裹体以大量发育低盐度、低温的水溶液包裹体为特征，提出四个关键地质特征。

如前所述，本区及其所在的高坦断裂带两侧，褶皱及断裂构造强烈，逆冲推覆-滑覆构造发育，中生代岩浆活动强烈，沿高坦断裂存在深部岩浆通道（邵陆森等，2015），成为壳幔混熔岩浆来源，岩浆活动持续时间较长（J_3—K_1），沿高坦断裂带附近大量发育 J_3—K_1 高钾钙碱性、钙碱性斑岩、玢岩及基性、中酸性、酸性岩及岩脉，本区东侧谭山、花园巩等地见早白垩世侵入的 A 型花岗岩，具备有利的卡林型金矿及其他类型金多金属矿成矿地质条件。

就牛头高家金矿及查册桥矿地区多个金（锑）矿床（段、点）而言，前述多阶段成矿作用下形成的原生金矿，均主要受断裂构造控制，其中逆冲推覆-滑覆断裂构造是牛头高家、程檀、路源等矿段及大和山、东边等矿点最重要的控矿构造；成矿与燕山期岩浆活动关系密切，并与一定的岩性层位有关。赋矿层位较多，围岩以不纯的碳酸盐岩、（含碳）细碎屑岩、含碳硅质泥岩为主，部分中酸性脉岩也含矿。近矿围岩蚀变表现为低温蚀变为主、多阶段叠加，黄铁矿化、硅化、绢云母化、碳酸盐化普遍，伴有毒砂化、黏土化，蚀变范围较大，其中硅化可形成硅化岩（硅帽）或（黄铁）绢英岩；矿体多呈似层状、长透镜状，矿体与围岩界线不明显，顶底板围岩也具金矿化；成矿物质主要源自围岩，具多来源特征；成矿热液具中低温、低盐度特点；化探异常为典型的 Au-As-Sb-Hg 组合，矿化以金为主，伴有锑、砷、硫铁；金主要赋存于黄铁矿内，ZKC0403 孔 gb1 样黄铁矿含 Au 122×10^{-6}（原样含 Au 7.6×10^{-6}，黄铁矿含量 7.8%），为微（细）粒金，仅个别人工重砂样见 1 颗自然金（片径 0.07mm×0.01mm）；花山锑金矿除极少量金呈次显微金外，也多以晶格金形式赋存于黄铁矿和毒砂里（杨书桐，1993），与卡林型金矿金主要以不可见金和可见金存在于黄铁矿、毒砂等硫化物中的论点（卢焕章等，2013）一致；原生矿石金属矿物以黄铁矿为主，次为毒砂、辉锑矿，偶见雄黄、辰砂，矿石以浸染状构造为主，次为细脉-网脉状及角砾状构造等。查册桥矿区金矿成矿物理化学参数与国内外卡林-类卡林型金矿及相邻部分其他类型金矿床对比见表 3-16 所示，显示查册桥金矿与典型的卡林型金矿具较大的相似性。因此认为，包括牛头高家矿段在内的查册桥金矿成矿流体具中低温、多阶段、多来源的特征，所形成金（锑）矿主要属卡林型金矿。

表 3-16 卡林型金矿床成矿物理化学参数对比

物理化学特征		美国卡林成矿带[①]	滇黔桂西南金三角[①]	陕甘川西北金三角[①]	湖北蛇屋山金矿[②]	安徽查册桥金矿
流体包裹体	盐度/%	6	6	0.6 ~ 9.4		0.35 ~ 4.03
	温度/℃	160 ~ 250	132 ~ 311	150 ~ 370	150 ~ 250	110 ~ 245
稳定同位素	$\delta^{34}S$/‰	+10 ~ +20	+6.72 ~ +14.7	+6.0 ~ +12.4	−8.3 ~ +24.1	1.8 ~ +11.2
	$\delta^{18}O$/‰	−16 ~ +8	−9.6 ~ −3.3	−3.07 ~ +15.20	+7.74 ~ +34.64	−1.57 ~ +4.6
	δD/‰	−155 ~ −130	−104 ~ −32.30	−131 ~ −32	−50.46 ~ +68.6	−73 ~ −54
成矿深度/km		1.5 ~ 4.5	1.2 ~ 1.6	1.6 ~ 4.0		0.32 ~ 0.90

数据来源：①张复新等（2004）；②刘源骏（2016）。

2. 查册桥地区燕山期多阶段成矿模式及矿化系列

通过对安徽省东至县查册桥—石台县小河一带金多金属矿成矿作用与成矿规律研究，总结其区域成矿规律为：具多源复生、内生为主，多类型共生、成系列组合，多矿种组成、有规律配套，多阶段成矿、燕山期为主特点，由拗陷带向江南古陆成渐次过渡关系，沿高坦断裂带两（多）阶段热液叠加复合成矿具一定特色（聂张星等，2016a）。

翟裕生等（2009）认为，叠加成矿的机理是：具稳定的地球化学场，成矿构造区（带）的重叠，构造-热点长期存在，同生断层多期反复活动，早期成矿系统形成的层状矿石矿物组合作为晚期含矿液体的地球化学障，保存条件良好。叠加成矿作用在长江中下游地区也较广泛存在，常印佛等（2013）划分出震旦—二叠纪海相沉积改造型铁锰铅锌成矿系列和晚石炭世海相沉积-热液型铁铜金银矿床成矿系列；曾普胜等（2004）认为铜陵矿集区铜金矿床叠加改造过程中的"排金效应"形成"下铜上金""内铜外金"的矿床分布格局；铜陵冬瓜山铜矿床的形成经历了同生沉积、热变质、热液交代等多个阶段，也被认为属同生沉积-叠加改造型矿床（郭维民等，2010，2011）。贾大成和胡瑞忠（2001）通过研究滇黔桂地区卡林型金矿床成因，认为其金矿床的形成大致可分为矿源层形成期，叠加改造成矿期可分为两个成矿阶段，即矿质淋滤、迁移富集阶段和矿质沉淀富集阶段。

本区位于长江中下游铁铜金成矿系统（姚书振等，2011）和江南隆起成矿系统间，燕山期成岩成矿作用既受沿江构造岩浆岩带控制，也受皖南构造岩浆岩带影响，在中国东部中生代构造大转折、岩石圈减薄与大规模成矿作用大背景下（毛景文和王志良，2000；毛景文等，2006），沿高坦断裂带又有自身的壳幔混源岩浆源，岩浆活动持续时间较长，引发本区独具特色的多阶段叠加成矿作用。

查册桥地区为在区域有利的成矿背景下金多金属矿化相对集中区，高坦断裂、东至断裂及推/滑覆构造系统的多阶段活动及燕山期持续较长时期的岩浆活动有利于叠加成矿，早期矿胚层的形成及有利的岩性组合也是本区叠加成矿的重要因素。叠加成矿作用同样见于本矿区其他矿段（点）及相邻的柴山、铜锣尖等矿床（点）。铜锣尖金硫多金属矿早期于闪长玢岩与奥陶系仑山组灰岩接触带形成夕卡岩型铜钼矿化及热液型银铅矿化，晚期伴随花岗斑岩、流纹斑岩及正长斑岩等脉岩的侵入，叠加中、低温金硫矿化；柴山矿点则表现为在早期层控夕卡岩型钨钼矿化基础上，于钨钼矿体下部岩体及围岩中叠加金矿化。

受不同区、段成矿条件或成矿亚子系统的制约，其成矿作用不尽相同，经叠加作用在不同矿床（点）、不同矿段表现也有所差异，由此在查册桥地区形成原生矿以卡林型金（锑）矿化为主，伴有（层控）夕卡岩型、岩浆热液脉型金、钨、钼、铅锌、硫铁（地表形成铁帽型铁矿）等矿床（点）组合，外围可见斑岩型、热液型铜、钼、金、多金属矿床（点）（图3-75），所形成的矿床成矿系列主要属于与青白口—二叠系碳酸盐岩-碎屑岩建造及燕山期岩浆活动有关的叠加复合型铜铁硫金银锑多金属矿床成矿系列，在本区内主要为与中酸性、酸性侵入岩及青白口纪—奥陶纪碎屑岩、碳酸盐岩有关的 Au、Ag、Sb 多金属矿床成矿亚系列，区内及外围部分为与燕山期壳幔混合源岩浆侵入活动有关的铜钼钨金银铅锌多金属矿床成矿系列，南侧外围可见江南古陆与构造蚀变岩有关的金矿床成矿系列。

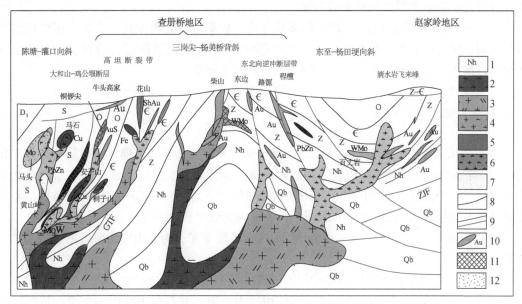

图 3-75　东至查册桥矿区成矿模式

1. 地层代号；2. 闪长岩类岩基；3. A 型花岗岩岩基；4. 花岗闪长岩；5. （石英）闪长玢岩；6. 花岗闪长斑岩；
7. 花岗斑岩；8. 地质界线；9. 区域性断裂及一般断裂；10. 矿体及主要矿种；11. 夕卡岩型；12. 斑岩型

3. 找矿方向

通过前文对牛头高家矿段、查册桥矿区及本区域成矿规律的认识，结合其物化探异常特征，认为牛头高家外围及深部、查册桥矿区及外围均具较大金多金属矿找矿潜力。

（1）牛头高家矿段已发现赋存于断层构造破碎带内及下盘奥陶系灰岩内的原生金矿体。奥陶系/志留系界面形成的逆冲推覆-滑覆断层是重要的控岩控矿构造和赋矿构造，也是较为直接的找矿标志，在牛头高家矿段东西两侧及北侧，可根据断面产状的变化，结合蚀变及物化探异常特征，进一步寻找赋存于该部位的原生金多金属矿。最近已在其毗邻的西峰尖矿区发现原生金矿体，可进一步沿构造界面向东追索寻求更大突破。

（2）查册桥矿区发现的矿化类型较多，经多阶段叠加成矿，不同类型矿床有其自身赋存规律。沿逆冲-推覆断裂等重要的构造界面，蓝田组、黄柏岭组内等含沉积黄铁矿矿胚层和含碳硅质泥岩、碳酸盐岩–碎屑岩建造分布部位是卡林型金锑矿找矿有利地段，如程檀矿段主矿体就是通过理论分析，于前阶段普查后期通过钻探发现，并不断扩大规模，结合物化探异常推测，沿其控矿断层带仍具较大金矿找矿潜力。本区一些燕山期岩浆活动强烈地段，围岩变质、蚀变强烈，区内及邻区已发现层控夕卡岩型、岩浆热液脉型钨、钼、铜、银、铅、锌等矿化，该类矿化在本区也具较大找矿潜力，如东边矿点及其北侧是北东向逆冲断层与近东西向断裂构造复合部位，岩浆活动强烈，结合物化探异常分析，本区是寻找以岩浆作用为主的金多金属矿有利地段。

（3）本区外围，沿高坦断裂带及其两侧，具备与本区相近的成矿地质条件，化探异常呈带状分布，不但已发现有红土型、卡林型金锑矿（化）点，也见有斑岩型、夕卡岩型及岩浆热液型铜、钼、金多金属矿床（点），特别是高坦断裂与其他断裂复合地段，是进一步寻求本区域金多金属矿找矿突破的靶区。

（4）本区已知矿床（段）、矿点深部及外围，成矿条件有所变化，成矿作用特征也可有所不同。结合区域上一些典型矿床的赋矿部位（图 3-75 两侧深部）分析，还应注意寻找夕卡岩型等主要受岩浆作用控制的铜、钨、钼多金属矿床。

3.5.6　小结

（1）牛头高家金矿为多期形成的红土型金矿，其原生金矿在前期形成地质构造和矿化（胚）层背景上，经逆冲推覆阶段、构造转换阶段和伸展滑覆阶段形成，为多阶段叠加成矿作用结果，各阶段对应于区域上燕山期构造热事件，是中国东部中生代构造转换、岩石圈减薄及大规模成岩–成矿作用的缩影，具一定的典型性和代表性。

（2）包括牛头高家金矿在内的查册桥地区金矿原生矿，为燕山期多阶段形成的卡林型金矿。

（3）高坦带两侧跨不同构造单元和不同成矿带，具独特的成矿地质条件，在燕山期大规模成岩–成矿作用中，多阶段叠加成矿作用较为普遍，并与燕山期中国东部构造发展阶段相对应，于不同阶段在不同区可形成不同的矿床类型。

（4）通过对查册桥地区成矿地质条件、已知矿化特征及燕山期多阶段叠加成矿作用的分析，建立成矿模式，显示本区及外围、深部均具较大金多金属矿找矿潜力，其矿化类型不仅局限于卡林型及红土型金矿，夕卡岩型、岩浆热液脉型及斑岩型铜金多金属矿也是重要的矿床类型。

3.6　东至花山金（锑）矿床成矿作用

3.6.1　区域地质背景

花山金矿位于扬子板块北缘，大别造山带和江南造山带的间夹部位。西北与大别造山带相毗邻，南部江南隆起带属江南造山带的一部分。

本区晚古生代以前主要属扬子陆块北部的大陆边缘带，江南断裂以北地区属扬子陆块北缘拗陷带，即下扬子前陆带，其南部为江南隆起带。晚古生代—中三叠世成为大陆内海盆地。中生代进入陆内造山阶段，区域上以高坦为界划为下扬子前陆带和江南隆起带两个次级构造单元，下扬子前陆带对应为大别造山带的前陆变形带，江南隆起带属中生代的隆起带，两者的界线大致位于高坦断裂一线。在江南隆起带北部的江南断裂与高坦断裂之间，早古生代出现沉积相变带，被称为江南过渡带，具多个成矿和赋矿有利层位，燕山期强烈的构造岩浆活动引发本区大规模成矿作用。

1. 地层

本区中元古代至新生代沉积记录较齐全，江南隆起带中以元古宙—早古生代沉积为主，前南华纪沉积一套碎屑岩建造构成了江南隆起带的褶皱基底；下扬子前陆带内南华纪—中三叠世沉积地层出露较连续，代表了扬子陆块稳定的盖层沉积建造。

蓟县纪地层主要分布于南部的江南隆起带，区内称为溪口岩群，主要为一套浅变质的砂岩、页岩，为一套较深水盆地相的浊流沉积和陆棚相、滨岸相沉积。

青白口纪历口群分布于江南古陆北缘，自下而上包括葛公镇组、邓家组、铺岭组和小安里组，主要是浅海相-滨岸相的碎屑沉积，其中铺岭组为一套火山岩系。

南华纪地层主要分布于江南古陆北缘，主要由碎屑岩-冰碛岩的冰海沉积和陆相与滨、浅海相沉积组成。震旦纪地层主要分布于江南古陆北缘，主要为碳质泥岩-碳酸盐岩-硅质岩组成，为陆棚、盆地相沉积。

早古生代寒武纪地层以一套自南东向北西方向由深变浅的陆缘浅海-滨海相碳酸盐硅质沉积为主。本区晚寒武世处在江南地层分区的盆地与下扬子地层分区碳酸盐台地的交接部位，中间出现台地边缘斜坡，地层单位穿时现象较普遍。奥陶纪东南部以盆地、陆棚沉积为主，属江南地层分区；其西北为碳酸盐台地斜坡相沉积，为过渡带地层。志留纪地层为一套浅海相碎屑沉积岩，总体反映水体逐渐变浅的陆棚相-滨海相泥沙质沉积。

泥盆纪至早三叠世地层主要分布于本区北部、西北部下扬子拗陷区，其中泥盆纪地层仅见晚泥盆世五通组，为陆源碎屑沉积；石炭纪地层总体反映水体浅—深—浅的变化，早石炭世地层分布零星，晚石炭世以碳酸盐沉积为主。二叠纪地层包括栖霞组、孤峰组、武穴组、龙潭组及大隆组，为浅—深—浅的碳酸盐夹碎屑岩、硅质岩沉积；早三叠世地层包括殷坑组、和龙山组和南陵湖组，以碳酸盐沉积为主。

区内上述地层层位中，包含多个成矿元素富集层和矿源层，如震旦系蓝田组底部层位及休宁组、皮园村组，寒武系黄柏岭组和荷塘组黑色岩系，奥陶系五峰组黑色页岩等，有时能形成矿甚至矿胚层。

与长江中下游成矿带主带不同，本区主要的赋矿层位自下至上包括蓟县系木坑组（环沙组），青白口系（特别是邓家组-铺岭组），南华系休宁组、南沱组含硅质泥岩，震旦系蓝田组，寒武系皮园村组、黄柏岭组，奥陶系及志留系等。

2. 构造

本区经历了晋宁运动、澄江运动、加里东运动、印支运动、燕山运动和喜马拉雅运动，主要构造基本定型于燕山运动。燕山运动为区内极为重要的构造运动，为板内挤压-

伸展变形阶段，区内以褶皱、强烈块断、多期次岩浆侵入为特点，是区内乃至长江中下游及我国东部地区岩浆活动和内生成矿作用的高峰期。

褶皱主要形成于印支运动期，褶皱线方向以北东 60° 为主，多为紧闭的背、向斜相间的复式褶皱样式。前陆反向冲断带褶皱以北东向线性紧闭褶皱为主，区内属贵池复向斜；江南过渡带内为七都复背斜查区东部复背斜核部见谭山岩体底劈侵入，复背斜走向从西向东从 70° 渐变为 55° 左右。褶皱构造具重要的控岩控矿意义。燕山期岩体多沿背斜核部侵入，褶皱转折端部位及褶皱与断裂构造复合部位是区内重要的赋矿部位。

区内断裂构造以北北东向、北东东-近东西向区域性深大断裂形成的菱形断块构造为主体，次级不同期次一般性断层、推覆-滑覆构造及层间滑脱带为补充；以脆性断裂为主，脆韧性剪切带及层间滑脱带也较发育，其形成时代主要为印支期和燕山中、晚期，江南断裂形成于加里东期。区内主要断裂按其走向分为北北东向、北东向、北东东向-近东西向和北西向五组。

3. 岩浆岩

本区燕山期岩浆作用与陆内造山作用关系密切，以侵入岩为主，岩石类型繁多，大-中-小型岩体均有出露。从区域构造上看，高坦断裂以北为沿江构造岩浆区，岩浆类型属于扬子型，出露少量中基性辉石闪长岩和闪长岩、闪长玢岩、花岗闪长岩、花岗闪长斑岩等小岩株、岩枝；断裂以南为江南过渡带西段，属江南型构造岩浆岩带，其侵入岩岩性以酸性花岗岩类为主，形成复式岩体，次为中酸性花岗闪长岩、闪长玢岩等小岩体（表 3-17）。

表 3-17　皖南地区燕山期花岗岩类岩石谱系单位一览表 （参照 1 : 25 万安庆幅区域地质调查报告）

类型	时代	超单元	单元	岩石类型	主要岩体
江南型	早白垩世	黄山	贡阳山	碱长-钾长花岗岩	谭山、黄山（贡阳山）
			云谷寺	钾长花岗岩	谭山、牯牛降（大历山）、九华山、云谷寺、肖坑
	晚侏罗—早白垩世	九华山	上薪荻	二长花岗岩	谭山、牯牛降（城安）、温泉
			庙前	花岗闪长岩	库山（潘家）、五塘岗、牯牛降（城安）、青阳
扬子型	晚侏罗世	贵池	小河王	石英闪长玢岩	小丁冲、外叶村、里廖、七里湖、柴山、燕子坑、东风岭、周冲
			铜山	花岗闪长斑岩	花山、柴山、牛头高家、马田、铜锣尖、东山王家、梨云岭、戴村、马头、马石、大丁冲、佳山、牌楼

扬子型贵池超单元主要包括小河王单元和铜山单元，东北部见大龙山超单元。贵池超单元属钙碱性系列，（石英）闪长玢岩-花岗闪长斑岩组合，以花岗闪长斑岩为主。该单元主要形成一系列铜、金、银多金属矿化。

江南型包括九华山和黄山两个超单元。分别各划分两个单元。据现有的同位素定年结果，其主要形成时代为晚侏罗—早白垩世，九华山超单元形成于晚侏罗—早白垩世，主体为晚侏罗世；黄山超单元则集中于早白垩世（表 3-18）。区内本超单元组合主要岩体为谭山岩体，次为库山（潘家）岩体、五唐岗岩体等。其中谭山岩体为大型复式侵入体，均为花岗闪长岩–二长花岗岩组合。东北、东及东南部外围分布有花园巩岩体、青阳岩体及牯牛降（城山）岩体等。

表 3-18　研究区燕山期侵入岩岩石类型

单元		岩体	岩石类型	超单元	单元	岩体	岩石类型
贵池超单元侵入岩	小河王	东边	花岗闪长斑岩	江南型超单元	贡阳山	青阳	钾长花岗岩
		小丁冲	辉石石英闪长岩			青阳	花岗岩
		小河王	石英闪长岩			黄山	碱长花岗岩
	铜山	铜山	花岗闪长斑岩		黄山	黄山	钾长花岗岩
		铜山	石英二长斑岩			黄山	钾长花岗岩
		安子山	花岗闪长斑岩		云谷寺	黄山	似斑状钾长花岗岩、中粒钾长花岗岩
		马石	花岗闪长斑岩			谭山	花岗岩
		马头	花岗闪长斑岩		上莸荻	青阳	二长花岗岩
		戴村	花岗闪长斑岩	九华山		大历山	花岗岩
		里廖	花岗闪长斑岩			青阳	花岗闪长岩
		花山	花岗闪长斑岩			城安	花岗闪长岩

3.6.2　矿床地质特征

花山金（锑）矿位于江南过渡带安徽段西段。矿区内除中、上泥盆统和三叠到侏罗系缺失外，南华系—下三叠统均有出露（图 3-76）。矿区地层由老到新依次为寒武系黄柏岭组、杨柳岗组、团山组、青坑组，奥陶系仑山组，志留系高家边组和第四系芜湖组。

区域上，一系列近平行排列构造与北东、北北东向构造交织形成"菱形"网络系统，构成了区内基本构造格局。构造位置处于七都复式背斜之次级三岗尖背斜北翼，香隅–安子山断裂横穿矿区北缘。区域褶皱构造发育较少，仅出现部分不完整的背、向斜。岩浆岩主要为浅成中酸性小岩体，受大型断裂带控制，以青阳和谭山复式岩体为代表。侵入体的长轴受区域构造方向影响，多呈近东西向或北西南东向。据前人研究结果，区域岩浆岩主要为燕山期产物（Gu et al.，2018）。花山岩体处于花山环状航磁异常区。该异常位于张溪镇南，磁场环形特征明显，整体呈等轴状，范围约 17km×17km。中心部位磁异常低缓，向四周逐渐增强，磁场强度增大，并形成局部磁异常。已知花山岩体位于低缓异常区内，周围有里廖等岩体出露。推测低缓异常是由深部隐伏中酸性岩体引起。

花山金（锑）矿位于高坦断裂带南部，东至断裂东部。区域出露震旦系至奥陶系下统。断裂构造发育，主要为一系列近东西向压扭性断层和后期的斜向断层。矿体受近东西向断层控制，主矿体赋存于 F1 压性断层上盘中（图 3-77）。F1 为近东西向断裂，全长 2200m，断层破碎带宽 1～2m，斜切寒武系下统黄柏岭组至上统青坑组。岩浆岩主要为花

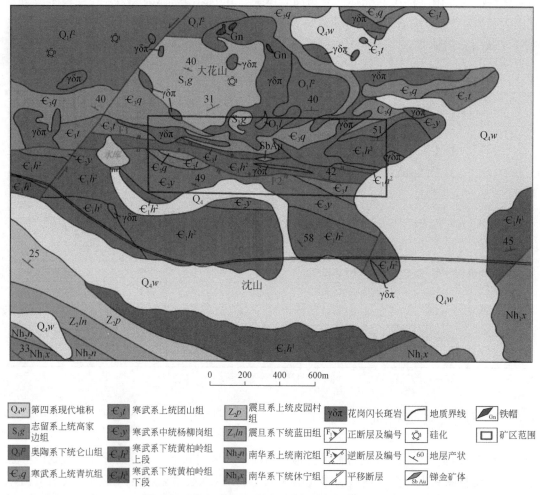

图 3-76　花山矿区地质图（引自吕启良等，2017）

岗斑岩、花岗闪长斑岩、石英闪长玢岩等中酸性浅成相小侵入体。岩体主要呈脉状、小岩墙状出露而分布广泛。在钻孔岩心中见到石英闪长玢岩侵入花岗闪长斑岩中。矿床成因类型属低温热液裂隙充填交代型。主矿体主要呈透镜状、扁豆状，局部见不规则囊状或脉状。赋矿围岩主要为黄柏岭组泥质条带状灰岩、花岗闪长斑岩岩体。小矿体产于 F1 断层破碎带内的次级裂隙中。矿石为致密块状和细脉浸染状辉锑矿。矿石矿物主要为辉锑矿，少量硫锑铅矿、黄铁矿。脉石矿物为石英、方解石、毒砂等。矿物生成顺序为：石英→黄铁矿→硫锑铅矿、辉锑矿、黄铁矿、毒砂、（金矿物）→石英、黄铁矿、方解石。嵇福元等（1991）曾对该矿床成因开展过研究，认为属微细粒浸染型金矿。矿体受花山-洋湖断裂控制（聂张星等，2015），作用与查册桥矿区路源、程檀等矿段一致，处于同一成矿体系。

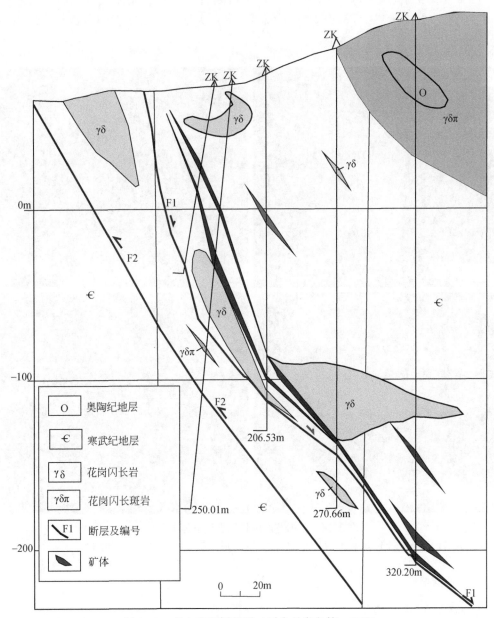

图 3-77　花山矿区剖面图（引自吕启良等，2017）

3.6.3　与金矿成矿有关的花岗闪长斑岩地球化学特征

1. 岩相学特征

采集了风化蚀变较为不强烈，又与矿体空间上较为相关的岩浆岩样品。采集的岩石类型为花岗闪长岩。岩石成灰白色，斑状结构，块状构造。斑晶为斜长石（20% ~ 40%），石英（5%～10%），黑云母（3%～15%）和角闪石（5%），基质成分为石英（15%～20%），长石（20%～35%）。副矿物（3%～5%）为锆石、磷灰石和黄铁矿。岩石整体遭受较强的风化蚀变（图3-78）。

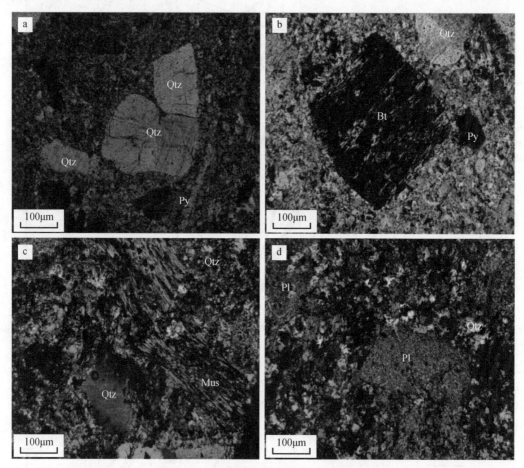

图3-78　花山花岗闪长斑岩镜下显微照片

a和b拍摄于单偏光镜下；c和d拍摄于正交偏光镜下。Qtz. 石英，Pl. 斜长石，Bt. 黑云母，Mus. 白云母

2. 分析结果

1）全岩主量元素分析

样品中 SiO_2（69.4%～70.6%）和烧失量 LOI（6.14%～6.59%）含量较高，表明其经历了较强烈的风化蚀变作用。同时 Na_2O（0.05%），CaO（2.09%～2.36%），MgO（1.54%～1.78%）和 K_2O（4.33%～4.58%）含量也较低。在 QAF 图解（图3-79a）中，落在了石英二长岩和富石英花岗岩类的区域中。SiO_2-K_2O 图解（图3-79b）显示，属于钙碱性和高钾钙碱性序列。在花岗岩分类图解中，花山岩体属于 I 型花岗岩，这与前人研究结果一致（图3-79c、d）。在 Harker 图解（图3-80）中，Al_2O_3、TFe_2O_3、P_2O_5 和 TiO_2 的含量与 SiO_2 的含量成负相关关系，说明在岩浆演化过程中存在斜长石、黑云母和其他副矿物的分离结晶。

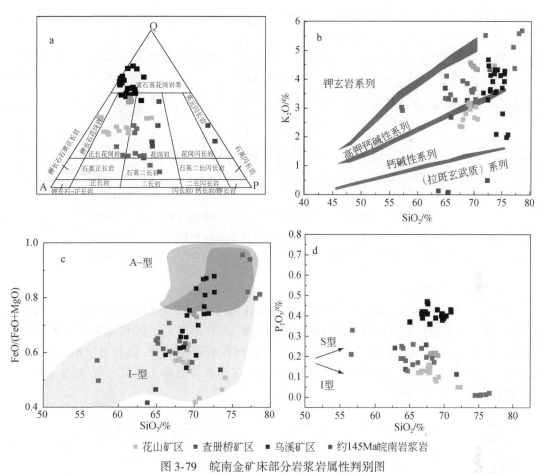

图 3-79　皖南金矿床部分岩浆岩属性判别图

a. QAP 图解，引自 Streckeisen，1976；b. SiO$_2$- K$_2$O 判别图解，引自 Peccerillo and Taylor，1976；Middlemost，1985；c. SiO$_2$-FeO/（FeO+MgO）图解，引自 Frost et al.，2001；d. SiO$_2$-P$_2$O$_5$图解，引自 Chappell，1999。

引用数据来源：沈欢喜等，2016；李双等，2015；Song et al.，2014；Yang et al.，2014

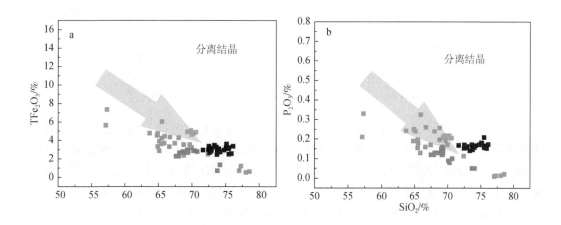

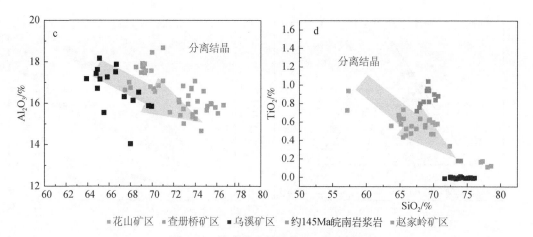

图 3-80　皖南花山等岩体 Harker 图解

（数据来源：沈欢喜等，2016；李双等，2015；Song et al.，2014；Yang et al.，2014）

2）全岩微量元素分析

花山金矿相关的花岗闪长斑岩中稀土总含量较低（$\sum$REE 含量在 $101.7 \times 10^{-6} \sim 127.4 \times 10^{-6}$）。稀土元素球粒陨石标准化配分图解呈右倾型（图 3-81a），轻稀土相对富集重稀土亏损，并且（La/Yb）$_N$ 值较高（$14.4 \sim 18.2$），同时具有轻微的 Eu 负异常（δEu = 0.72 ~ 0.86）。花山岩体的稀土元素特征与皖南同期其他花岗岩体的稀土元素特征类似（Song et al.，2014；沈欢喜等，2016）。

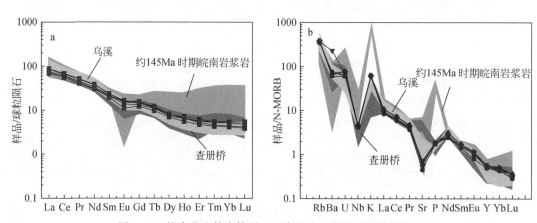

图 3-81　皖南花山等岩体稀土元素配分及微量元素蛛网图解

（数据来源：沈欢喜等，2016；李双等，2015；Song et al.，2014）

花山岩体微量元素含量除强烈亏损 Sr 元素外，其他元素特征与皖南地区同期花岗岩体微量元素类似（图 3-81b）。前人研究数据显示皖南其他岩体均具有 Sr 含量轻微正异常（Song et al.，2014；沈欢喜等，2016），因此，认为花山岩体的 Sr 同位素亏损可能是强烈的风化蚀变造成的。花山岩浆岩富集轻稀土元素（U）亏损高场强元素（Nb、P、Ti、Y），显示出大陆地壳的特征，可以被解释为加入的陆壳的物质（Condie，1982）。

3）锆石 U-Pb 年代学分析

选择三个花岗闪长斑岩样品（15HS02、15HS03、15HS04）用于挑选锆石进行实验。挑选出的锆石均为自形、棱柱状且无色透明。阴极发光（CL）图像显示锆石（图 3-82）具有清晰的振荡环带，说明这些锆石为岩浆锆石。部分锆石中含有继承核，部分继承核具有震荡环带结构（图 3-82）。

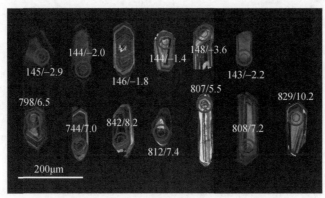

图 3-82　皖南花山岩体锆石阴极发光（CL）图解

标注 U-Pb 年龄（Ma）和 $\varepsilon_{Hf}(t)$ 值

样品 15HS02 中的锆石测试结果协和度较高，其加权平均年龄为 145.9±2.0Ma（图 3-83b）。样品 15HS03 和 15HS04 中锆石 U-Pb 年龄协和度较低，仅有少量数据符合要求（图 3-83c、d），平均年龄分别为 148.3±9.5Ma 和 144±11Ma。锆石继承核的 $^{206}Pb/^{238}U$ 年龄均在 790～900Ma，平均年龄为 803±29Ma（图 3-83a）。其中，具有震荡环带结构的继承锆石，其 Th/U 值约为 0.5～0.6，指示为岩浆锆石；无震荡环带结构的继承锆石的 Th/U 值约为 0.3，说明为变质锆石。

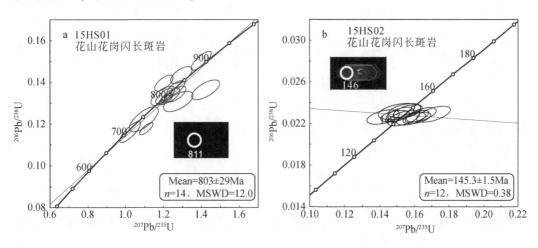

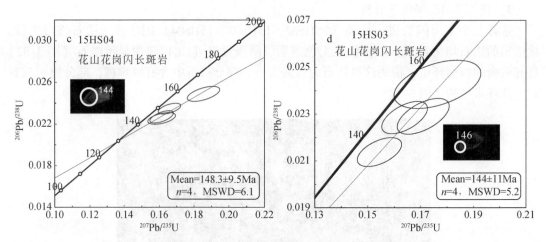

图 3-83　皖南金矿花山等岩体 LA-ICP-MS 锆石 U-Pb 年龄协和曲线

继承锆石, 15HS02, 15HS04 和 15HS03

花山岩体中锆石具有相对较高的稀土元素含量（$3088 \times 10^{-9} \sim 5051 \times 10^{-9}$），同时，继承锆石中稀土元素含量也很高（$4909 \times 10^{-9} \sim 9571 \times 10^{-9}$）。富集重稀土亏损轻稀土。相较于继承锆石核，燕山期锆石（$144 \sim 148$Ma）具有更强烈的 Ce 正异常和相对较轻微的 Eu（$\delta Eu = 0.52 \sim 0.70$）负异常，指示花山岩体具有较高的氧逸度。

4）锆石 Lu-Hf 同位素分析

花山花岗闪长斑岩的 Lu-Hf 同位素数据显示，大多数锆石的 $^{176}Lu/^{177}Hf$ 值低于 0.002，说明锆石形成后具有较低的放射成因 Hf 积累。因此，$^{176}Hf/^{177}Hf$ 值可以表示所研究的锆石的初始 Hf 含量（Amelin et al., 1999；吴福元等, 2007a）。花山岩体燕山期锆石的 $\varepsilon_{Hf}(t)$ 值为 $-11.48 \sim 1.08$，二阶段 Hf 模式年龄（t_{DM2}）为 $1130 \sim 1928$Ma；锆石继承核的 $\varepsilon_{Hf}(t)$ 值为 $-5.51 \sim 12.69$，二阶段 Hf 模式年龄（t_{DM2}）为 $903 \sim 1360$Ma（图 3-84）。

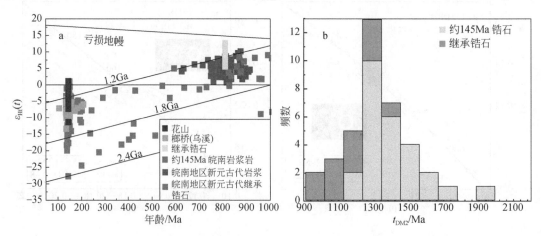

图 3-84　皖南金矿花山等岩体 Lu-Hf 同位素图解

a. $\varepsilon_{Hf}(t)$ -年龄图解；b. 花山岩体锆石及继承锆石核二阶段模式年龄频数分布直方图。引用数据来源：李双等,

2015；Song et al., 2014；Yang and Zhang, 2012；Wu et al., 2006；Zheng et al., 2008

5）磷灰石成分分析

花山磷灰石 CaO 含量为 54.67% ~ 56.84%，P_2O_5 含量为 42.12% ~ 43%。较高的 F 含量 2.17% ~ 4.05%，介于沉积磷灰石（约 2.21%）和火山磷灰石（约 4.06%）之间（王璞等，1987），属于氟磷灰石。同时，磷灰石还具有较低的 Cl 含量（0.08% ~ 0.54%）。磷灰石总稀土元素含量 $\sum REE$ 为 $1311 \times 10^{-6} \sim 3992 \times 10^{-6}$，$\delta Eu$ 值为 0.48 ~ 0.78（图 3-85）。

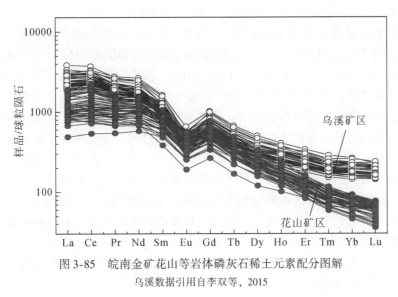

图 3-85　皖南金矿花山等岩体磷灰石稀土元素配分图解
乌溪数据引用自李双等，2015

3.6.4　花山金矿相关岩体成因

花山金（锑）矿处于江南过渡带西部，北邻长江中下游成矿带贵池矿集区。

1. 金矿相关岩体的形成时代

长江中下游地区成矿相关的岩体年龄集中在 148 ~ 106Ma，可进一步细分为三期岩浆作用。①高钾钙碱性中酸性岩（148 ~ 135Ma），包括闪长岩、花岗闪长岩。主要分布于断隆区（常印佛等，1991），与 Cu-Au-Mo-Fe 成矿作用紧密相关。②火山岩盆地中的白垩纪次火山岩（135 ~ 123Ma），包括辉石闪长玢岩等喷出岩。主要分布于断凹区的火山岩盆地中（任启江等，1991），与玢岩型铁矿的成矿作用相关。③A 型花岗岩（约 120Ma），主要分布于长江中下游地区两侧带状区域内，断隆区与断凹区均有分布（邢凤鸣和徐祥，1999），包括石英正长岩、碱性花岗岩等。主要与金矿化有关。

根据前人统计（Song et al.，2014），江南过渡带（贵池地区）岩浆岩年龄主要集中在以下三个时期：①147 ~ 135Ma，主要为花岗闪长（斑）岩，代表岩体为青阳岩体、牛背脊、戴村岩体等，与 W-Mo-Pb-Zn 矿化相关（百丈崖、高家榜 W-Mo 矿）。②130 ~ 120Ma，主要为花岗（斑）岩，具有 A 型花岗岩特征（古黄玲，2017）。代表岩体为九华岩体、花园巩岩体、谭山岩体等。该期岩体与成矿相关性较小，主要与少量 W-Mo-

Fe- Pb- Zn- Ag 矿化相关。③115~110Ma，主要为花岗质岩体，侵入前两期岩体之中，与成矿无关。

花山闪长斑岩的形成年龄为 144~148Ma，与江南过渡带贵池地区的早期（147~135Ma）W- Mo- Pb- Zn 矿化相关的花岗闪长（斑）岩，以及长江中下游早期（148~135Ma）Cu- Au- Mo- Fe 成矿相关的闪长岩类岩浆岩，处在同一期次的岩浆作用中。同时，还统计了东至花山地区周围的金矿相关岩体的形成年龄，结果显示此类岩浆岩形成年龄均在 138~148Ma 之间（聂张星等，2016a；李双等，2015）。

花山岩体中还发现了大量继承锆石，它们的年龄在 790~900Ma 之间，平均年龄为 803±29Ma，属于新元古代的产物。前人研究贵池地区其他同期岩体时也发现了大量的继承锆石（Yang and Zhang，2012；Song et al.，2014；徐晓春等，2014）。这些继承锆石中部分具有震荡环带结构，说明其为岩浆来源。在研究区南部的皖南地区，发育一系列新元古代花岗岩体，如歙县岩体、许村岩体等。这些岩体的锆石 U- Pb 年龄为 800~850Ma 左右，具有 S 型花岗岩的特征。被认为是在地壳碰撞加厚的过程中，先期变质沉积的火山物质再次发生熔融形成。同时，皖南地区还出露新元古代中–基性火山岩，以铺岭组灰绿色安山岩为代表。其形成年龄在约 750Ma。通过其地球化学成分、构造背景，以及对比下伏滨海相地层，前人认为铺岭组的形成环境与大陆边缘岛弧环境接近（马荣生等，2001）。花山岩体中继承锆石的形成年龄与新元古代花岗岩和安山岩形成时期一致，说明花山地区燕山期岩浆岩在形成过程中有新元古代地壳物质的加入。花山地区及邻区兆吉口（徐晓春）岩浆岩中还发现少量太古宙—古元古代年龄的继承锆石，但这些锆石的协和度较低，暗示研究区之下可能存在古老地壳基底。

2. 矿化蚀变对花山岩体成分的影响

花山金（锑）成矿相关花岗闪长斑岩与成矿紧密联系，普遍矿化，经历较为严重的蚀变。因此评估蚀变对地球化学数据的影响有着重要的意义。岩体中活动性元素比如 K、Na、Rb、Sr 等元素的含量可能会因为受到热液蚀变的作用而发生改变。将通过烧失量（LOI）与活动性元素之间的相关关系来判断蚀变对岩体中不同元素含量的影响（图3-86）。

在图 3-86 中，可以发现岩体中活动元素含量与烧失量（LOI）之间确实存在相关关系。其中 K_2O（图 3-86a）含量与烧失量（LOI）呈负相关，Na_2O（图 3-86b）含量与烧失量（LOI）呈正相关，暗示岩体经历了不同程度蚀变过程，如钠长石化。并且，对于某个特定的岩体，这些岩石的 K_2O（图 3-86a）的含量变化并不大，因此在这里使用 $K_2O\text{-}SiO_2$ 地球化学判别图解较为可靠。然而，这些岩石的全碱含量（K_2O+Na_2O）与烧失量（LOI）呈强负相关关系，且变化范围较大（图 3-86c），因此，将不使用 TAS 判别图来判断岩石类型，而使用 QAP 图解（图 3-79a）来进行岩石类型的判断。同时，岩体中 CaO（图 3-86d）含量与烧失量（LOI）呈正相关，说明了碳酸盐化蚀变的影响。此外，活动性微量元素与烧失量（LOI）之间的相关性也很明显（图 3-86e、f），这意味着这些岩体中这些元素的含量已经被改变，不能用来讨论岩浆岩的形成过程。因此，主要用非活动性的元素来讨论岩浆活动的成因。

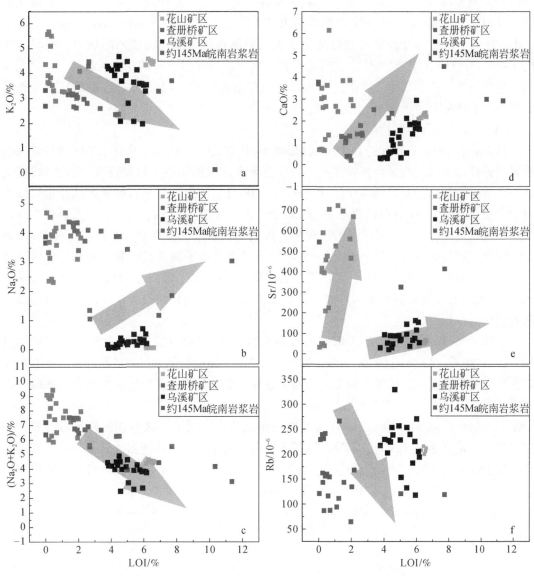

图 3-86　皖南花山等岩体元素含量与烧失量（LOI）图解

引用数据来源：沈欢喜等，2016；李双等，2015；Song et al.，2014

3. 岩石成因判别

1）岩石类型

花岗岩由于来源、演化过程多种多样，而导致其具有众多类型，且不同类型之间差异较大。目前比较通用的分离方案为 S 型、I 型和 A 型花岗岩。S 型花岗岩是由沉积物经过部分熔融形成。I 型花岗石是由火成（岩浆）物质部分熔融形成。两者在矿物组成和岩石地球化学等方面都具有不同的特征（Chappell，1974）。A 型花岗岩是一种产于裂谷带和稳定大陆板块内部的花岗质岩石，这类花岗岩通常具有非造山期的、碱性的和贫水的特点。

花山花岗闪长斑岩与邻区同时期金矿相关岩体具有相似的地球化学特征，相似的演化规律，反映出这些岩浆岩具有相似的成因和形成过程。在 FeO/（FeO+MgO）-SiO$_2$ 图解中（图3-79c），研究区内岩浆岩的地球化学投点都落在了 I 型花岗岩的区域内。同时，在 P$_2$O$_5$-SiO$_2$ 图解中（图3-79d），这些岩浆岩表现出的各元素成分的相关性趋势与 I 型花岗岩的趋势一致。说明江南过渡带（池州段）及皖南地区 138~148Ma（燕山期）的金相关岩体均为 I 型花岗岩。

2）岩浆演化及源区特征

从 Harker 图解（图3-80）中可以看到岩体中 TFe$_2$O$_3$、Al$_2$O$_3$、P$_2$O$_5$、TiO$_2$ 含量随 SiO$_2$ 含量的升高而下降，均呈负相关关系。表明在岩浆演化的过程中可能存在辉石、钛铁矿、磷灰石等矿物的部分分离结晶作用（王强等，2003）。其中，斜长石的分离结晶也可以通过岩体中 Al$_2$O$_3$ 与 SiO$_2$ 含量的负相关关系验证。同时稀土元素 Eu、Sr 在斜长石晶格中可以替代二价钙离子，在斜长石结晶的过程中会进入斜长石中，使得剩余熔体中出现 Eu 负异常。因此，研究区内岩浆岩中 Eu、Sr 负异常也可能指示了斜长石的分离结晶。应该注意的是，除了斜长石的分离结晶，源区斜长石残留也可造成 Sr 和 Eu 元素的负异常。Song 等（2014）在研究贵池地区成矿岩体时，认为在该地区岩浆演化的过程中，地壳物质混染也起着重要的作用。

在 Ta/Sm-Ta 图解中（图3-87a），在研究区岩浆岩形成的过程中存在部分熔融的过程。（Gd/Yb）$_N$-（La/Yb）$_N$ 图解（图3-87b）也展示了相似的部分熔融过程。石榴子石是在岩浆形成过程中唯一能使中重稀土之间发生分异的造岩矿物。在源区发生部分熔融时，若存在石榴子石残留，岩浆中（Gd/Yb）$_N$ 和（La/Yb）$_N$ 值会相应升高（Blundy and Wood，1994）。岩体（Gd/Yb）$_N$ 和（La/Yb）$_N$ 值的正相关关系说明了源区存在石榴子石残留。如前所述，微量元素 Sr 和 Eu 的负异常说明源区也可能存在斜长石残留。岩浆岩源区同时存在斜长石和石榴子石，可能为石榴子石+斜长石稳定区，据此推测研究区岩浆岩的形成压力应该为中等压力（0.8~1.2GPa），部分熔融源区深度应该小于40km。

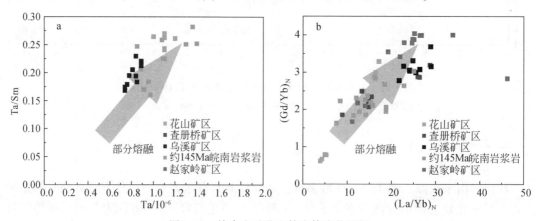

图3-87　皖南金矿花山等岩体演化图解

a. Ta/Sm-Ta 图解；b.（Gd/Yb）$_N$-（La/Yb）$_N$ 图解。引用数据来源：沈欢喜等，2016；

李双等，2015；Song et al.，2014

锆石 Lu-Hf 同位素显示花山花岗闪长斑岩的 $\varepsilon_{Hf}(t)$ 值为 $-11.48 \sim 1.08$，二阶段 Hf 模式年龄（t_{DM2}）为 $1130 \sim 1928Ma$，主要集中在 $1130 \sim 1700Ma$，变化范围较小（图3-84）。皖南乌溪金矿地区的 138Ma 金矿相关岩浆岩也具有相类似的 Hf 同位素（李双等，2014），邻区贵池地区其他同期岩浆岩 Hf 同位素的 $\varepsilon_{Hf}(t)$ 值和二阶段 Hf 模式年龄也大体与花山岩体一致（Song et al.，2014）。研究区内该期岩浆岩中均发现大量继承锆石，年龄均在 $800 \sim 1000Ma$ 左右，且部分具有震荡环带。这些继承锆石的 Hf 同位素与燕山期锆石 Hf 同位素大致在同一条演化线上，说明它们可能为同源，均来自于中-新元古代物质。扬子板块北缘出露太古宙结晶基底，如崆岭群和董岭群（张少兵和郑永飞，2007；Chen and Xing，2016）。而花山岩体和乌溪岩体中（李双等，2014），仅发现少量协和度较低的太古宙继承锆石，大部分继承锆石的年龄集中在 $700 \sim 1100Ma$，暗示其主要来源于扬子板块中-新元古代褶皱基底（如皖南溪口岩群）。另外，前人利用 Sr、Nd 同位素研究贵池燕山期岩浆岩（Song et al.，2014）。其结果显示，在 $^{87}Sr/^{86}Sr(t)$-$\varepsilon_{Nd}(t)$ 图解中（图3-88a），样品点落在亏损地幔（DM），扬子板块下地壳、上地壳之间，与研究区南部江南造山带中-新元古代基底溪口岩群同位素成分接近；在 $\varepsilon_{Nd}(t)$-年龄图解中（图3-88b），岩浆岩与溪口岩群在同一条演化线上。

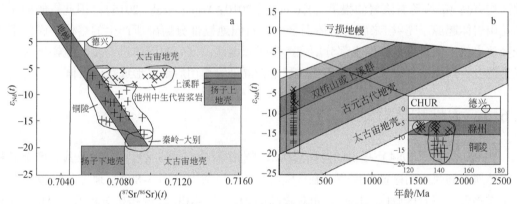

图3-88 贵池地区燕山期成矿相关岩体 Sr-Nd 同位素图解

a. $^{87}Sr/^{86}Sr(t)$-$\varepsilon_{Nd}(t)$ 图解；b. $\varepsilon_{Nd}(t)$-年龄图解。引用自 Song et al.，2014

3）岩浆形成机制

对于长江中下游燕山期成矿岩体的成因，已经有了广泛讨论。目前主要有以下几种观点：①（拆沉）加厚下地壳部分熔融（Wang et al.，2006）；②俯冲洋壳部分熔融（Ling et al.，2009；Liu et al.，2010；Sun et al.，2010）；③幔源玄武岩部分熔融形成熔体后经 AFC 过程形成（Li J W et al.，2009；Wang et al.，2004；Xie et al.，2008）；④幔源岩浆和壳源岩浆的混合作用（王强等，2003；王元龙等，2004）；⑤新元古代俯冲改造的岩石圈地幔再熔融（Wang et al.，2015）。对于江南过渡带贵池地区成矿岩体成因也有以下几种观点：①起源于有限俯冲沉积物贡献的俯冲太平洋洋壳部分熔融，在上升过程中与富集地幔发生相互作用，并混染了古老地壳物质（古黄玲，2017）；②来源于包含格林威尔期古老洋壳物质的下地壳的部分熔融（Yang and Zhang，2012）；③下地壳与上地壳的部分熔融产生的熔体混合后形成（Song et al.，2014）。

研究区内金成矿相关岩体主要形成于 138 ~ 148Ma。目前在研究区内没有发现同期玄武质岩浆岩。在邻区长江中下游火山岩盆地中的玄武质岩体，如辉长岩和碱性火山岩，形成时间相对于研究对象也较晚（131 ~ 125Ma）（周涛发等，2008）。另外，岩体中的 MgO 含量仅在 1% 左右，与幔源岩浆的 MgO 含量相比较低。因此排除区内成矿相关岩体直接来源于地幔部分熔融的可能性。洋壳部分熔融形成的岩浆岩通常具有埃达克岩的性质（Defant and Drummond，1990）。埃达克岩为一种特殊的中酸性岩浆岩，根据地球化学成分定义，其特征为高 Sr 低 Y，较高的 Sr/Y、La/Yb 值，缺乏 Eu 的负异常。而花山及其周边类似岩体表现为低 Sr 低 Y 及相对较低的 Sr/Y 值（Sr/Y = 3 ~ 5），具有明显的 Eu 负异常（全岩 δEu = 0.72 ~ 0.86、锆石 δEu = 0.52 ~ 0.70、磷灰石 δEu = 0.48 ~ 0.78）。以上特征与埃达克岩不符，因此，不是洋壳部分熔融的产物。花山岩体源区属于斜长石和石榴子石的稳定区，属于中等压力、中等厚度地壳的环境，与加厚下地壳部分熔融相关。前人对贵池地区青阳花岗闪长岩体的野外观察发现其包含闪长质暗色包体和淬冷边（Xu et al.，2010），显示出典型的岩浆混合特征。在中国东部地区，壳幔相互作用在晚侏罗世—早白垩世成矿相关岩体的形成过程中起到了重要的作用（周涛发等，2008；蒋少涌等，2008；王强等，2003；Xie et al.，2009）。在研究区以北的长江中下游成矿带和以南的江南造山带地区均有高 Mg 幔源岩浆岩的报道（Liu et al.，2010；Wang et al.，2015）。因此，倾向于认为花山岩体起源于壳-幔来源的熔体混合。岩石圈地幔部分熔融所产生的熔体，底侵下地壳释放出热，使得下地壳发生部分熔融产生壳源熔体。该壳源熔体进一步与地幔来源熔体发生混合，产生的母岩浆经历分离结晶和地壳混染等作用后最终形成花山岩体。

3.6.5　大地构造背景

在 Pearce 等（1984）提出的花岗岩构造判别图解中（图 3-89），花山及其邻区金矿相关岩体属于岛弧和同碰撞花岗岩。在 Yb_N-$(La/Yb)_N$ 图中（图 3-89），地球化学投点落在了正常岛弧岩浆岩区域内。此外，相对较高的 Th、U、REE 含量和相对较低的 Nb、Ta 和 Ti 含量说明这些岩浆岩在地球化学成分上具有典型的岛弧岩浆亲缘关系，其源区受到了板块俯冲的影响。

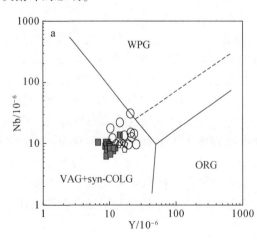
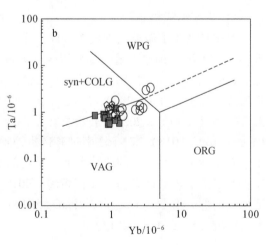

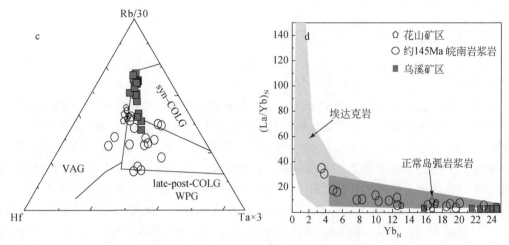

图 3-89　皖南花山等岩体构造背景判别图解

a. Y-Nb 判别图解；b. Yb-Ta 判别图解；c. Hf-Ta×3-Rb/30 判别图解；d. Yb$_N$-(La/Yb)$_N$ 判别图解。late-post-COLG. 碰撞晚期–碰撞后花岗岩；WPG. 板内花岗岩；VAG. 火山弧岩浆岩；ORG. 洋中脊花岗岩；syn-COLG. 同碰撞花岗岩。引自 Pearce et al., 1984；Defant and Drummond，1990。引用数据来源：李双等，2015；Song et al.，2014

中–新元古代时期，扬子板块与华夏板块之间的古大洋板块开始发生俯冲。随着古大洋的俯冲消减，两板块之间逐渐发生碰撞并拼贴结合形成了如今的华南板块（Zhang et al.，2013）。碰撞过程中，在扬子板块东南由于碰撞挤压作用形成了江南造山带，其基底是由早新元古代（970～825Ma）绿片岩相火山沉积序列（如皖南溪口岩群）、中新元古代（825～815Ma）过铝质花岗岩（如皖南许村岩体、歙县岩体、休宁岩体）、不整合上覆的中新元古代（725～750Ma）浅变质沉积序列（如皖南历口群）和晚新元古代震旦系（<750Ma）未变质沉积盖层组成。其中，早新元古代的火山–沉积序列由砂岩、粉砂岩、页岩、火山岩和凝灰岩组成。而火山岩的成分包含了拉斑玄武岩、安山岩、英安岩和流纹岩（Wang et al.，2004）。研究表明，这些火山岩具有岛弧来源的地球化学特征，可能形成于岛弧环境（Wang et al.，2004，2007；Li et al.，2009；Zhang et al.，2013）。尽管还有观点认为该火山岩形成于地幔柱环境（Li X H et al.，2003；Li X H et al.，2008；Li Z X et al.，2008；Wang F Y et al.，2011；Wang X C et al.，2012），但扬子板块东南缘出露的两条新元古代蛇绿岩带更加佐证了其来源于岛弧环境的观点（Zhang et al.，2013）。如前所述，研究区内金矿相关岩体的来源可能包含中–新元古代基底（溪口岩群）部分熔融的产物。其岛弧来源的地球化学特征可能是对其母岩性质的继承与保留。

另外，在中生代时期，随着太平洋板块向欧亚大陆的俯冲，中国东部地区在侏罗纪时期逐渐演变为活动大陆边缘（Maruyama et al.，1997；Sun et al.，2007，2010；Liu et al.，2010；Deng et al.，2016；Ling et al.，2009）。部分学者认为，长江中下游燕山期成矿中酸性岩体的成因与古太平洋的俯冲过程有关（Sun et al.，2007；Ling et al.，2009；Liu et al.，2010）。根据地球物理资料（吕庆田等，2004），早白垩世时期，长江中下游地区处于大陆边缘岩浆弧的内陆一侧。因此，不能排除古太平洋板块俯冲造成花山岩体具有岛弧岩浆岩性质的可能性。

3.6.6　成矿指示意义和成矿模型

1. 花山燕山期岩体与金矿成矿相关性

卡林型金矿属于低温热液型矿床，它与泥质碳酸盐岩的去碳酸盐化蚀变紧密相关，通常受区域构造或地层控制。金主要以固溶体或微小颗粒形式赋存于微细浸染型黄铁矿或白铁矿中。1961 年，卡林型金矿在美国内华达地区被发现，并首次被确立为新的成矿类型。目前世界上典型的卡林型金矿产区为美国内华达地区，是世界上第二大金矿产出地区。除美国之外其他地区也发现部分金矿具有卡林型金矿特征，如我国的滇黔桂和陕甘川金三角地区（Li and Peters, 1998；Cline et al., 2005；Su et al., 2009）。内华达卡林型金矿研究较成熟，但对其成矿模式以及 Au 的来源仍然存在争议：①岩浆-热液模型，Au 主要来源于岩浆（Muntean et al., 2011；Large et al., 2016）；②非岩浆模型，Au 主要来源于地壳，通过大气降水或变质水来源的热液运移（Cline et al., 2005）。随着研究手段的发展，越来越多的证据显示卡林型金矿的成矿与岩浆岩有着紧密的联系：①精确的年代学证据显示内华达地区金矿与该地区始新世的时空分布具有一致性（Cline et al., 2005；Heitt et al., 2003；Ressel and Henry, 2006；John et al., 2008）；②成矿流体包裹体氢氧同位素显示有岩浆热液参与成矿（Cline et al., 2005；Heitt et al., 2003）；③成矿期黄铁矿 S 同位素具有岩浆和沉积来源混合的特征；④黄铁矿 LA-ICP-MS 分析显示其具有岩浆热液相的元素特征（Williams-Jones and Heinrich, 2005）；⑤流体包裹体 LA-ICP-MS 微量元素特征具有岩浆来源的性质（Large et al., 2016）。Muntean 等（2011）根据最新获得的数据资料，认为卡林型金矿成矿物质来源于岩浆，他们将金的矿化与始新世大洋板块的浅俯冲造成的岩浆活动和区域伸展活动联系了起来。始新世伸展时期，美国内华达地区软流圈上涌底侵了被俯冲作用改造的下地壳岩石圈地幔，产生岩浆。岩浆上升并在地壳浅部 10~12km 的部位释放出含金成矿流体。该成矿流体含有较高的硫化氢以及金（铜）等元素含量，在上升过程中经历了相变并且与大气降水发生了混合。混合后的成矿流体在近地表几千米处溶解了碳酸盐岩围岩，使其发生硫化，最终沉积了大规模的含金黄铁矿。

江南过渡带安徽段沿高坦断裂等区域性断裂发育一系列类卡林型金锑矿床，产于碳酸盐岩中的微细浸染型含金黄铁矿中。池州东至地区具有代表性的金矿为花山金（锑）矿及其东邻的查册桥金矿。查册桥金矿空间上与花山金矿紧密相邻，受同一或相似的控矿因素控制（聂张星等，2017），成矿与燕山期岩浆岩在空间上紧密相关，具可对比性。聂张星等（2017）对查册桥金矿中成矿相关的蚀变花岗闪长斑岩中绢云母进行了 ^{40}Ar-^{39}Ar 年龄分析，结果显示蚀变岩金矿石绢云母坪年龄为 156.9±1.6Ma，等时线年龄为 152±28Ma；矿化强蚀变花岗闪长斑岩绢云母坪年龄 142.1±1.3Ma，等时线年龄 137±13Ma。与花山花岗闪长斑岩和查册桥花岗闪长斑岩锆石 U-Pb 年龄基本一致（聂张星等，2016a），指示矿化与花岗闪长斑岩同期形成。前人对于花山（嵇福元等，1991）和查册桥（聂张星等，2017）成矿期流体包裹体氢氧同位素研究显示成矿热液具有多源特征，并以岩浆来源热液为主。研究区燕山期岩浆岩分布和低温热液型金矿均受区域性断裂控制，大致呈线状分布。花山矿区处于花山环状航磁异常区，推测由深部隐伏岩体引起。环形异常的形成，一般认为是在岩体侵入过程中，岩浆受围岩特定构造控制，使得深部岩浆沿周围的次级断裂继续上侵，从而在浅部形成岩株和岩枝，由此在较大的异常周围形成环状局部异常。在这种有利的环境下，有利于形成工业矿床，为重要的找矿标志。综上，花山地区金矿成矿与该地区燕山期中酸性岩浆岩存在时空成因联系。

2. 花山燕山期岩体成矿潜力

人们普遍认为，高氧逸度的熔体对斑岩型铜金矿化十分有利（Mungall，2002；Audéta et al.，2004；Oyarzun et al.，2001；Ballard et al.，2002；Kelley and Cottrell，2009；Lee et al.，2012；Sun et al.，2011，2013，2015）。氧化还原条件控制着硫的种型。由于不同种型的硫在岩浆中的溶解度不同，因此氧化还原条件进而影响硫在岩浆中的溶解度。亲铜元素，如Cu、Au 和 Mo 等的地球化学行为受到岩体中硫化物含量的影响。这些元素与岩浆中的硫化物相高度相容，与硅酸盐相和氧化物相则不相容（Ballard et al.，2002）。硫含量较高的岩浆，更加容易将地幔中的亲铜元素如铜金等，萃取到岩浆中，上升带至地表。因此，岩浆中硫含量越高，越利于成矿（Ballard et al.，2002；Mungall，2002）。低氧逸度条件下，硫主要以硫化物的形式存在（S^{2-}），硫化物在熔体中的溶解度较低。在这种情况下，熔体在早期会分离结晶出硫化物相，亲铜元素如金和铜会强烈地进入岩浆硫化物相中。如果岩浆经历了早期硫化物饱和，铜和金元素会进入硫化物中沉淀下来，不会参与到后期的岩浆-热液系统中，从而不利于成矿。高氧逸度条件下，硫元素主要以硫酸盐形式存在，在岩浆中，硫酸盐的溶解度高于硫化物，进而会使岩浆中硫含量升高，造成亲铜元素含量也同步升高。因此，高氧逸度的岩浆更加富集 Cu、Au 和 S 元素。更加容易形成铜金矿床。

稀土元素 Ce 和 Eu 在岩浆演化的环境中可以以多种价态存在，如 Ce^{4+}、Ce^{3+} 和 Eu^{2+}、Eu^{3+}。在氧逸度越高的岩浆中，Ce^{4+}/Ce^{3+} 以及 Eu^{3+}/Eu^{2+} 值越大。不同价态的离子进入副矿物锆石或磷灰石中的难易程度不同。因此，锆石和磷灰石中的 Ce^{4+}/Ce^{3+} 和 Eu_N/Eu_N^* 值可以用来判断岩浆的氧化还原状态。花山和乌溪矿区中岩浆岩锆石的 Ce^{4+}/Ce^{3+} 和 Eu_N/Eu_N^* 值与智利和德兴高氧逸度成矿岩体投在一个区域内，说明它们具有较高的氧逸度。

在古俯冲过程中形成的下地壳弧岩浆源区残留物可能在一定程度上含有大量的亲铜和亲铁元素硫化物，这些硫化物可能为在后期重熔过程中形成的富金岩浆岩提供金属物质（Richards，2009；Lee et al.，2012；Chiaradia，2014）。Lee 等（2012）研究了美国加州东部地区下地壳辉石岩捕房体。在陆弧条件下的捕房体含有硫化物固体包裹体，总的 Cu 含量变化较大，总体上比原始地幔的 Cu 含量高。Lee 等（2012）认为弧岩浆深处根部的辉石岩堆积岩是唯一富 Cu 等亲硫元素的源区，在特殊情况下，软流圈上涌等作用释放出的热如果能造成这类弧底部残留发生高程度部分熔融，产生富含 Cu 等亲硫元素的岩浆。

目前人们认识到，在大规模的火山岛弧运动停止后，仍存在一些较为独立的弱碱性、贫硫的成矿岩体。这些成矿岩体主要来源于受早期俯冲改造的弧相关的岩石圈。受后期构造运动如俯冲后岩石圈加厚、岩石圈伸展或岩石圈地幔拆沉等作用的影响，改造的岩石圈地幔或含水下地壳早期岛弧的堆积岩残留会再发生部分熔融形成含有一定数量的亲铜元素或亲铁元素硫化物的熔体，为后期含水、富金且相对贫硫的成矿岩浆提供成矿物质（Richards，2009）。Hou 等（2017）通过对扬子板块西缘 Beiya 富金斑岩型矿床新生代岩体中下地壳角闪岩和石榴子石角闪岩捕房体的研究，来了解克拉通边缘岩石圈受古俯冲改造的过程。这些扬子板块西缘岩体中的下地壳捕房体可以被认为是受后期变质改造了的新元古代岛弧岩浆岩基部的源区残留堆积岩。研究结果显示这些下地壳物质具有相对较高的成矿金属含量，这些成矿物质应该是在新元古代俯冲过程中富集形成的，并且一直被保留完好，为后期重熔成矿提供了成矿物质来源。因此证实被再次活化的克拉通边缘发生重熔产生的含矿岩浆岩可以为后期的 Au 成矿系统，尤其是非岛弧构造背景下的 Au 成矿系统提供成矿物质。

Wang 等（2017）认为 Grenvillian 时期，在扬子板块和华夏板块之间的俯冲过程中富集金属物质的年轻地壳的形成是后期大规模 Cu-Au 矿化的关键。研究表明，中生代德兴超大型斑岩型 Cu-Au 矿成矿母岩可能来源于新元古代俯冲改造的岩石圈重熔（Wang et al.，2015）。在江南造山带地区发现了新元古代时期古老的 Cu-Au 矿床，如 Tieshajie 和平水火山块状硫化物铜矿，说明在古俯冲时期确实存在 Cu-Au 成矿物质的富集（Wang et al.，2015；Li J W et al.，2009）。

花山金（锑）矿和皖南其他金矿主要位于扬子板块东南缘江南造山带地区。前人对于该地区成矿岩体地质及地球化学研究发现主要为 I 型花岗岩，Lu-Hf 同位素显示其主要来源于新元古代物质。Yang 和 Zhang（2012）认为贵池地区下地壳中包含 Grenvillian 时期的洋壳碎片，这部分新元古代古洋壳物质可能含有成矿物质，其中生代重熔产生的岩浆有利于成矿。花山金（锑）矿成矿相关岩体及皖南乌溪斑岩型金矿成矿岩体也显示出新元古代物质来源。根据上文讨论，认为研究区燕山期成矿岩体是在古太平洋俯冲的条件下引发新元古代改造的岩石圈发生部分熔融形成的，成矿母岩对研究区热液型金矿不仅提供了热能驱动力，也可能提供了部分成矿物质。

3. 区域地质条件对成矿的影响

研究区低温热液矿床均发育于区域大型构造断裂附近。构造成为区内重要控矿因素，表现为金多金属矿床（点）沿高坦断裂等地区性断裂带附近成带分布，并在不同方向区域性构造复合部位聚集；矿区主要的控矿构造包括：北东东-近东西向和北东向断裂、层间构造破碎带和拆离断层、褶皱枢纽倾伏及转折端、岩体的侵入构造等。以花山矿区为例，花山地区北侧出露一条东西走向的硅化带。表现为奥陶系下统仑山组白云岩及奥陶系下统红花园组生物碎屑灰岩强烈硅化，原岩结构构造破坏，硅化强烈处为次生石英岩。硅化带地表出露与区域性高坦断裂位置基本一致，推测这一强烈硅化带指示隐伏的高坦断裂。高坦断裂带及其附近发育有多处矿床、矿点，如赵家岭、查册桥、昌山等。而高坦断裂的次级断裂 F1 即为花山矿床的容矿构造，其主矿体及次要矿体均位于 F1 断层及其上盘次级裂隙中。

区内大部分地层中锑含量远大于克拉克值（刘英俊等，1984），尤其以黄柏岭组为最（张德，1999），是克拉克值的 90 倍。其中，含锑量最低的杨柳岗组其锑含量也为克拉克值的 60 倍（表 3-19）。因此地层可能为花山金（锑）矿中锑元素的主要来源。原生晕剖面反映本区震旦系蓝田组-寒武系黄柏岭组中金元素丰度值普遍高，均高于金的克拉克值。梁发辉（1992）系统研究了江南造山带元古宇—寒武系，认为溪口岩群、井潭组、休宁组、雷公屋组和蓝田组地层含有较高的 Au 含量。杨书桐（1993）在研究安徽中-新元古代基底地层中同沉积外生黄铁矿时发现单个黄铁矿内部存在 Au 等元素含量分布的差异。

黄铁矿核部含有较高的 Au、Sb 和 As 含量，而边部元素含量相反。成分分布不均的原因可能是热液变质作用造成的，热液可能将成矿元素从同沉积黄铁矿边部萃取运移至适宜位置成矿。因此，研究区地层也可能是矿床成矿物质源区之一。

表 3-19　南沱组—青坑组中 Sb、S 丰度

地层	Sb/10^{-6}	S/10^{-2}	样品数/个	地层厚度/m
南沱组	5.76	0.074	9	不详
蓝田组	10.36	0.415	14	147
皮园村组	14.55	0.028	4	49
黄柏岭组	18.12	0.289	15	516
杨柳岗组	3.17	0.129	33	360
团山组	13.4	0.092	9	161
青坑组	13.8	0.068	12	254
克拉克值	0.2	0.026		

4. 成矿模型

在元古宙时期，扬子板块和华夏板块之间的洋壳开始发生俯冲。在这个阶段皖南地区的岩石圈形成并受俯冲变质作用的影响而发生一些成矿金属元素的富集。这些富集成矿物质的岩石圈在地质历史时期被很好地保留；在中生代时期，古太平洋板块开始向中国东部地区下方俯冲。俯冲过程使得岩石圈发生部分熔融产生熔体。熔体后来经过分离结晶和地壳混染作用最终形成研究区金矿相关岩浆岩；从成矿岩浆岩中分离出来的成矿流体含有一部分成矿物质。同时岩体产生的热能驱动成矿流体发生运移，从地层中进一步萃取成矿物质。当这些成矿流体运移到成矿有利部位（如断层）即发生沉淀形成矿床（图 3-90）。

3.6.7　小结

以上通过对花山金（锑）矿床成矿相关岩体以及矿石矿物地球化学研究，结合前人研究结果，主要得出以下结论：

（1）花山岩体为花岗闪长斑岩，经历较严重蚀变。在地球化学性质上具有相对较高的 Th、U、REE 含量和相对较低的 Nb、Ta 和 Ti 含量，说明这些岩浆岩在地球化学成分上具有典型的岛弧岩浆亲缘关系。其源区受到了板块俯冲的影响。

（2）花山闪长斑岩的形成年龄为 144～148Ma，与江南过渡带贵池地区的早期（147～135Ma）W-Mo-Pb-Zn 矿化相关的花岗闪长（斑）岩，以及长江中下游早期（148～135Ma）Cu-Au-Mo-Fe 成矿相关的闪长岩类岩浆岩，处在同一期次的岩浆作用中。

（3）花山岩体具有较低的 Sr、Eu 且 (Gd/Yb)$_N$ 值和 (La/Yb)$_N$ 值存在负相关关系，推测花山岩体源区存在石榴子石和斜长石残留，形成深度为中等深度，对应于一个较厚的地壳。继承锆石核的 U-Pb 年龄和锆石 Lu-Hf 同位素显示，岩浆可能来源于元古宙物质。

（4）花山和乌溪矿区中岩浆岩锆石的 Ce^{4+}/Ce^{3+} 和 Eu_N/Eu_N^* 的值与智利和德兴高氧逸度成矿岩体投在一个区域内，说明它们具有较高的氧逸度。具有很大的成矿潜力。

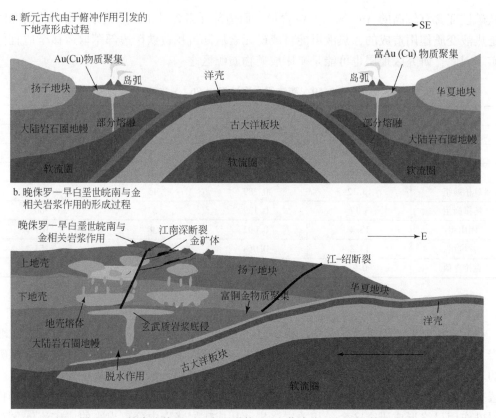

图 3-90　皖南晚侏罗—早白垩世构造–岩浆演化及与金矿等多金属
矿床成矿的关系（以花山 Au-Sb 成矿为例）

a. 古俯冲改造岩石圈（引自 Wang et al., 2015；Zhao, 2014）；b. 中生代皖南地区金矿相关岩体的形成

（5）在元古宙时期，位于扬子板块和华夏板块之间的洋壳俯冲改造皖南地区之下的岩石圈使其富集金属元素如 Cu 和 Au。中生代时期，古太平洋板块俯冲引发富集岩石圈发生部分熔融。产生的岩浆将 Au 等成矿元素带至地壳浅部，为浅部热液成矿系统提供驱动成矿流体移移的热能以及部分成矿物质。

（6）花山金（锑）矿中，金主要以不可见金形式存在。Au 在黄铁矿中以微小包裹体颗粒自然金形式存在。而在毒砂中，Au 未饱和，可能以固溶体形式存在于毒砂的晶格中。

3.7　贵池乌石金矿点地质特征

3.7.1　区域地质特征

1. 地层

出露地层较简单，主要为志留系中下统地层及少量第四系全新统。其中志留系包括高家边组和坟头组地层。下统高家边组（S_1g）：底部为深灰、灰黑色含硅质页岩互层夹少量含碳页岩；下部为灰绿、黄绿色页岩、粉砂质页岩夹岩屑石英细砂岩、泥质粉砂岩；中部为黄绿、灰绿色泥质粉砂岩、粉砂质页岩夹泥质石英细砂岩；上部为灰绿、黄绿色页岩、粉砂质页岩夹岩屑石英细砂岩、泥质粉砂岩。中统坟头组（S_2f）：主要分布于矿区西部及南部，占据矿区一半的区域；上部为黄绿、灰绿色岩屑石英细砂岩夹粉砂质页岩、泥质粉砂岩；下部为黄绿、灰绿色粉砂质页岩夹泥质粉砂岩、岩屑石英细砂岩。

2. 构造

1) 褶皱构造

位于乌石背斜东段核部，背斜轴向约 40°，轴面近直立，核部地层为志留系下统高家边组地层，两翼为志留系中统坟头组地层，两翼地层产状南翼 38°~50°，北翼 30°~55°，乌石至青草凹一带为乌石次火山岩体所吞噬隔断。

2) 断裂构造

断裂主要为六峰山–马头断层，该断层区域长 17km 以上，规模较大，走向 10°~30°，断层面倾向北西，倾角较陡，局部达 80°；断层斜切北东向褶皱，造成两侧不同时代地层相抵，断层具多期活动性，沿断层发育断层破碎角砾岩带，带宽数米至数百米，性质为左旋平移压扭性断层，最大错距约 1km。区内为乌石次火山岩及乌石花岗闪长斑岩侵占，断层带结构面性质不太明朗，大致沿岩体南东侧经过，走向 20°左右，造成岩体南东侧围岩相对北移，岩体附近岩石较破碎，且围岩的产状紊乱，附近的石英闪长玢岩脉呈线性分布的特征（方位 20°）。接触带两侧岩石具硅化、高岭石化等强烈蚀变，蚀变带呈北北东向线性分布。

3. 岩浆岩

1) 侵入岩

五岭岩体：位于矿区东北部，面积大于 67km²，大部分在勘查区外，勘查区内面积不足 0.10km²，主要岩性为钾长花岗岩，肉红色，中–粗粒花岗结构，块状构造，主要矿物成分为钾长石、斜长石、石英及少量黑云母等；属 SiO_2 过饱和过碱性岩石，具偏酸性富碱性特征；副矿物相对简单，主要为锆石、磁铁矿，少量榍石、磷灰石；稀土元素特征为轻稀土富集型；与维氏值相比，微量元素中 Cu、Pb、Zn、W、Mo 等亲硫元素和 Sc、Nb、Hf 等稀有元素及黑金属元素 Cr 含量偏高，但分布不均匀。

乌石岩体：分布于勘查区东南部，出露面积约 3km²，呈北北东向的透镜状展布，岩性为花岗闪长斑岩，主要矿物有斜长石、石英及黑云母、角闪石等，斑状结构，斑晶主要由斜长石、石英、黑云母等组成，其中斜长石、角闪石、黑云母均已蚀变为绢云母等形成假象斑晶，基质具鳞片状结构，主要由石英、斜长石组成；主要副矿物为锆石、金红石、磷灰石、榍石等；岩体侵入接触面大致倾向北西，倾角 65°左右。岩体具较强的硅化、绢云母化蚀变，其次是黄铁矿化及高岭土化蚀变，并具金矿化，围岩为志留系中下统粉砂岩、页岩。

2) 次火山岩

乌石次火山岩：位于勘查区中北部乌石—青草凹一带，呈条带状分布于北北东向断裂带中，北东向延出勘查区外，出露面积约 1km²。岩石以次粗面岩、角砾状次粗面岩为主，局部见熔结火山碎屑-火山碎屑岩；岩石具硅化、高岭土化蚀变。围岩为志留系中统坟头组砂页岩；局部为志留系下统高家边组粉砂质页岩；围岩蚀变以硅化、绢云母化为主，蚀变带宽度 10~30m。区内岩体倾向北西，上接触面倾角 74°，下接触面倾角 27°。

次粗面岩：呈浅红色-紫红色，块状构造，斑状结构，斑晶主要为蚀变长石、黑云母及石英，基质主要由微粒状正长石、石英组成，正长石微晶具定向分布，构成粗面结构，主要副矿物有锆石、磷灰石等。

角砾状次粗面岩：为肉红色，具角砾构造，角砾主要为粗面岩及少量围岩角砾，角砾呈棱角-次棱角状，砾直径 1~5mm 不等，胶结物由隐晶质石英及高岭石、绢云母组成。

3）脉岩

区内脉岩较多，其中主要的脉岩为石英正长斑岩及石英闪长玢岩，少量花岗闪长斑岩。

4. 蚀变类型

变质作用主要为接触热变质，沿断裂带发育构造角砾岩、糜棱（片理化）岩等动力变质。

硅化：普遍发育，尤以构造破碎带中发育最明显，表现为角砾岩中原岩硅质组分次生加大或后期硅质交代，使岩石结构致密坚硬，角砾界线不清。局部表现为石英细脉充填。

绢云母化：多分布在侵入岩中，表现为原岩中长石、黑云母和角闪石大部分转变为绢云母，黑云母和角闪石被交代时析出铁质，形成由黄铁矿、绿泥石、绢云母组成的晶体假象。

黄铁矿化：主要发育在构造破碎带内及岩浆岩接触带附近的岩石中，黄铁矿呈显微-细粒，自形-半自形单晶及不规则状浸染状分布于岩石中，局部形成近平行分布的黄铁矿细脉。风化后形成孔洞或褐铁矿，局部形成"铁帽"。

上述黄铁矿化、硅化、绢云母化与本区金矿化关系较为密切，另外在岩体内部与黄铁矿化伴生的还有绿泥石化、高岭土化和不同程度的碳酸盐化、钾化等蚀变作用。

5. 矿（化）体地质特征

乌石金多金属矿主要矿化为金矿化，目前仅发现一条金矿化体，主要分布于矿区中部的花岗闪长斑岩岩体中。矿（化）体形态地表呈似层状产出，走向北北东，倾向北西西，倾角约 60°；金矿（化）体主要赋存于花岗闪长斑岩岩体内部或边缘，顶板主体为石英闪长玢岩，底板主要为碎裂状花岗闪长斑岩。通过地表追索，矿（化）体沿走向延长大于160m，矿体厚度约 4m。金元素富集与硅化破碎带关系密切，黄铁矿化较强并伴有强硅化、绢云母化的地段，金矿化较好，相反则金矿化差。金矿（化）体规模主要受硅化带规模控制。

沿区内花岗闪长斑岩体中部（10 线至 16 线）发育三条碎裂硅化蚀变带。三条硅化蚀变带近平行分布，走向约 15°~25°，硅化蚀变带长约 300~400m，宽约 15m。经探槽拣块取样化验，蚀变带内均有一定金矿化。

Ⅰ号金矿体（TC141 控制）金品位 $1.00×10^{-6}$~$2.26×10^{-6}$，平均 $1.58×10^{-6}$，两侧围岩石英闪长玢岩岩脉及花岗闪长斑岩中金品位多在 $0.50×10^{-6}$~$1.00×10^{-6}$ 之间，目前工作

程度尚不能圈出单独的工业矿体。而岩体与砂岩接触带及附近矿化较明显，但金品位均小于 $1.0×10^{-6}$，东接触带中段蚀变带中拣块样最高品位为 $2.78×10^{-6}$，但矿化不均匀。西接触带南段一般品位为 $0.5×10^{-6}~1.0×10^{-6}$。

3.7.2　与成矿有关的岩浆岩年代学及地球化学研究

1. 锆石 LA-ICP-MS U-Pb 年代学

样品 PDL-5 来自乌石花岗闪长斑岩体。锆石多为无色透明–浅黄色自形晶体，多为长柱状，长宽比多为 1∶1~3∶1。CL 照片显示多数锆石震荡环带发育，为典型岩浆成因锆石。20 个分析锆石点均落在谐和线上，$^{206}Pb/^{238}U$ 年龄范围集中在 133~147Ma 之间，加权平均年龄为 140.1±1.8Ma，代表乌石岩体成岩年龄，与抛刀岭含矿斑岩形成时代一致。另外有 5 颗捕获继承锆石落在谐和线上，$^{206}Pb/^{238}U$ 年龄分别为 171Ma，274Ma，453Ma，663Ma 和 1106Ma（图 3-91b）。

样品 PDL-4 来自抛刀岭西侧的花园巩花岗岩体。锆石多为无色透明–浅黄色自形晶体，多为长柱状，长宽比多为 1∶1~3∶1。CL 照片显示多数锆石震荡环带发育，为典型岩浆成因锆石。19 个分析锆石点均落在谐和线上，$^{206}Pb/^{238}U$ 年龄范围集中在 119~131Ma，加权平均年龄为 124.5±1.4Ma，代表花园巩岩体成岩年龄（图 3-91c）。

样品 PDL-7 来自乌石村西侧的石英正长岩脉，该脉岩呈北东–南西向带状分布。锆石多为无色透明–浅黄色自形晶体，多为长柱状，长宽比多为 1∶1~3∶1。CL 照片显示多数锆石震荡环带发育，为典型岩浆成因锆石。17 个分析锆石点落在谐和线上，$^{206}Pb/^{238}U$ 年龄范围集中在 115~125Ma，加权平均年龄为 120.0±2.0Ma，代表该正长岩体成岩年龄（图 3-91d）。

所有锆石稀土元素配分均显示典型的轻稀土亏损，重稀土富集，Ce 正异常、Eu 负异常的特征（图 3-92）。抛刀岭含矿斑岩、乌石矿化花岗闪长斑岩锆石稀土总量（REE）相似，范围为 $350×10^{-6}~1200×10^{-6}$。而来自花园巩钾长花岗岩和乌石石英正长岩的样品锆石稀土总量明显高于前者，变化范围为 $1800×10^{-6}~4400×10^{-6}$。花园巩和乌石正长岩锆石部分显示较高的轻稀土富集特征，可能是在分析锆石时混入部分富轻稀土矿物（磷灰石）或包裹体。通过晶格应力模型计算获得锆石的 Ce^{4+}/Ce^{3+} 显示了抛刀岭含矿斑岩和乌石矿化花岗岩锆石具有较高的 Ce^{4+}/Ce^{3+}，变化范围为 123~1445，平均值为 528；而后期的花园巩和乌石正长岩 Ce^{4+}/Ce^{3+} 偏低，平均范围分别为 150 和 273；乌石正长岩锆石 Ce^{4+}/Ce^{3+} 变化极大，可能显示了锆石结晶时氧逸度变化大。与 Ce^{4+}/Ce^{3+} 相对的 Eu/Eu^* 显示了更明显的区别，含矿的抛刀岭玢岩和乌石斑岩均具有较高的 Eu/Eu^*，平均值为 0.58；而后期的花园巩和乌石正长岩锆石 Eu/Eu^* 均值为 0.25。锆石 Ti 温度计计算显示，矿化斑岩具有较低的形成温度，均值为 652℃，而后期正长岩形成温度较高，均值为 722℃（Duan et al., 2018a）。

2. 岩石地球化学特征

乌石矿化斑岩与抛刀岭含矿斑岩具有相似的地球化学特征，表现为富硅、富铁、富

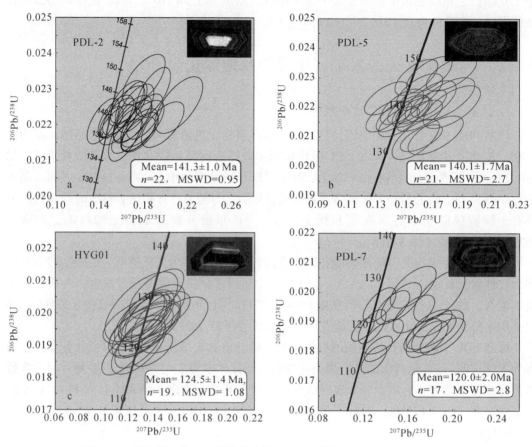

图3-91 抛刀岭—乌石一带岩浆岩锆石 U-Pb 年龄（Duan et al.，2018a）

钾，富集大离子亲石元素（K、Rb、Ba、Pb），贫 Mg、亏损高场强元素（Nb、Ta、Ti）；稀土元素配分上，轻重稀土分异明显，显示典型的轻稀土富集，重稀土亏损特征；相对于下地壳，含矿斑岩均显示明显的 Sr、Ti 负异常和弱的 Eu 负异常。乌石粗面岩显示较为宽广的 SiO_2 变化范围，富 Al_2O_3 高 K_2O，富集大离子亲石元素，亏损高场强元素（Nb-Ta-Zr-Hf）。相对于抛刀岭含矿斑岩、乌石矿化斑岩，乌石粗面岩具有更高的稀土含量和微量元素特征；但是在稀土和微量元素配分模式上与抛刀岭含矿斑岩相似，显示 Eu 的负异常，轻稀土富集、重稀土亏损等特征（Duan et al.，2018a）。

花园巩和乌石正长岩体相对稍晚于抛刀岭和乌石斑岩，即含矿斑岩体早于不含矿岩体约20Ma。地球化学特征上显示富 SiO_2（72%～74%），富碱（K_2O+Na_2O 8.6%～9.8%），贫铁、镁等特征；稀土配分图解上显示明显的 Eu 负异常，轻重稀土分异弱于抛刀岭和乌石斑岩；微量元素蛛网图上，其高场强元素 Nb-Ta-Zr-Hf 富集，显示弱的正异常或正异常（图3-93）。

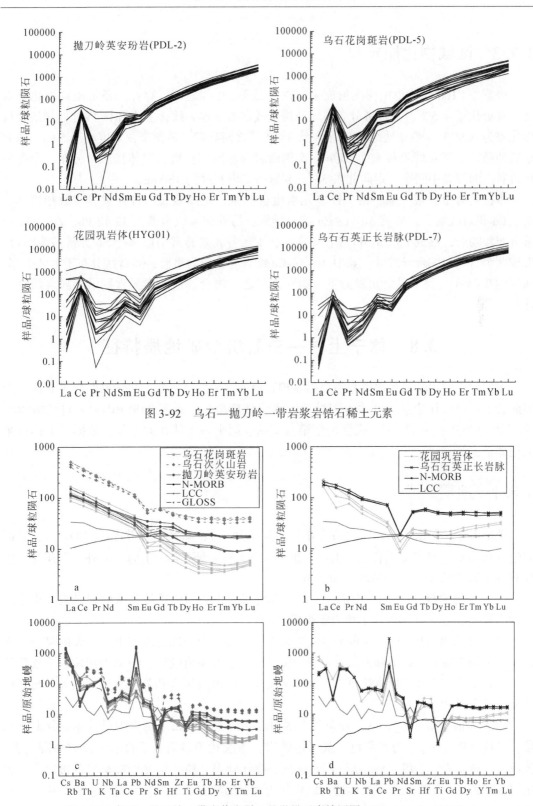

图 3-92　乌石—抛刀岭一带岩浆岩锆石稀土元素

图 3-93　乌石—抛刀岭一带岩浆岩稀土及微量元素蛛网图（Duan et al.，2018a）

3.7.3　区域物化探异常

根据 1:10000 激电中梯测量成果，在 2 线至 20 线之间，存在一条低阻高极化异常带，视极化率 4.5%。异常带分布与地质构造线展布基本一致，主体沿 16 线北西侧最大视极化率为 6.99%，最宽处约 180m；8 线至 10 线之间异常带最狭窄，宽度小于 50m，向北东延伸渐宽，至 4 线处最大为 250m。次粗面岩与花岗闪长斑岩岩体接触带分布，形态似哑铃状，两端宽中间窄，走向北东 35°。异常带走向长度约 1800m。

本区具有金、银、铜、铅、锌多元素组合异常，见图版Ⅷ。各元素异常叠加以 Au、Ag、Cu 相对较吻合，形成 Au-Ag-Cu 综合异常；另外在 8 线南西至 12 线 Pb、Zn、Mo 异常分布较吻合，形成 Pb-Zn-Mo 综合异常区，工区各元素异常中以 As、Sb 异常最为吻合，形成两个 As-Sb 综合异常区。其中 Au-Ag-Cu 综合异常较为重要，异常区分布于本区中部，面积约 0.2km^2，异常以金元素为主，铜元素与之较吻合，银元素异常则沿金异常西缘串珠状发育。

3.8　休宁上村—白石坑金矿地质特征

本区位于白际岭岛弧地体与障公山复理石地体拼接部位，处于皖浙赣断裂带北西侧边界断裂上。位于休宁县山斗乡—五城镇一带，地理坐标：东经 118°10′14″ ~ 118°20′40″，北纬 29°29′55″ ~ 29°37′45″。武警黄金第六支队、第十一支队在此工作，依据其工作成果简述如下。

3.8.1　地层

地层由老到新依次有：中元古界木坑岩组（Pt_2m），新元古界井潭组（$Pt_{2-3}j$）、昌前岩组（$Pt_{2-3}ch$），侏罗系月潭组（J_1y）、洪琴组（J_2h）、炳丘组（J_3b）。此外，沿河谷两侧尚有少量第四系（Q_4）松散堆积物分布。

（1）木坑岩组（Pt_2m）：分布于本区西偏北部，由灰绿色千枚状含砂粉砂岩、粉砂质千枚岩及褐红色（风化色）千枚岩等组成。

（2）井潭组（$Pt_{2-3}j$）：分布于本区东北部，主要由中酸性变质火山岩、火山碎屑岩夹低变质沉积岩组成。其下部为灰黄色变质流纹斑岩、变质流纹岩；中部为灰黄色千枚状砂岩、粉砂质千枚岩夹变质流纹斑岩；上部为变质流纹凝灰熔岩和英安凝灰熔岩等。与下伏中元古界多呈断层接触。

（3）昌前岩组（$Pt_{2-3}ch$）：分布于本区西、北部，在东北部也有少量分布。分上下两段。下段（$Pt_{2-3}ch^1$）：为青灰色、灰绿色砂岩，条纹状粉砂岩，千枚岩夹流纹质凝灰岩、流纹岩、英安岩。上段（$Pt_{2-3}ch^2$）：深灰色千枚状砂岩、粉砂岩夹深灰至黑色板岩。砂岩主要为褐黄色，中厚至中薄层构造，以块状为主，局部有"斑点"发育，板岩为深灰至灰黑色、中薄层为主，常与粉砂岩组成条带和薄互层层理构造，板岩中含黄铁矿和碳质。该地层为区内金银多金属矿的赋矿围岩。

（4）月潭组（J_1y）：仅在本区西北部有零星出露。为湖泊相沉积的砾岩与凝灰质粉砂岩韵律层。

（5）洪琴组（J_2h）：分布于本区西偏北部。其底部为暗紫红色砾岩、含砂砾岩；下部为紫红色、褐黄色长石石英砂岩、细砂岩、粉砂岩及砂质泥岩；中部为灰白色、灰黄色长石石英砂岩、粉砂岩及粉砂质泥岩；上部为蓝灰色、紫红色粉砂岩、粉砂质泥岩。与下伏元古宇呈不整合接触。

（6）炳丘组（J_3b）：零星分布于本区东偏北部。其下部为棕黄色砾岩、含砾粗砂岩；中部为暗紫红色砾岩、含砾砂岩、砂岩等；上部为紫红色、砖红色粉砂质泥岩、粉砂岩。该组地层在区内超覆于洪琴组地层之上。

（7）第四系（Q_4）：沿河谷分布。岩性主要为松散堆积物之砾石、砂、砂土、亚黏土等。

3.8.2　构造

区内发育着一系列北东向压性、压扭性断裂、挤压带和片理化带等，其中五城断裂、塔岭–富竹圩断裂和溪西–渔潭断裂为纵贯全区的区域性主干断裂。

（1）五城断裂：该断裂区域上从北东方向的宁墩经伏川、璜茅到江西江湾、德兴。该断裂呈北东30°走向，断裂带主要表现为数十至数百米宽的糜棱岩化和片理化带，晚期叠加脆性构造。在佛岭—捉马一带，糜棱岩化带宽在500m以上，倾向南东，产状平缓，发育"S-C"组构，近于平行的 S-C 面理产状10°~20°，显示由南东向北西的推覆剪切特征。

（2）塔岭–富竹圩断裂：斜贯于本区中部。断裂分布于灵山岩体和井潭组之中。总体产状130°~137°∠60°~70°。断裂带宽十余米至七十余米，带内由断层角砾岩、碎裂岩等组成，普遍有强烈硅化。其力学性质以压性为主，局部转折段为张性。该断裂控制着燕山晚期青山岩体和富竹圩岩体等花岗岩体的分布。

（3）溪西–渔潭断裂：分布于本区内东南部。断裂南西段从灵山岩体（南缘）与井潭组（中段）之间通过，北东段分布于井潭组之中。总体产状129°~135°∠52°~69°。断裂面呈舒缓波状，断裂力学性质为压性。

3.8.3　岩浆岩

本区侵入岩大致可分为两期，一期为晋宁期，岩石类型为浅源交代型花岗岩，主要岩体有灵山岩体和莲花山岩体；另一期为燕山晚期，岩石呈小岩株、岩枝状沿北东向断裂展布，岩石类型为浅源重熔型花岗岩，代表岩体有邓家坞岩体。

（1）灵山岩体：大致呈北东40°向展布于本区西南部，向南西延至江西灵山一带，岩体总面积约100km²，主要岩性为花岗岩及斑状花岗岩，由条纹长石、石英、中长石及黑云母、白云母等组成，副矿物有磁铁矿、锆石、锐钛矿等，其岩石化学类型属硅酸过饱和和富碱性岩石。由于受到强烈的挤压作用，在断裂旁侧及断裂之间，于岩体中经常可见到宽达数十米的北东向挤压破碎带，带内岩石常见程度不一的压碎现象，暗色矿物呈面状走向排列，而形成片麻状构造。

（2）莲花山岩体：大致呈北东30°方向展布于本区南部，区内出露面积约42km²，向南西经莲花山延至浙江、江西二省境内，岩体总面积大于189km²。其主要岩性为斑状花岗岩和细粒花岗岩，由条纹长石、石英、中长石和少量黑云母、绿泥石等组成，副矿物有磁铁矿、锆石、磷灰石等，其岩石化学类型属硅酸过饱和富碱性岩石。由于受动力作用，岩石中条纹长石常被压扁拉长，长石、石英与云母鳞片形成断续而大致平行的定向排列，构成片麻状构造。片麻理大致产状：145°~164°∠40°~65°。

（3）邓家坞岩体：呈小岩株状沿塔岭-富竹圩断裂分布，面积为2.4km²，主要岩性为黑云母花岗岩和二长花岗岩，属硅酸过饱和富碱性岩石，所含微量元素的富集组合为 Bi、W、Sn、Mo。

区内脉岩十分发育，其展布方向以北东向为主，北西向及近南北向次之，从酸性到基性均有，主要的脉岩类型有花岗斑岩、花斑岩、闪长岩、闪长玢岩、石英闪长玢岩、煌斑岩、辉绿玢岩等。

3.8.4　变质作用

区内发育区域变质作用及少量的接触变质作用和动力变质作用。

区域变质作用主要发生在前震旦纪地层中，经区域变质作用形成变质砂岩、板岩、千枚岩、片岩，原生矿物部分或全部形成绢云母、绿泥石、石英、绿帘石、阳起石等新生矿物所组成的岩石。随原岩成分的差异、所处构造部位的不同而出现多种不同的岩石类型。

由于岩浆侵入，围岩经热接触变质形成以角岩为主的接触变质岩。主要矿物成分为黑云母、绿泥石、白云母、绢云母和石英等，黑云母和绿泥石及部分石英形成"斑点"构造。

区内构造发育，动力变质岩相当发育，动力变质作用主要是在应力作用下浅层次岩石发生的各种角砾岩和碎裂岩，中深层次形成的千糜岩和糜棱岩。

3.8.5　矿脉特征

白石坑矿区共发现矿脉16条，分为板茅尖、大片和上村3个矿段。各矿段的矿脉特征简述如下。

1. 板茅尖矿段

该矿段位于天井山金矿韩家矿段南东侧，共发现矿脉5条，依次为101、102、103、104和105号脉，其中101号脉为天井山金矿主矿脉之平行脉，102、103、104、105号脉属天井山金矿含金矿脉向板茅尖矿段的深部延伸。天井山金矿体主要由含金石英脉型及蚀变破碎带型构成，主要矿带位于变形明显的强剪切带中，受叠加在韧性剪切带内的晚期脆性断裂控制。走向北东30°，倾向南东，倾角20°~30°，品位2.49×10⁻⁶~29.09×10⁻⁶。含金石英脉在走向上具有分支复合和尖灭再现的特点，在倾向上随着倾角明显变化的矿体具有膨大和减弱的特征。

101 号脉：地表由 D001、BT3、TC17 等 3 个工程控制，控制走向长约 200m，深部由 ZK1901 单工程控制，厚 0.30 ~ 0.86m，倾向 78° ~ 140°，倾角 40° ~ 53°，金品位 0.40×10^{-6} ~ 2.73×10^{-6}。矿脉为破碎蚀变岩夹石英细脉型，产于灵山岩体片麻状花岗岩中，金属矿化以褐铁矿化为主，局部见细粒黄铁矿化，围岩蚀变主要为硅化、绿泥石化。

102 号脉：深部由 ZK001 等 6 个工程控制，控制走向长约 680m，厚 1.02 ~ 1.49m，金品位 0.12×10^{-6} ~ 2.42×10^{-6}。矿脉为蚀变岩夹石英细脉型，金属矿化主要为零星细粒黄铁矿化，围岩蚀变主要为硅化、绿泥石化。

103 号脉：深部由 ZK001 等 4 个工程控制，厚 0.55 ~ 1.50m，金品位 1.07×10^{-6} ~ 1.90×10^{-6}，矿脉为蚀变岩夹石英细脉型，金属矿化主要为零星细粒黄铁矿化，围岩蚀变主要为硅化、绿泥石化。

104 号脉：深部由 ZK001 等 4 工程控制，控制走向长约 370m，厚 0.70 ~ 0.83m，金品位 0.16×10^{-6} ~ 3.97×10^{-6}。矿脉为石英脉型，产于井潭组石英绢云千枚岩中。金属矿化主要为细粒黄铁矿化、毒砂矿化，围岩蚀变主要为硅化、绿泥石化。

105 号脉：未出露地表，深部由 ZK401 单工程控制，厚 0.89m，金品位 0.60×10^{-6}。矿脉为硅化蚀变岩型，产于灵山岩体片麻状花岗岩中。金属矿化见零星细粒黄铁矿化、铅锌矿化，围岩蚀变主要为强硅化、弱绿泥石化。

2. 大片矿段

该矿段共发现矿脉 4 条，依次为 201、202、203、204、205、206 号脉。

201 号脉：地表由 TC1831、TC27、TC1711 等 3 个工程控制，控制走向长约 450m，厚 0.38 ~ 0.88m，矿脉倾向 140° ~ 172°，倾角 30° ~ 75°，金品位 0.08×10^{-6} ~ 1.18×10^{-6}，深部由 ZK18301 单工程控制，厚 0.88m，金品位 0.10×10^{-6}。矿脉为破碎蚀变岩夹石英细脉型，产于中-新元古界昌前岩组上段粉砂质千枚岩中。金属矿化以褐铁矿化为主，局部见细粒黄铁矿化，围岩蚀变主要为硅化、绢云母化。

202 号脉：未出露地表，深部由 ZK11901 单工程控制，厚 0.40m，金品位 1.31×10^{-6}。矿脉为破碎蚀变岩型，产于中-新元古界昌前岩组粉砂质千枚岩中。金属矿化主要为黄铁矿化、毒砂矿化，围岩蚀变主要为硅化。

203 号脉：地表由 TC1391、TC1432 等 2 个工程控制，控制走向长约 150m，厚 0.89 ~ 3.12m，矿脉倾向 122° ~ 144°，倾角 58° ~ 79°，深部由 ZK13901 单工程控制，金品位 0.08×10^{-6} ~ 1.03×10^{-6}。矿脉为破碎蚀变岩型，产于中-新元古界昌前岩组粉砂质千枚岩中，金属矿化地表主要为褐铁矿化，深部主要为黄铁矿化、毒砂矿化，围岩蚀变主要为硅化、绿泥石化。

204 号脉：地表由 TC1832、TC1791、TC1751、TC1712 等 4 个工程控制，控制走向长约 645m，厚 0.71 ~ 12.4m，矿脉倾向 295° ~ 338°，倾角 40° ~ 76°，金品位 0.08×10^{-6} ~ 1.60×10^{-6}。其中有 2 个工程见矿，TC1832 中金品位 1.58×10^{-6}，厚 0.71m，TC1791 中金品位 1.13×10^{-6}，厚 5.07m。深部由 ZK18302、ZK17901、ZK17902 等 4 个工程控制，厚 0.75 ~ 1.72m，金品位 0.53×10^{-6} ~ 1.56×10^{-6}，矿脉为破碎蚀变岩夹石英细脉型，产于中–

新元古界昌前岩组上段粉砂质千枚岩中。金属矿化主要为黄铁矿化、毒砂矿化、褐铁矿化，围岩蚀变主要为硅化、绢云母化。

205号脉：地表由TC1512、TC1552、TC1591、TC1632等4个工程控制，控制走向长约550m，厚0.68～1.98m，矿脉倾向131°～146°，倾角53°～72°，金品位$0.08×10^{-6}$～$1.92×10^{-6}$。其中TC1591见矿，金品位$1.92×10^{-6}$，厚0.80m。矿脉为破碎蚀变岩夹石英细脉型，产于中–新元古界昌前岩组上段粉砂质板岩中。金属矿化主要为褐铁矿化，局部见毒砂矿化，围岩蚀变主要为硅化、绢云母化。

206号脉：地表由TC1592、TC1632等2个工程控制，控制走向长约260m，厚0.76～0.96m，矿脉倾向131°～148°，倾角53°～72°，金品位$0.34×10^{-6}$～$0.75×10^{-6}$，矿脉为破碎蚀变岩夹石英细脉型，产于中–新元古界昌前岩组上段粉砂质板岩中。金属矿化主要为褐铁矿化，围岩蚀变主要为硅化，绢云母化。

3. 上村矿段

该矿段共发现矿脉5条，依次为18、19、20、21、22号脉。

18号脉：地表由TC1816、D4、TC1811、QJ1801、D5、PD1801、TC1803-1等7个工程控制，控制走向长约340m，深部由ZK1801、ZK1811等2个工程控制，矿脉尖灭消失。厚0.44～1.56m，平均厚1.04m，矿脉倾向183°～220°，倾角55°～80°。金品位$0.27×10^{-6}$～$3.28×10^{-6}$，银品位$6.22×10^{-6}$～$48.87×10^{-6}$，铅品位0.24%～3.88%，锌品位0.02%～4.66%。矿脉为硅化蚀变岩型，产于灵山岩体片麻状花岗岩中。矿化不均匀，方铅矿化呈不规则团块状，黄铁矿化呈星点状或细脉浸染状，毒砂矿化自形–半自形粒状分布，偶见星点状闪锌矿化及蜂窝状褐铁矿化。

19号脉：地表由7个工程控制，控制走向长约400m，平均厚2.66m，矿脉倾向110°～168°，倾角45°～67°，单样最高金品位$0.48×10^{-6}$。矿脉为硅化蚀变岩型，产于灵山岩体片麻状花岗岩中。金属矿化以褐铁矿化为主，局部见粒状或团块状毒砂矿化、星点状黄铁矿化，围岩蚀变主要为硅化、绢云母化、绿泥石化。

20号脉：地表由BT4、BT5、BT6等3个工程控制，控制走向长约520m，厚1.24～4.7m，矿脉倾向235°～245°，倾角69°～83°。单样最高金品位$0.41×10^{-6}$，铅品位$0.57×10^{-2}$。矿脉为硅化蚀变岩型，产于灵山岩体片麻状花岗岩中。金属矿化主要为黄铁矿化，局部见弱方铅矿化，围岩蚀变主要为硅化。

21号脉：地表由TC01、TC02、TC06等3个工程控制，控制走向长约250m，厚0.53～2.67m，矿脉倾向184°～192°，倾角63°～76°。仅TC01见矿，金品位$1.50×10^{-6}$，铅品位0.23%，另TC06中单样最高铅品位0.21%。矿脉为硅化蚀变岩型，产于灵山岩体片麻状花岗岩中。金属矿化主要为方铅矿化、闪锌矿化、黄铁矿化，围岩蚀变主要为硅化。

22号脉：地表由TC03、TC07、TC08、TC13等4个工程控制，控制走向长约300m，厚1.30～1.87m，矿脉倾向212°～225°，倾角48°～63°，仅TC03、TC08见矿，TC03中金品位$0.32×10^{-6}$、银品位$38.5×10^{-6}$、铅品位$1.10×10^{-2}$，TC08中金品位$0.42×10^{-6}$、银品位$7.52×10^{-6}$、铅品位0.16%。矿脉为硅化蚀变岩型，产于灵山岩体片麻状花岗岩中。金属矿化主要为细粒黄铁矿化、弱方铅矿化。围岩蚀变主要为硅化。

3.8.6　矿体特征

白石坑矿区共圈定金及多金属矿体 4 个，其中板茅尖矿段圈定金矿体 2 个，大片矿段圈定金矿体 1 个，上村矿段圈定金及多金属矿体 1 个。全区矿体平均厚度 1.26m，平均金品位 $1.39×10^{-6}$、银品位 $32.62×10^{-6}$、铅品位 1.87%、锌品位 1.46%，共估算（334）矿石量 474690t，（334）金金属量 661kg，伴生银金属量 599kg、铅金属量 344t、锌金属量 268t；小连坑矿区共圈定金矿体 1 个，平均厚 1.70m，平均金品位 $1.57×10^{-6}$，共估算（334）矿石量 70102t，（334）金金属量 110kg。各矿体特征如下：

102-Ⅰ号金矿体：位于 3 线至 8 线之间，地表没有工程控制，深部由 ZK001、ZK002、ZK401 等 3 个工程控制，控制走向长约 270m，控制最大斜深 386m，控制最高标高 25m，最低标高 −167m；矿体呈似层状，走向北东，倾向南东，平均倾角 18.3°；矿体厚 1.10 ~ 1.49m，平均厚 1.34m，厚度变化系数 12.89%；金品位 $1.01×10^{-6}$ ~ $2.42×10^{-6}$，平均品位 $1.69×10^{-6}$，品位变化系数 35.69%；共估算（334）矿石量 123518t，（334）金金属量 209kg。

103-Ⅰ号金矿体：位于 7 线至 8 线之间，地表没有工程控制，深部由 ZK001、ZK002、ZK301、ZK401 等 4 个工程控制，控制走向长约 420m，控制最大斜深 378m，控制最高标高 −20m，最低标高 −170m；矿体呈似层状，走向北东，倾向南东，平均倾角 18°；矿体厚 0.55 ~ 1.43m，平均厚 1.04m，厚度变化系数 34.93%；金品位 $1.07×10^{-6}$ ~ $1.90×10^{-6}$，平均品位 $1.30×10^{-6}$，品位变化系数 22.40%；共估算（334）矿石量 91513t，（334）金金属量 119kg。

204-Ⅰ号金矿体：位于 171 线至 183 线之间，地表由 TC1791、TC1832 等 2 个工程控制，深部由 ZK17501、ZK17901、ZK18302 等 3 个工程控制，控制走向长约 341m，控制最大斜深 186m，控制最高标高 255m，最低标高 50m；矿体呈似层状，平均倾向 311°，平均倾角 44°；矿体厚 0.71 ~ 5.07m，平均厚 1.86m，厚度变化系数 88.45%；金品位 $1.04×10^{-6}$ ~ $1.58×10^{-6}$，平均品位 $1.23×10^{-6}$，品位变化系数 19.29%；共估算（334）矿石量 241289t，（334）金金属量 297kg。

18-Ⅰ号金及多金属矿体：位于 2 线至 3 线之间，地表由 TC1816、D4、QJ1801、D5 等 4 个工程控制，浅深部由 PD1801 单工程控制，控制走向长约 232m，控制最大斜深 90m，控制最高标高 426m，最低标高 320m；矿体呈似层状，平均倾向 206°，平均倾角 74.4°；矿体厚 0.44 ~ 1.36m，平均厚 0.81m，厚度变化系数 49.74%；金品位 $1.04×10^{-6}$ ~ $3.28×10^{-6}$，平均品位 $1.96×10^{-6}$，金品位变化系数 44.48%；银品位 $6.52×10^{-6}$ ~ $48.87×10^{-6}$，平均品位 $32.62×10^{-6}$，银品位变化系数 63.02%；铅品位 0.24% ~ 3.32%，平均品位 1.87%，铅品位变化系数 70.74%；锌品位 0.048% ~ 4.67%，平均品位 1.46%，锌品位变化系数 150.52%；共估算（334）矿石量 18370t，（334）金金属量 36kg，伴生银金属量 599kg、铅金属量 344t、锌金属量 268t。

小连坑矿区 1-Ⅰ号金矿体：位于 2 线至 3 线之间，地表由 BT4、BT1、TCX04 等 3 个工程控制，浅深部由 ZK111 单工程控制，控制走向长约 338m，控制最大斜深 71m，控制最高标高 409m，最低标高 277m；矿体呈似层状，走向北东，倾向北西，平均倾角 68.3°；矿体厚 0.75～4.36m，平均厚 1.70m，厚度变化系数 90.72%；金品位 1.02×10^{-6}～1.82×10^{-6}，平均品位 1.57×10^{-6}，品位变化系数 24.11%；共估算（334）矿石量 70102t，（334）金金属量 110kg。

3.9　绩溪和阳—榧树坑一带金矿地质特征

和阳金矿是皖南较著名的金矿点之一，大地构造位置处于江南古陆北东端外侧，属扬子拗陷褶皱带内宁国–绩溪早古生代拗陷。1957 年初，安徽省工业厅重工业局到此工作，发现宽度大于 10cm 的石英脉 17 条，编写有《安徽省绩溪县和阳附近金矿地质概况》。1986 年 7 月至 1987 年底，安徽省地质矿产局区域地质调查队四分队在区内进行了地表工作，初步查明区内具金矿化的岩石主要为石英脉型。此外，区内的黄铁绢英岩和含砾凝灰岩也具有较好的金矿化，构造破碎带含金低微。总之，经过多次多轮地表地质工作，至今未形成突破。

3.9.1　地层

本区地层呈北东向展布，与区域构造方向一致。主要出露震旦系、下古生界，以碎屑岩建造为主，硅质、碳质黏土岩和碳酸盐建造为辅的一套沉积岩系。自北向南依次为震旦系下统的休宁组毛雷公坞组，震旦系上统的蓝田组、皮园村组和寒武系下统的荷塘组、大陈岭组。此外，沿河谷两侧尚有少量第四系松散堆积物分布。

3.9.2　构造

区内的褶皱及主要断裂均作北东向展布。其中区域性的宁国–绩溪断裂，走向北东40°，倾角 30°～45°，局部 50°～70°，沿其旁侧，尤其是上盘一侧，发育着一组与宁国–绩溪断裂相平行的逆断层，构成了一个明显的北东向构造断裂带。次一级的断裂构造，主要为北西和北东东走向，具有规模小、水平错移明显等特点。总体上反映了区内北西和北东东构造与北东向构造–褶皱轴和主要断裂之间的成生联系。在上述三组不同方向构造形迹产生过程中，北东向断裂（构造）反映了构造应力场中压应力的方向，而北西和北东东向构造，则反映了张应力和剪切应力的方向，显示了存在密切的内在联系。

3.9.3　岩浆岩

区域侵入体主要为燕山期的产物，受区域性构造控制明显，主要岩体有伏岭岩体、桐坑岩体和大坞岗岩体等，其中伏岭岩体出露面积达 123.4km²，分布于本区的南东侧。岩性主要有中粗粒花岗岩、细粒花岗岩、花岗闪长斑岩等。本区的侵入体为燕山晚期浅成相的中性到中酸性岩体，其岩性为花岗闪长斑岩，局部为斜长花岗斑岩，呈小岩株、岩脉产出。区内出露共有 7 处，主要分布在大坞岗和高峰山一带，出露面积共有 0.08km²，以大坞岗岩体为最大，呈不规则圆状，面积约 0.06km²，占全区岩体面积的 80% 左右，岩体同位素年龄值为 100.6Ma（K-Ar 法测定）。区内出露的脉岩有花岗斑岩脉、花岗细晶岩脉、闪长玢岩脉和石英脉等。

3.9.4　地球化学特征

据安徽省地质矿产勘查局区测队 1∶20 万水系沉积物测量资料，分布有长约 3.5km，宽约 4.5km 的金异常区，面积大于 60km² 复合异常，分布区基本为震旦系，异常最高值 117.2×10⁻⁹ 处于和阳金矿区内。1983 年安徽省地质矿产勘查局 332 地质队（以下简称 332 地质队）区调分队在本区开展 1∶5 万河流自然重砂测量，于和阳—汪家店一带圈出黄金重砂异常面积 20km²。异常呈靴状以北东-南西方向展布，为 I 级异常。最高含量 Au 为 0.006g/30kg，一般含量为 10～30 颗/30kg，颗粒粒径为 0.1～0.5mm，伴生矿物有钛铁矿、金红石、辰砂、白钨矿、重晶石、雄黄、自然锡等。《安徽省徽州地区 1∶5 万水系沉积物测量报告》中，本区共圈出和阳、碃头两个综合异常（图 3-94）。

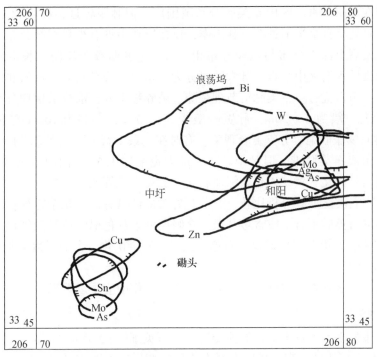

图 3-94　绩溪县和阳地区综合异常图

（1）和阳异常区位于和阳村及其以北地区，面积 43.6km²，异常处在仙霞褶断带中。区内出露寒武系和震旦系，伏岭大断裂通过该区，并有小型酸性岩体侵入。找矿指示元素 Ag、As、Bi、W、Cu、Zn、Mo 所组成的综合异常呈不规则的交叠状出现。异常强度中等，分带性和清晰度与已知矿点基本套合。

（2）磡头异常区位于砌头西2km。异常走向北东，面积10km²。异常处在仙霞褶断带中，区内出露寒武系、震旦系。伏岭断裂穿过异常，异常组合元素有As、Cu、Mo、Sn，异常组分呈同心交叠状。

1987年安徽省地质矿产局区域地质调查队四分队化探分队在和阳一带开展1：10000土壤化探测量，共圈出金异常22个，其中AP8号异常面积最大，达1.2km²，规模大，分带齐全，最高金含量1825×10^{-9}，平均含量163.6×10^{-9}。该异常主要落在雷公坞第三岩性段和蓝田组地层中，部分落在休宁组、荷塘组地层及花岗闪长斑岩体中，异常主要与含砾凝灰岩、碎裂含砾凝灰岩及含金石英脉有关。区内构造、岩浆岩发育，认为本异常是该区最有远景的找矿地段。

3.9.5 矿脉特征

经2010年武警黄金第六支队工作，在和阳地区发现含金石英脉，在榧树坑一带发现破碎带蚀变岩型金矿脉。

1. 含金石英脉

主要分布在和阳一带。区内石英脉分布范围广，但脉距较远，脉与脉之间间距20～50m不等，有时甚至百余米不见石英脉出露，仅在岩石中见有少量网脉分布。通过工程证实，石英脉在宏观上深部分布与地表分布相一致。主要赋存于花岗闪长斑岩，含砾凝灰岩、黄铁矿化碳质板岩之中。石英脉大致可分为北东向、近东西向、近南北向和北西向等四组，以北东向组占优势。石英脉沿节理裂隙、破碎带贯入，部分沿层理分布，倾角缓陡均有。单脉长度一般为5～20m，脉宽一般为5～20cm，大多为10cm左右，个别可达60cm。石英脉具膨胀收缩、分支复合现象。有时在一条主石英脉上下有平行或斜交的细小石英脉分布，组成石英脉带，但脉带较小，最大宽度约1.5m，向两端延伸数米即尖灭。石英脉两侧围岩具硅化、黄铁矿化、绿泥石化、云英岩化等蚀变。

通过对区内石英脉取样分析比较，石英脉的含矿性具有以下几个特征：①早期的乳白色、致密块状的石英脉不含金或含金甚微。②晚期的烟灰色褐红色具微细构造，并见有硫化物（如黄铁矿、方铅矿等）矿物的石英脉大多具有金矿化，个别可达工业品位。最高金品位44.20×10^{-6}。

分析认为，本区存在斑岩型金矿可能性，今后工作中应予以重视。

2. 含金蚀变岩

榧树坑一带发现5条近于平行的蚀变岩（夹石英细脉），特征如下：

1号脉：位于榧树坑一带，矿脉类型为碎裂蚀变岩夹石英细脉型，控制长度约480m，厚0.8～6m，产状330°～354°∠60°～80°。具褐铁矿化、黄铁矿化、硅化等蚀变矿化特征。三个工程均见矿，金品位1.85×10^{-6}～2.24×10^{-6}，厚度0.75～5.46m。TC503-1、TC510、TC509三个工程平均金品位（10^{-6}）/厚度（m）分别为2.14/2.80、2.24/0.75、1.85/5.46，矿脉平均金品位1.97×10^{-6}，厚度3.0m。

2号脉：与1号脉近平行，矿脉类型为碎裂蚀变岩夹石英细脉型，地表出露约100m，厚 2~5m, 产状 354°∠80°。具褐铁矿化、黄铁矿化、硅化等蚀变矿化特征, 由 1 个工程 (TC503-1) 控制, 平均金品位 $1.73×10^{-6}$, 厚度 3.13m。

3 号脉: 与 2 号脉近平行, 矿脉类型为碎裂蚀变岩夹石英细脉型, 由两个工程 (TC508、TC503) 控制, 控制长度约 230m, 厚 1~2m, 产状 328°∠62°。具褐铁矿化、黄铁矿化、硅化等蚀变矿化特征。两个工程均见矿, 金品位 $1.3×10^{-6}$~$3×10^{-6}$, 矿脉平均品位 $2.49×10^{-6}$, 平均厚度 1.32m。

4 号脉: 位于榧树坑一带, 与 1 号脉平行分布, 矿脉类型为碎裂蚀变岩夹石英细脉型, 由 3 个工程 (TC508、TC503、TC509) 控制, 控制长度约 610m, 厚 3~6m, 产状 350°~355°∠55°~70°, 局部反倾 (TC508), 具褐铁矿化、黄铁矿化、硅化等蚀变矿化特征, 三个工程均见矿, 金品位 $1.23×10^{-6}$~$1.85×10^{-6}$, 厚度 2.25~5.46m。

5 号脉: 位于榧树坑一带, 与 4 号脉近平行, 矿脉类型为碎裂蚀变岩夹石英细脉型, 由 2 个工程 (TC504、TC503) 控制, 控制长度约 210m, 厚 1~3m, 产状 310°~350°∠65°~85°, 局部反倾 (TC504)。具褐铁矿化、黄铁矿化、硅化, 采取基本分析样品 38 件, 2 个工程均见矿, 金品位 $1.19×10^{-6}$~$1.25×10^{-6}$, 厚度 0.43~2.84m。TC504、TC503 两个平均金品位 (10^{-6}) /厚度 (m) 分别为 1.19/0.43、1.25/2.84, 矿脉平均金品位 $1.24×10^{-6}$, 平均厚度 1.64m。

3.10　休宁冯村—汪村一带金矿 (点) 地质特征

冯村—汪村一带金矿点, 受冯村-汪村断裂带控制, 位于九岭-障公山隆起带锡金-铜金成矿带的北端延伸部位, 与九岭锡钨多金属成矿带的金家坞-大背坞金多金属矿成矿远景区直接相连, 在 "浙赣皖相邻区 AuAgCuPbZn 矿床定位规律及成矿预测研究" 中, 评价区划为多金属成矿远景区。本区金矿点众多, 但一直没有大的突破。根据 332 地质队、武警黄金部队等近年来探矿成果, 总结如下。

3.10.1　小连口金矿点

1. 成矿地质背景

小连口金矿产于障公山区西南部樟前-冯村东西向构造-岩浆岩带北侧的北东东向中生代脆性破碎带内 (图 3-95)。破碎带南部为黑色千枚状板岩夹深灰色中薄层变质粉细砂岩, 为板桥岩组地层; 北部为灰色、灰绿色中厚层状粉质细砂岩夹同色千枚状板岩, 属木坑岩组地层。零星分布有侏罗系湖泊相煤系地层。

区内中生代断裂活动显著, 发育有汪村-冯村-右龙区域性断裂 (F_4) 及其派生断裂。汪村-冯村-右龙断裂系汤口断裂的南延部分, 呈北东东向延伸达 20km 以上, 产状变化大, 北东端倾向南东, 倾角 80° 左右, 南西端倾向北西, 倾角 60°~80°。带内充填石英闪长玢岩, 断裂两侧地层明显错开, 岩石发生明显的碎裂、褶皱及矿化蚀变。在汪村、右龙附近有中生代断陷盆地分布。断裂的多期活动使中生代煤系地层发生破碎和褶皱。

区内岩浆活动明显, 主要有燕山期洞里及冯村似斑状二云母花岗岩体, 在冯村岩体部

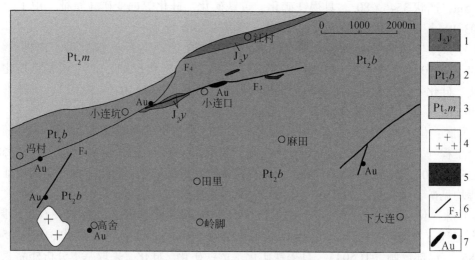

图 3-95　小连口金矿地质简图

1. 月潭组；2. 板桥岩组；3. 木坑岩组；4. 花岗岩和花岗斑岩；5. 闪长玢岩；6. 断裂；7. 金矿点

分钻孔中可见有大量富集的金属硫化物。岩体、岩脉呈东西向展布，明显是受基底的剪切带控制。

　　根据安徽省地质矿产勘查局 332 地质队 1993 年 1∶25000 土壤测量资料，区内共有 Au异常 62 个，其中有 29 个（即 46.8%）分布于断裂带上，多呈串珠状分布。区内明显的控矿断裂共有 6 条，产状 310°~340°∠60°~85°，以逆断层为主，属同一断裂系统。主断裂（F_3）为一区域性断层，矿区范围内出露长约 13km，走向 55°~85°，向北倾，倾角 60°~85°，主断面波状起伏，断层面见有摩擦镜面及多期擦痕。沿主断面两侧有断层泥和构造角砾岩及碎裂岩分布。断层上盘为黑色含碳板岩、千枚状板岩，下盘为灰绿色粉砂质板岩、千枚状粉砂质板岩。断层内见有透镜状石英闪长玢岩及闪长玢岩、微晶闪长岩脉侵入，脉岩局部破碎，具角砾、碎裂结构，脉岩充填处，断层常有膨大现象，并发育明显的各种蚀变作用。顺断层分布少量侏罗系煤系地层，多期断裂作用使煤系地层遭受不同程度的破碎。由千枚状板岩及侏罗纪地层破碎而成的构造角砾岩，在矿化地段发生了明显的硅化、绿泥石化及碳酸盐化、毒砂、黄铁矿化等蚀变现象，局部见有硫化物型石英大脉。其中，硅化、脉状碳酸盐化、毒砂-黄铁矿化与金矿化密切，一般硅化、毒砂-黄铁矿化越强，金品位越高。同时，金矿化程度与破碎带宽度、蚀变强度及脉岩宽度具一致性。

　　2. 矿床地质特征

　　矿石类型可分为三类：①角砾岩型。矿石具角砾状构造，矿石矿物主要为黄铁矿、毒砂，偶见自然金、自然银、白钨矿等，其中，自然金呈黄色、浅黄色，粒状、棱角状、不规则状，与石英颗粒连生，粒度≤0.01mm，少量>0.01mm，含量极少。②蚀变岩型。该类型矿化在区内不发育，矿石具变余粉砂状鳞片变晶结构，板片状构造，脉石矿物为石英、碳酸盐、绢云母等，金属矿物为毒砂、黄铁矿、闪锌矿、黄铜矿。③石英脉型。分布稀少，呈石英大脉状分布于 F_3 中，主要脉石矿物为石英，金属矿物为黄铁矿和自然金。

　　已查明的矿化体共 11 条，主要为角砾岩型，少量蚀变岩型和石英脉型。矿化体主要

分布于 F_3 断裂中，少数分布于 F_4 断裂中，矿化体顶底板为碎裂石英闪长玢岩、硅化千枚状板岩。矿化体长度 30~240m，厚度 0.50~3.55m，延深 20~250m，品位 $1.35×10^{-6}$~$5.67×10^{-6}$。

同时位于其西侧的小连坑发现矿脉 3 条，依次为 1、2、3 号脉，特征如下：

1 号脉：地表由 TCX04、BT1、BT4、TC2、TC5 等 5 个工程控制，控制走向长约690m，厚 0.50~2.10m，产状 300°~344°∠52°~82°，局部产状反转，金品位为 0.37~$1.61×10^{-6}$。深部由 ZK131、ZK111、ZK101 等 3 个工程控制，仅 ZK111 见矿，厚 4.36m，金品位 $1.68×10^{-6}$。矿脉为硅化蚀变岩夹石英脉型，围岩为粉砂质千枚岩，主要蚀变为硅化、绿泥石化、褐铁矿化及黄铁矿化等。

2 号脉：碎裂蚀变岩夹石英脉型，围岩为粉砂质千枚岩。由 TC1、TCXO3 等 2 个工程控制，控制走向长约 146m，厚 1.00~1.40m，产状 152°~155°∠80°~88°。金品位为$0.26×10^{-6}$~$2.54×10^{-6}$。主要蚀变为硅化、绢云母化、绿泥石化，局部见黄铁矿化。

3 号脉：碎裂蚀变岩夹石英脉型，围岩为粉砂质千枚岩。由 TC4、BT1 等 2 个工程控制，控制走向长约 114m，厚 1.40~2.70m，产状 300°~336°∠79°~89°，金品位为 $0.24×$ 10^{-6}~$0.37×10^{-6}$，单样最高金品位 $0.53×10^{-6}$。主要蚀变为硅化、褐铁矿化，局部见黄铁矿化。

小连坑发现 1-1 号金矿体：位于 2 线至 3 线之间，地表由 BT4、BT1、TCX04 等 3 个工程控制，浅深部由 ZK111 单工程控制，控制走向长约 338m，控制最大斜深 71m，控制最高标高 409m，最低标高 277m；矿体呈似层状，走向北东，倾向北西，平均倾角 68.3°；矿体厚 0.75~4.36m，平均厚 1.70m，厚度变化系数 90.72%；金品位为 $1.02×10^{-6}$~$1.82×10^{-6}$，平均品位 $1.57×10^{-6}$，品位变化系数 24.11%；共估算（334）矿石量 70102t，（334）金金属量 110kg。

3.10.2　冯村金矿化点

本区出露岩石主要为板桥岩组黑色板岩夹灰绿色粉砂质板岩。冯村似斑状黑云母花岗岩体位于其西南侧。

汪村-冯村断裂带通过本区，出露宽约 4m，北侧为残坡积层覆盖，断裂带走向北东东，倾向北西西。倾角 70°左右。断裂带内岩石普遍破碎，形成构造角砾岩，角砾主要为脉石英和变质砂岩，在北侧还可见有侏罗系紫红色砾岩成分的角砾。断裂带内叠加有热液蚀变的次级破碎带，其产状与主带基本一致，蚀变种类主要有硅化和黄铁矿化，少量方铅闪锌矿化、黄铜矿化。硅化以浸染状微粒石英为主，局部为团块状石英，黄铁矿分布不均，浸染状的裂隙状为主，局部形成含量达 30% 以上的黄铁矿团块。黄铁矿化构造角砾岩，含金可达 $2.56×10^{-6}$。

本区共发现矿脉 5 条，依次为 2、3、4、5、6 号脉，各矿脉特征如下：

2 号脉：由 10 个工程控制，控制走向长约 620m，厚 1.00~6.00m，矿脉倾向 175°~235°，倾角 20°~64°。仅 1 个工程见矿，QJ841 中金品位 $1.65×10^{-6}$，厚度为 0.65m。矿脉为碎裂蚀变岩夹石英脉型，产于中元古界板桥岩组千枚岩中。金属矿化主要为褐铁矿化，局部见零星黄铁矿化，围岩蚀变主要为硅化、绢云母化。

3 号脉：由 TC143 单工程控制，厚 0.85m，金品位为 0.48×10^{-6}，单样最高金品位为 0.72×10^{-6}，矿脉倾向 340°，倾角 41°。矿脉为破碎蚀变岩夹石英细脉型，产于石英闪长玢岩脉中。金属矿化主要为褐铁矿化，围岩蚀变主要为硅化、绢云母化。

4 号脉：由 TC818、BT816、TC3 等 3 个工程控制，控制走向长约 360m，厚 0.40～1.70m，矿脉倾向 150°，倾角 75°。仅 1 个工程见矿，BT816 中金品位为 2.30×10^{-6}，厚度为 0.80m。矿脉为碎裂蚀变岩型，产于中元古界板桥岩组千枚岩中。金属矿化主要为褐铁矿化、黄铁矿化、毒砂矿化，围岩蚀变主要为硅化、绢云母化。

5 号脉：由 4 个工程控制，控制走向长约 170m，厚 0.50～1.00m，矿脉倾向 178°～185°，倾角 30°～40°。单样最高金品位为 0.16×10^{-6}。矿脉为石英脉型，产于中元古界板桥岩组千枚岩中。金属矿化主要为褐铁矿化、黄铁矿化，围岩蚀变主要为硅化、绢云母化。

6 号脉：由 2 个工程控制，控制走向长约 349m，厚 1.15～1.80m，矿脉倾向 210°～350°，倾角 50°～85°。仅 1 个工程见矿，TC824 中金品位为 1.63×10^{-6}，厚度为 0.30m。矿脉为硅化蚀变岩型，产于中元古界板桥岩组千枚岩中。金属矿化主要为褐铁矿化、黄铁矿化、毒砂矿化，围岩蚀变主要为硅化、绢云母化。

3.10.3 十里亭金矿化点

区内出露的地层主要为中元古界板桥岩组中、上段，其中板桥岩组中段（Pt_2b^2）分布在矿区南部，岩性为灰绿色厚层千枚状和轻变质含砂粉砂岩夹千枚状和轻变质含钙长石石英砂岩及砂质板岩。板桥岩组上段（Pt_2b^3），分布在矿区北部，岩性为灰黑色含砂-粉砂质板岩及板岩与千枚状含砂粉砂岩韵律互层。

区内主要构造为褶皱和断裂构造，目前发现的矿化体赋存于断裂构造中。规模较大的断层主要有 F_3 和 F_6。F_3 断层位于矿区中部，纵贯全区，走向北东 50°～70°，断层面倾向北西，倾角 70°～80°，断层带内构造角砾岩十分发育，且沿断裂有石英闪长玢岩岩脉侵入，为一高角度正断层，是本区主要的导矿和容矿构造。F_6 断层位于 F_3 断层以北偏东地段，与 F_3 大致平行，走向北东 45°～60°，断层面倾向南东，倾角 40°～55°，为一逆断层，与本区成矿关系不大。

区内岩浆活动相对较弱，主要为一些后期脉岩呈脉状侵入 F_3 断层及其附近围岩裂隙中，岩性主要为石英闪长玢岩，岩石呈灰-灰白色，风化后多呈土黄、黄褐色，斑状结构，块状构造，斑晶成分主要为斜长石，次为石英，基质呈细粒结构，成分由斜长石、石英、角闪石等组成。黄铁矿化较发育，黄铁矿多呈星点状分布。斑晶一般具绢云母化、高岭土化。

区内发现两条金矿化带，第一条矿化带产于 F_3 断层破碎带中，受断层控制，地表断续延长约 200m，宽 2～5m，延伸情况不明，呈脉状，透镜状产出，产状与 F_3 断层基本一致，走向北东 50°～70°，倾向北西，倾角 70°～80°，金品位一般为 0.05×10^{-6}～2.17×10^{-6}，平均 1.78×10^{-6}。第二条矿化带产于 F_3 断层以北地层中，为硅化脉型，走向长约 60m，宽 1～3m，呈脉状产出，走向北东 65°，倾向北西，倾角较陡。金品位一般为 0.17×10^{-6}～$1.89 \times$

10^{-6}，平均1.29×10^{-6}。

矿化带中金属矿物主要为黄铁矿，呈星点状、稀疏浸染状分布，少量黄铜矿、闪锌矿、方铅矿，呈斑点状、细脉状分布，次生矿物见有褐铁矿、孔雀石、蓝铜矿等。矿化带中脉石主要为两侧围岩角砾，其次为石英、黏土矿物，少量方解石（图3-96）。

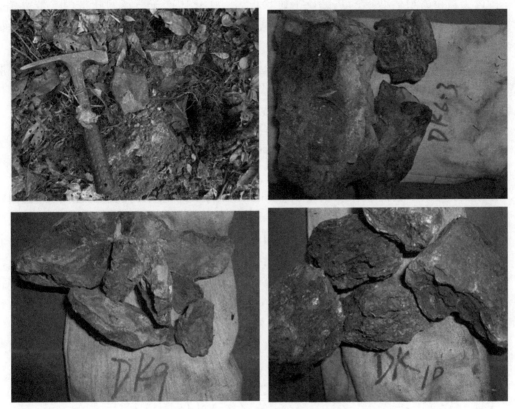

图3-96 十里亭金矿石特征照片

矿石结构主要有半自形粒状结构，交代残余结构及胶状结构，矿石构造主要有浸染状构造、细脉状构造、角砾状构造，少量块状构造。

3.10.4 高舍金矿化点

该矿点产于近东西向韧性剪切带中的毒砂磁黄铁矿化绢云石英片岩和石英脉中。在剪切片理化基质中发育三条顺片理分布的蚀变带，宽度均约1m，产状185°∠25°，地表观察延伸大于50m。由石英、绢云母及黑云母、硫化物等组成。沿石英微细脉分布有0.1～0.2mm大小的自形毒砂，磁黄铁矿等，呈浸染状，在产状变化的虚脱处形成透镜状石英脉，厚20～30cm，其内分布有浸染状毒砂、磁黄铁矿及黄铜矿。含量3%～5%。个别蚀变带的局部地段还分布了厚约50cm的由硅质脉和少量绿泥石化片岩团块构成的硅质脉带，在硅质和片团块内均含有较多的（2%～5%）金属矿物，主要有黄铁矿、钛铁矿、毒砂。

金矿化主要发育在蚀变带内，碎裂状毒砂磁黄铁矿化绢云石英片岩和透镜状毒砂磁黄铁矿化石英脉中。前者含金品位为 $0.82 \times 10^{-6} \sim 1.85 \times 10^{-6}$，后者为 2.6×10^{-6}。

3.10.5　下大连金矿化点

围岩为板桥岩组弱变形的灰黑色千枚状板岩。矿化体产于石英网脉带内，带宽 7m，脉带产状 $169° \angle 56°$。由平行状、网状石英脉组成，脉间为硅化板岩团块，有粗粒立方体黄铁矿分布。

网脉带内叠加一条张性断层，产状 $275° \angle 85°$，由碎裂岩组成，碎粒成分为板岩、脉石英。沿断层发育厚约 40cm 的黄铁矿化毒砂矿化硅化碎粒岩，硫化物呈浸染状分布于硅化岩中，以铜黄色黄铁矿为主。黄铁矿化毒砂矿化硅化碎粒岩含金 1.17×10^{-6}。

3.11　东至中畈金矿地质特征

区域上位于扬子地台东南缘的江南古陆北部边缘，七都复式背斜北翼三岗尖-杨田背斜西端核部，东至-石门街断裂西侧，江南深大断裂南侧。沿黄栗树—东至一线以北地区主要出露古生代地层，以南主要为震旦纪和中元古代地层。地层总体走向北东，倾向北西、南东，由南向北地层自老而新。区域上构造复杂、多期，主要表现为褶皱及断裂构造，区域地质简图如图 3-97 所示。主要褶皱有中畈-东至背斜、高村-戴村向斜、许村背斜，分别属七都复式背斜北翼次一级之三岗尖-杨美桥背斜、东至-杨田埝向斜、葛云-雍溪背斜之西段。大的断裂主要有江南深大断裂及东至-石门街断裂等。岩浆岩不发育，仅见铜岭东侧和余村北侧花岗岩和花岗斑岩脉，呈椭圆状，面积约 1.5km^2，侵入时代属燕山期。

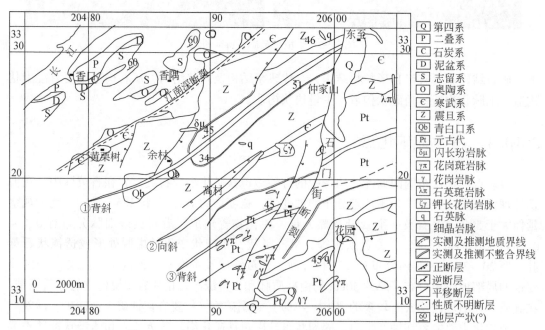

图 3-97　中畈金矿区域地质简图（陈寿椅等，2012a，b）

3.11.1 矿区地质特征

1. 地层

出露地层主要为青白口系邓家组及震旦系下统休宁组地层，山间洼地为第四系松散堆积物。震旦系下统休宁组：本区出露的仅为其下段，为一套紫红色局部夹灰黄色之岩屑石英砂岩、岩屑砂岩，底部为含砾岩屑石英砂岩，厚度 290～1870m，该地层金的背景值较高。青白口系邓家组：分布于中畈、侯冲大部分地区。上段为一套灰绿色岩屑石英细砂岩、岩屑砂岩夹薄层粉砂岩，局部夹含砾岩屑石英砂岩，底部岩屑砂岩中含黏土微层；下段主要为灰绿色岩屑砂岩与黏土岩互层，底部为含砂黏土岩。

2. 构造

1）褶皱

矿区位于中畈–东至背斜西端核部，因枢纽波缓起伏，于中畈—余村一带成一短轴背斜。背斜轴向近东西、轴面北倾，长短轴之比近于 2：1。核部出露为青白口系邓家组上段地层，两翼出露为青白口系邓家组上段及震旦系下统休宁组下段地层。背斜向西延至江西省境内，向东被韩冲–余村断裂所截。背斜轴部一带岩石较破碎，有利于金矿化。

2）断裂

北西西向断裂：为矿区控矿和含矿断裂。走向 270°～285°为主，局部 250°～270°，倾向南西，倾角 45°～70°，性质为压扭性，沿走向延伸 50～2000m 不等。如后冲–中畈控矿破碎带（FZ），宽 5～20m，在矿区内延长 2000 余米，破碎带内充填有石英脉及中酸性岩脉，岩石破碎，矿化蚀变发育，控制着矿区内的主要金矿（化）体。I-1 矿体即赋存于该破碎带内；其次一级构造 F_1、F_2、F_3 则控制着两个主矿体Ⅷ-1、Ⅷ-2。+100m 中段略图见图 3-98 所示。

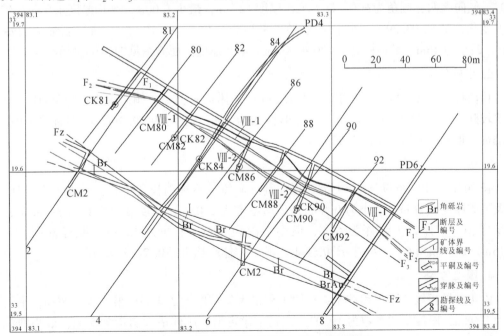

图 3-98　中畈金矿 I Ⅷ号矿体+100m 地质简图

北西向构造：长 10～120m，宽 0.2～2.0m，走向 290°～330°，倾向南西或北东，倾角为 50°～80°。该组构造按时间先后可分为两期：早期为矿区的次级含矿构造，一般被石英或其他岩脉充填，含有不同程度的金矿化；晚期为成矿后期破坏性构造，规模相对较小，对早期含矿构造有一定的破坏作用。

北东向断裂：为区域性后期断裂东至–石门街断裂的次级构造。走向北东 10°～50°，倾向南东（局部反倾），倾角 50°～80°，性质为压扭性，对含矿构造有一定破坏作用。

3）岩浆岩

矿区内未发现岩体出露，但中酸性岩浆岩脉发育，成群出现，主要岩性为花岗闪长斑岩、闪长岩、闪长玢岩等。岩脉大多分布于邓家组地层中，走向 110°左右，走向延伸50～200m，少量达数百米，宽数米至数十米不等。岩脉一般紧邻含金破碎带或其附近分布，与含金破碎带空间关系密切。

4）围岩蚀变

区内围岩蚀变较发育，与金矿化有关的蚀变主要有硅化、黄铁矿化、绢云母化、碳酸盐化、高岭土化。主要发育在破碎带附近，其中硅化、黄铁矿化与金矿化关系最为密切。

3.11.2　矿床地质特征

近年来通过工程控制，共圈定金矿体9个，其中编号Ⅰ-1、Ⅱ、Ⅷ-1、Ⅷ-2为主要矿体，其余为单工程见矿的或仅地表工程控制的小矿体。矿床（主要矿体）赋存标高为+53～+285m。

1. Ⅰ-1 矿体

目前控制长 335m（由 6 条探槽及 4 个坑探工程控制），矿体呈不规则透镜状；走向 280°，倾向南西，倾角为 60°。最大见矿厚度 12.5m，最小 1.00m，平均厚度 4.86m；矿体厚度变化系数为 93.29%，属较稳定型。平均金品位 $2.69×10^{-6}$。目前控制最大斜深为 98m，最小为 46m，赋存标高为+70～+168m。4 线地质剖面略图见图 3-99 所示。

2. Ⅱ 矿体

目前控制长度 120m，平均厚度为 1.25m，矿体走向 310°，倾向南西，倾角 60°～78°，产状较陡。矿体最大斜深为 68m，最小斜深为 40m，平均为 49.3m；赋存标高+191～+285m。Ⅱ矿体平均金品位 $2.92×10^{-6}$。

3. Ⅷ-1 矿体

长 207m，由 9 条勘探线 14 个工程控制。矿体呈不规则长透镜状，具尖灭再现现象。最大见矿厚度 3.80m，最小为 0.80m，平均厚度为 2.03m；厚度变化系数为 39.82%，属于稳定型。矿体最大斜深为 62m，最小斜深为 30m，平均为 46.8m；赋存标高+53～+115m。矿体倾角 60°～78°，产状较陡。Ⅷ-1 矿体平均金品位 $24.71×10^{-6}$。

4. Ⅷ-2 矿体

由 4 条勘探线 7 个工程控制；矿体工程最大见矿厚度 3.42m，最小为 0.80m，平均厚度为 1.98m；厚度变化系数为 19.03%，属于稳定型。矿体最大斜深为 55m，最小斜深为

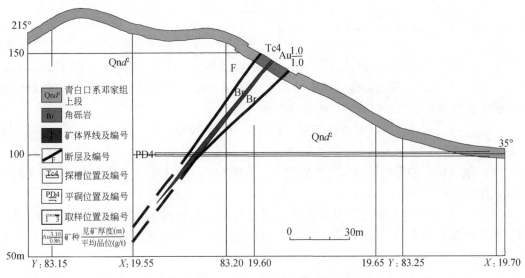

图 3-99　中畈金矿 4 线地质剖面略图

30m，平均为 44.8m；赋存标高 +60 ~ +115m。矿体倾角 60° ~ 78°，产状较陡。Ⅷ-2 矿体平均金品位 16.64×10^{-6}。

5. 矿石特征

根据矿石矿物组分、矿石组分含量、结构构造特征、矿石自然类型划分为含金石英脉型、含金蚀变砂岩型及含金蚀变角砾岩型。矿区内以后两种类型为主。

3.11.3　找矿标志

（1）矿（体）脉主要赋存于青白口系邓家组中的北西西向断裂构造蚀变带中或其旁侧次级构造控制的蚀变带、石英岩脉中。该类断裂构造蚀变带及其旁侧次级构造控制的蚀变带、石英岩脉是本区最为重要的找矿标志。

（2）断裂带及其旁侧广泛发育的蚀变带（绢英岩化、硅化、绿泥石化、碳酸盐化、绢云母化等）是重要找矿标志。

（3）灰–青灰色含多金属硫化物石英脉，金品位较高构成了工业矿体。

（4）已知矿体的成矿元素 Au 及其伴生元素 Ag 的浓集中心与矿体相关性好。对于查区内未经工程验证的存在 Au、Ag 化探异常浓集中心的 Au、Ag 化探异常，往往预示着具有工业意义矿体的存在。

（5）激电异常反映黄铁矿等金属硫化物地质体的存在。呈带状分布的高极化率、低电阻的地表异常，则表示金矿体顶端在地表的投影位置，是寻找隐伏金矿体的重要找矿标志。

3.11.4　下一步工作方向

矿区北西西向断裂破碎带长度大于2km，向西延伸进入江西（江西丽山金矿已开采多年），东至余村地段均发现含金破碎带及烟灰色含金石英脉，说明该断裂带有着较好的控矿、成矿的空间和前景，应该进一步加大探矿力度。

（1）Ⅰ-1、Ⅷ-1、Ⅷ-2矿体沿走向、倾向均未完全控制，需要进一步控制，以期扩大资源量、有新的突破。

（2）地表出露的零星矿体深部未能控制，依据本矿区成矿规律，零星矿体向深部延伸的可能性极大。

（3）1:1万土壤地球化学测量（安徽省地质矿产勘查局324地质队成果）金、砷、锑元素异常套合较好部位，尤其是当异常沿构造破碎带分布时，是下一步重点查证的方向。

（4）区内主含金构造破碎带及其两侧仍是今后找矿的重要的远景地段，尤其是在后冲、韩冲一带，中酸性岩脉成群出现，进一步发现规模矿体的可能性较大。

3.12　安徽南部其他金矿点

除前述一些金矿床外，还有东至铜锣尖硫金矿、竹山金矿、赵家岭金矿，黄山外铜坑金矿，贵池来龙山、渚湖岭、牛背脊、童溪、云山等金矿，泾县小岭，宣城碜石山、周王镇大李村等一大批有进一步工作价值的金矿点。其中贵池来龙山、渚湖岭、牛背脊与宣城碜石山，黄山外铜坑等金矿同属志留纪地层中的构造蚀变岩型金矿，宣城大李村有蚀变岩型和斑岩型金矿找矿前景，而东至铜锣尖、中畈、赵家岭一带则为老地层中的构造带控矿，主要为石英脉型及构造蚀变岩型两种类型。泾县小岭为石英脉型金矿。贵池云山金矿为奥陶纪地层中近东西向裂隙充填热液型金矿，童溪金矿为花岗岩中的北西向韧性挤压带所产生，系统收集了这些矿点资料，并进行分类归纳总结，详细见表3-20所列，限于篇幅，不做一一介绍，仅重点介绍以下几个矿床。

表3-20　皖南地区主要金矿床（点）

序号	名称	位置	成矿条件或矿床地质概况	矿体特征	成因	规模	研究程度及评价
1	贵池抛刀岭金矿	长江中下游	主矿体产于早白垩世英安玢岩中，部分产于志留系高家边组地层中	主矿体4个，次要矿体11个。主要矿体和次要矿体金资源量16451kg，金平均品位$1.85×10^{-6}$	斑岩型	大型	有特大型金矿潜质
2	贵池来龙山金矿	江南过渡带	主要产于志留系高家边组蚀变带中，部分花岗斑岩见到弱金矿化	目前发现金矿体2个，长度约150m，为低品位大厚度金矿体。最高金品位$19.2×10^{-6}$	中低温热液型	小型	有进一步工作价值

续表

序号	名称	位置	成矿条件或矿床地质概况	矿体特征	成因	规模	研究程度及评价
3	贵池云山金矿	长江中下游	奥陶系中的北西向构造带热液充填硫金矿	矿体（层）：1个，长度140m，宽度1.0~2.2m，倾角70°。平均金品位5.4×10⁻⁶。形态：脉状	蚀变岩	小型	深部及外围有进一步工作价值
4	南陵吕山金矿	江南过渡带	金矿体主体赋存在交代石英岩中，其次为碎裂上部花岗闪长岩中，具有化探异常，航磁异常，重力异常。矿石矿物成分：自然金、自然银、褐铁矿、黄铁矿、少量黄铜矿、磁铁矿等	矿体（层）数：23个。Ⅲ矿化带中14号矿体，长度800m；宽度120~300m，厚度1.3~27.4m，倾角5°~28°，形态：似层状矿体	低温热液型	中型	有进一步工作价值
5	青阳金家冲锑金矿	江南过渡带	地层属下扬子芜湖-石台地层小区，沿江断褶带南缘，江南断裂带南侧	矿体出露于黄柏岭组地层下段，矿石类型为含锑角砾岩。顶底板为碳质页岩。矿体与硅化黄铁矿化相关	角砾岩	小型	
6	青阳尹家榨金矿	江南过渡带	下奥陶统（早奥陶世）灰岩与岩浆岩接触带附近	矿体（层）数：3个主要矿体。Ⅱ2号矿体长299.5~460m，宽62.8m，厚4.55m，倾角3°~10°。埋深34~152m，Au平均品位1.34×10⁻⁶，形态：似层状矿体	交代热液矿床	小型	有进一步工作价值
7	绩溪榧树坑金矿	皖浙拗褶带	花岗岩与蓝田组接触带、蚀变发育，化探异常、重砂异常、磁异常。位于皖南褶断带	矿体（层）数：20个，其中Ⅸ号矿体，长590m，厚8.56m，倾角70°~85°。金品位6.2×10⁻⁶，埋深255~453m似层状矿体	石英脉	小型	有进一步工作价值
8	东至花山锑金矿	江南过渡带	矿体受压性断裂带控制，呈透镜状，扁豆状为主，不规则束状和脉状次之	矿石主要为辉锑矿，次为硫锑铅矿。锑平均品位6.18×10⁻²，锑金属量为5612t。金平均品位1.29×10⁻⁶	微细浸染型	中型	
9	东至中畈金矿	江南过渡带	位于江南断裂带南部，东至与江西交接地段。出露地层为青白口系邓家组及震旦系下统休宁组地层。主要受构造带控制	1号矿体：控制长335m，呈不规则透镜状；走向280°，倾向南西，倾角60°。平均厚度4.86m；平均金品位2.69×10⁻⁶。控制最大斜深为98m，最小为46m，赋存标高为+70~+168m	石英脉	小型	有进一步工作价值

序号	名称	位置	成矿条件或矿床地质概况	矿体特征	成因	规模	研究程度及评价
10	东至黄柏金矿	江南过渡带	前寒武系粉砂岩，发育花岗闪长斑岩脉、花岗斑岩等脉岩	矿体赋存于东西向蚀变构造破碎带内。矿石矿物黄铁矿为主，次为方铅矿、黄铜矿、磁铁矿、闪锌矿和微量毒砂、白钨矿、自然金等	低温热液（含金石英脉）型	小型	
11	东至赵家岭金矿	江南过渡带	分长岭、赵家岭、杨家山等矿段。青白口至寒武系地层，燕山期脉岩，北东向断裂构造控矿。矿石类型为蚀变岩型、蚀变含砾凝灰质粗砂岩	其中杨家山矿段发现主矿体长340m，斜深200m，厚1~6m，金品位0.31×10^{-6}~9.69×10^{-6}，圈定金矿4层，平均品位1.06×10^{-6}~4.63×10^{-6}	破碎带蚀变岩型，伴有石英脉	中小型	正在开展工作
12	东至查册桥	江南过渡带	前寒武系—志留系；与晚侏罗世—早白垩世花岗闪长斑岩存在成因联系（142~148Ma）	主要赋存于构造破碎带内，由多个小金矿（段）点组成，包括浸染型浅成低温热液型矿床、晚期改造型和红土型矿床	微细浸染型	小型	有进一步工作价值
13	东至余村	江南过渡带	前寒武系粉砂岩；发育花岗闪长斑岩脉、斜闪煌斑岩脉及闪长玢岩脉	矿体赋存于近东西向蚀变构造破碎带内。矿化类型包括含金石英脉型和破碎带蚀变岩型。矿石矿物：黄铁矿、黄铜矿、方铅矿、闪锌矿、自然金等	低温热液（含金石英脉）型		
14	柴山	江南过渡带	前寒武系粉砂岩，花岗闪长岩；成矿与燕山期花岗闪长质岩体或岩株存在空间联系	矿体主要赋存于花岗闪长斑岩和地层之间的接触带中，产出于夕卡岩或地层中。矿石矿物：白钨矿、辉钼矿、黄铁矿	夕卡岩型、低温热液型		
15	泾县乌溪金矿	江南过渡带	花岗闪长岩、志留系粉砂岩	层控岩浆热液矿床。矿体产出于花岗闪长岩北东向断层中	构造蚀变岩型	小型	有进一步工作价值
16	泾县云岭	江南过渡带	泥盆系五通组砂岩、石炭系黄龙组及二叠系栖霞组碳酸盐岩	位于云岭花岗闪长岩北西接触带，原生金硫矿化与其有关，矿体主要受岩体接触带、构造及地层层位控制，属夕卡岩型金硫矿化，近地表形成残坡积矿体	夕卡岩	小型	
17	泾县石芒坑	江南过渡带	志留系粉砂岩、页岩及花岗斑岩；与早白垩世花岗斑岩有关	矿体主要受岩体接触带及硅化构造破碎带控制。矿石矿物：黄（褐）铁矿、黄铜矿、方铅矿、闪锌矿、自然金	低温热液型	矿点	

续表

序号	名称	位置	成矿条件或矿床地质概况	矿体特征	成因	规模	研究程度及评价
18	祁门廖家金矿	江南造山带	位于沥口构造区内的中-新元古代千枚岩中	已发现 4 个矿体,主要赋存于 F2 构造中,多呈条带状,由含毒砂岩屑砂岩及石英脉组成。厚度 0.8 ~ 2.25m,品位 1.07×10^{-6} ~ 3.64×10^{-6}。倾向 $355°$,倾角 $34°$	破碎带蚀变岩夹石英脉	小型	有进一步工作价值
19	黄山区外桐坑	$118° 15' 30''$;$30° 15'30''$	位于三峰庵次级背斜南东翼。霞乡组为赋矿地层,受北东向 F3、F4 控制	圈定金资源量 2.8t。3、7号为主矿体。其中 7 号矿体长 285m,延深 116 ~ 210m,平均厚度 6.72m,平均品位 1.77×10^{-6}	破碎带蚀变岩型	小型	有进一步探矿空间
20	休宁天井山金矿	$118° 10' 30''$;$29° 32'35''$	位于赣浙皖断裂带北东段、牛屋岩组、昌前岩组及井潭组地层。矿体受构造带控制特征明显	分捏马、小贺、田子坑、韩家 4 个矿段,其中小贺矿段 Au8 产于花岗岩内的破碎带,北西走向,产状 $220° \angle 25°$ ~ $68°$,厚度 1.07 ~ 7.9m,平均 3.65m	石英脉夹蚀变岩	中型	有进一步工作价值
21	休宁璜尖金矿	$118° 19' 15''$;$29° 30'45''$	江南造山带东段,受北东向断裂构造破碎带控制	矿体(层)数:11 个。1 号矿体,长度:205m。宽度:110m。厚度:1.23m。倾角:$60°$。形态:似层状矿体	石英脉、蚀变岩	矿点	有进一步工作价值
22	休宁郭坑金矿	$117° 53' 56''$;$29° 43'09''$	产于中元古界木坑岩组砂岩中,郭坑岩体岩株的附近,叠加有后期断裂构造。具硅化、黄铁矿化、毒砂矿化	矿石中有黄铁矿、毒砂、石英、绢云母等,Au 0.5 $\times 10^{-6}$	中低温热液型	矿化点	规模小,无价值
23	休宁大丘田金矿	$117° 43' 42''$;$29° 38'19''$	产于中元古界木坑岩组基性岩(玄武岩)带北侧千枚岩中,发育两条北东东向断裂,沿断裂发生硅化、黄铁矿化、毒砂矿化、角岩化	矿化带长 360 ~ 1460m,走向北东 $68°$ 左右,倾向南南东,倾角 $70°$。矿化带宽窄不一,数十厘米到数十米。金矿体 1 条,长 200m,延深 80m,产状与矿化带一致。矿石中有毒砂、黄铁矿、石英等,Au 2.26×10^{-6} ~ 20.24×10^{-6}	中低温热液型	矿点	具有较好的找矿前景,可进一步工作
24	休宁障源铜(金)矿	$117° 45' 04''$;$29° 38'19''$	位于中元古界木坑岩组基性岩(玄武岩)与千枚岩外接触带上。该处为一压扭性断裂带,宽约 10m。总体走向南东,倾向北西	硅化岩为矿化体,宽约50cm。矿石中有黄铁矿、黄铜矿、铜蓝及孔雀石、石英等。Cu 0.82%、Au 0.19 $\times 10^{-6}$	中低温热液型	矿点	成矿条件尚可,构造复杂,可进一步工作

序号	名称	位置	成矿条件或矿床地质概况	矿体特征	成因	规模	研究程度及评价
25	休宁冯村金矿	117°45′07″；29°36′04″	位于汪村-冯村断裂带上。围岩为中元古界板桥岩组板岩夹粉砂质板岩。其南西侧即为冯村似斑状黑云母花岗岩体。具硅化、黄铁矿化	断裂带走向北东东，倾向北北西，倾角70°左右。矿化带宽约1m，矿石类型为裂隙充填状黄铁矿化构造角砾岩。矿石中有黄铁矿、黄铜矿、方铅矿、闪锌矿、石英等，Au 1.7×10⁻⁶	中低温热液型	矿化点	332地质队1997年检查发现，控矿条件有利，可进一步工作
26	休宁高舍金矿	117°45′43″；29°34′57″	产于中元古界樟前岩组、障公山近东西向韧性剪切带中。在剪切片理化基质中发育三条顺片理分布的蚀变带，宽度均约1m，产状近于一致，为185°∠25°，延伸在50m以上	金矿化主要发育在蚀变带内，碎裂状毒砂磁黄铁矿化绢云石英片岩和透镜状毒砂磁黄铁矿化石英脉中。前者含金品位为0.82×10⁻⁶～1.85×10⁻⁶，后者为2.6×10⁻⁶。矿石中有毒砂、磁黄铁矿、褐铁矿、黄铁矿、钛铁矿、石英、绢云母、绿泥石、透灰石等	中低温热液型	矿化点	332地质队1997年检查发现，具有找矿意义
27	休宁小连口金矿	117°47′41″；29°37′01″	产于北东东向中生代脆性破碎带内。破碎带南部为板桥岩组黑色千枚状板岩，北部为木坑岩组灰色、灰绿色中厚层状粉细砂岩，充填有石英闪长玢岩脉	矿化体11条，矿化体长度30～240m，厚度0.5～3.55m，延深20～250m。矿石中有自然金、自然银、毒砂、黄铁矿、白钨矿、石英等。Au1.35×10⁻⁶～5.67×10⁻⁶	中低温热液型	小型	332地质队1988、1990年普查。成矿条件有利，可进一步工作
28	休宁下大连金矿	117°50′47″；29°36′42″	围岩为中元古界板桥岩组灰黑色千枚状板岩。矿化体产于石英网脉带内，带宽7m，脉带产状169°∠56°。由平行状、网状石英脉组成	网脉带内叠加一条张性断层，产状275°∠85°，沿断层发育厚约40cm的黄铁矿化毒砂矿化硅化碎粒岩，Au 1.17×10⁻⁶	中低温热液型	矿化点	332地质队1997年检查发现，找矿意义不大
29	休宁大连金（银）矿	117°51′18″；29°35′0″	产于中元古界板桥岩组中，发育一硅化构造带，宽约10m，产状180°∠45°，带内硅化程度强弱不一，矿化蚀变较强，并具叶蜡石化及石英岩化	矿化主要为金属硫化物黄铁矿化。浅黄色，呈微细粒浸染状及集合体分布。Au 0.17×10⁻⁶～1.68×10⁻⁶	中低温热液型	矿化点	具一定找矿意义

3.12.1　宣城宣州区硖石山金矿

本区位于扬子准地台下扬子台坳沿江拱断褶带石台穹褶断束北东部，敬亭山-狸头桥复背斜的次级构造敬亭山倒转背斜北西翼的北东段。区内地层属下扬子地层分区，江南深断裂从本区东南附近通过。

1. 地层

本区出露地层为志留纪、泥盆纪、侏罗纪及白垩纪地层，其中金矿脉主要分布于志留纪和泥盆纪地层中。

志留纪地层主要为上统茅山组地层，其下段为浅灰色、灰白色、灰绿色中-厚层石英砂岩与深灰、浅灰黄色薄层粉砂岩、泥质粉砂岩、粉砂质页岩互层，局部夹紫红色粉砂质页岩、粉砂岩。中段为灰紫、灰黄、灰白色、灰绿色中-厚层石英砂岩夹薄层-厚层粉砂岩，上段在查区缺失。总体以黄褐色、紫褐色细粒石英砂岩为主，层理较清楚，倾向南东125°~140°，倾角52°~55°；泥盆纪地层主要为五通组地层，其下段为灰白、紫红色中-厚层细粒石英砂岩夹少量薄层泥岩，底部为厚层乳白色-浅棕色石英砾岩。上段为灰黑色薄层粉砂质泥岩、含碳泥岩，与灰白、棕黄色薄-中薄层石英砂岩互层。

2. 构造

区内构造主要为断裂构造和褶皱构造。其中断裂构造从江南深断裂通测区东南通过，与金成矿关系密切。

（1）褶皱。主要为敬亭山-狸头桥复背斜的次级构造敬亭山背斜的北西翼的北东端，主要为单斜构造，走向北东，倾向南东，倾角50°~55°。

（2）断裂。区内主要断裂有 F1、F2、F3 及 F4 断裂，其中 F1、F2 与金成矿关系密切，F1 为本区主断裂，矿区出露约 2km，走向北东 30°~45°，倾向北西（局部反倾），产状较陡（75°~85°），为压扭性断裂，其中 2 号矿体赋存于其中。F2 断裂，走向北东 60°，推测为 F1 断裂的次级构造，倾向南东，倾角较陡，近直立，为左行压扭断裂，1 号矿脉赋存于其中。F3、F4 为成矿后断裂，对矿体有一定破坏作用。

3. 岩浆岩

区内岩浆岩不发育，仅见到正长斑岩和闪长玢岩脉出露，其中在矿脉附近见到闪长玢岩岩脉。岩脉，走向一般为北东 60°，走向延伸 1500m，宽 50~100m，斑状结构，块状构造，大部分已经风化。

4. 矿脉特征

1 号脉：长大于 300m，厚约 3~5m，走向北东 55°~60°，倾向南东，倾角较陡，为含黄铁矿构造角砾岩型（蚀变岩型）金矿。金品位 $1.22×10^{-6}$~$5.45×10^{-6}$，最高 $9.15×10^{-6}$。银品位 $15×10^{-6}$~$56×10^{-6}$。

2 号脉：出露长大于 500m，厚约 5~8m，走向北东 25°~35°，倾向北西（局部反倾），倾角较陡（80°~85°），为蚀变岩型金矿。金品位 $0.50×10^{-6}$~$6.50×10^{-6}$，银品位最高达 $278×10^{-6}$。

3 号脉：位于闪长玢岩的外接触带中，出露长度大于 50m，厚约 1~2m，走向北东 60°，为蚀变岩型金矿。金品位 $0.55×10^{-6}$~$4.67×10^{-6}$。

5. 矿床成因

本区金矿脉受北东向、北东东向构造控制明显，矿体直接赋存于江南深断裂的次级构造的破碎带中。地层为金成矿提供了部分初始矿源层（如侏罗系中分村组地层为一套火山喷发岩，其中金、铜元素丰度高于背景值），江南深断裂的多次活动和岩浆岩侵入为本区金成矿提供了热源和含金热液运移及成矿空间。

初步认为该矿为与江南深大断裂相关的蚀变岩型金矿，进一步工作有望到达中大型规模。

3.12.2　贵池渚湖岭—安岭一带金矿

1. 地层

区内出露地层由老至新分别为寒武系下统黄柏岭组碳质页岩，奥陶系灰岩、白云岩，志留系坟头组，高家边组砂岩、砂质泥岩，泥盆系石英砂岩，侏罗系凝灰岩及第四系浮土层。

2. 构造

本区区域大地构造隶属于扬子准地台、下扬子台坳、沿江拱断褶带、安庆凹断褶束。区内构造主要为褶皱和断裂构造。主要褶皱发生于印支旋回，贵池背向斜带褶皱总体走向北东向50°~60°。查区位于贵池背向斜带的自来山-钱家冲背斜北西翼。断裂构造主要有北东向、北西向及近东西向断裂。

3. 岩浆岩

1）燕山晚期第一次侵入岩——汪村岩体

分布于自来山-钱家冲背斜李湾—巴山一带，呈岩株状产出，中-深成定位，中等程度剥蚀，岩体中部被较之晚期的巴山岩体侵入，切割成支离破碎的环状块体，东侧被较晚的义湖山岩体侵位，西部被李湾火山岩覆盖及枫树岭-东角冲断层破坏，整个汪村岩体露头零散，面积约7.14km²，岩石普遍具破碎、碎裂现象。

汪村岩体为中细粒石英二长岩，灰白色，半自形-他形粒结构，二长结构，块状构造。由钾长石（30.07%~48.09%）、斜长石（31.30%~51.71%）、石英（10.55%~13.95%）、黑云母（2.50%~4.12%）、少量角闪石及副矿物组成。

2）燕山晚期第二次侵入体——柯家山岩体

位于汪村岩体北东，出露长约4.5km，最宽处约1.5km，面积5.05km²。侵入体围岩主要为志留系高家边组页岩，局部地段为奥陶系仑山组上段，红花园、大湾、宝塔、汤头组灰岩及五峰组含硅页岩、碎屑岩具角岩化、碳酸盐岩大理岩化、围岩接触热变质作用较强，蚀变带宽约700m，岩体受后期构造应力作用明显，岩石普遍具破碎特征，向东向西破碎程度增强，局部形成碎裂状钾长花岗岩。

柯家山岩体为中细粒钾长花岗岩，肉红色，半自形-他形粒状结构，文象状构造、块状构造，钾长石（64.45%~73.65%），主要为正条纹长石，次为微斜长石，具棋盘格状构造。石英（25.71%~36.68%）、黑云母微量。

3）燕山晚期第三次侵入岩——义湖山岩体

位于巴山东侧，呈岩株状产出，中-浅成相，中等程度剥蚀。岩体露头平面形态呈略向东凸出之镰形,略显北西向延伸,面积约 3.17km²。岩石类型以石英正长岩为主,局部为石英闪长正长岩,岩体西侧呈枝杈状穿插于汪村岩体之中,北西部被较晚的巴山花岗岩岩枝穿插,义湖山岩体与巴山岩体接触带于石英正长岩中发育平行接触面分布的破劈理,岩体东侧与寒武系、奥陶系碳酸盐岩、碎屑岩呈侵入接触,围岩蚀变带宽近 200m,主要为大理岩化、角岩化,局部形成夕卡岩化,并具多金属矿化。

义湖山岩体岩性以石英正长岩为主,局部为石英闪长正长岩,呈肉红色,半自形中细粒结构,块状构造,含钾长石 (88.60% ~ 68.26%)、斜长石 (0.60% ~ 19.38%)、石英 (8.31% ~ 5.83%)、黑云母 (0.71% ~ 1.63%),石英闪长正长岩出现角闪石。岩石具绿泥石化、碳酸盐化。

4) 燕山晚期第四次侵入体——巴山岩体

呈岩株状产出,平面形态为长椭圆形,长轴近南北向,出露面积约 11.56km²,中-浅成相侵入体,浅度剥蚀。侵入汪村岩体之中,与汪村、义湖山岩体呈侵入接触,西侧之局部被李湾火山岩覆盖,岩体西部岩枝型脉岩发育,呈枝杈状穿插于汪村岩体之中。

巴山岩体岩石类型为花岗岩,中部为花岗斑岩残留顶盖,岩体受后期构造压力作用较强,尤以西部明显,岩石较为破碎,岩石呈肉红色,风化后为红褐色,半自形-他形中细粒结构、文象结构、斑状结构、基质细晶结构,局部显微文象结构、块状构造,晶洞构造普遍发育,矿物成分为钾长石 (61.30%)、斜长石 (10.81%)、石英 (26.19%)、黑云母 (0.88%) 及副矿物等。岩石次生蚀变有钾长石化、钠长石化、硅化、绢云母化、绿泥石化。

4. 变质作用及围岩蚀变

接触带围岩蚀变:外接触带主要有夕卡岩化、大理岩化、硅化、透闪石化 (灰岩、白云岩接触带)、角岩化 (砂、页岩接触带)。

内接触带以高岭土化为主,次为绿泥石化、绢云母化、绿帘石化,局部碳酸盐化、叶蜡石化等。

5. 矿床地质特征

1) 矿体特征

目前发现黄粟坑金矿化体 1 个、安岭金矿化体 3 个、寨洼金矿化体 1 个、毛竹园铁矿化体 1 个。

黄粟坑 TC11 探槽金矿体 1 个,见矿厚度 2.2m,地表见矿长 20 ~ 30m,走向 170° ~ 190°,倾向 80° ~ 100°,倾角 75 °左右。从槽探揭露取样分析来看,金矿最高含 Au 12.2×10⁻⁶,最低 0.8×10⁻⁶,平均 5.24×10⁻⁶。含金磁铁矿矿石 TFe 含量最高 58.15%,氧化后属铁帽型,但仍具强磁性。金矿化体断续出露长度近 500m。地表出露宽度,最宽 3m,最窄 0.3m,平均 1.72m,矿体呈藕节状断续出现,有一定的规律性。

安岭 TC3 探槽金矿化体 3 个,见矿厚度分别为 7.2、1.5、1.8m,地表见矿长 150m,走向 190°,倾向 100°,倾角 50° ~ 60°。Au 品位 1.7×10⁻⁶ ~ 4.6×10⁻⁶。

寨洼 TC5 探槽金矿化体 1 个,见矿厚度 4.0m,地表见矿长 20m 左右,走向 135°,倾向 225°,倾角 30° ~ 35°。

毛竹园一带地表发现磁铁矿体出露四处，槽探揭露，磁铁矿体 TFe 含量最高 44.26%，最低 27.60%，平均 35.9%。各小矿体长度 20～100m 不等，主要产于志留系石英粉砂质页岩与岩体接触部位的石榴夕卡岩内。铁矿化带厚度 10～20m。矿化体走向北东 15°左右，倾向南东，倾角 60°～70°，主要在岩体与围岩接触破碎带内。岩体为石英二长岩及石英正长斑岩，围岩为志留系高家边组页岩。

2）矿石质量

金矿矿石主要为含黄铁矿硅质褐铁矿矿石、角砾岩矿石及含浸染状黄铁矿粉砂岩矿石。主要为细-中粒结构、浸染状结构，块状构造、角砾状构造、细脉状构造。

铁矿石主要为磁铁矿矿石。

金属矿物主要为黄铁矿、磁铁矿、褐铁矿，化学成分主要为 Au、Fe 等。

黄粟坑金矿体 Au 1.05×10^{-6}～8.75×10^{-6}，拣块样品达 12.2×10^{-6}。

安岭金矿化体 Au 刻槽样 1.7×10^{-6}～4.6×10^{-6}，拣块样铁质细脉中达 8.5×10^{-6}。

寨洼金矿化体 Au 0.5×10^{-6}。

毛竹园铁矿体 TFe 41.70%～44.26%，mFe 30.88%～39.25%。

第4章 金成矿条件及成矿规律

4.1 金成矿条件

4.1.1 地层–岩性对金成矿的控制

（1）青白口纪—南华纪地层：青白口纪早期溪口岩群浅变质岩系广泛分布，属扬子大陆东南边缘活动大陆边缘区环境，岩石含金丰度平均为 $2.72×10^{-9}$，其中牛屋岩组金丰度值偏高有较好的成矿基础。晚期区内处于古陆剥蚀或山间盆地环境，形成邓家组碎屑沉积岩，属于古陆边缘滞流海稳定环境，具有较好成矿条件。而铺岭组（井潭组）火山–碎屑沉积岩含有较厚的钙碱性玄武–安山–流纹质火山岩系，岩石含金丰度较高（$7.58×10^{-9}$），构成了金的初始矿源层（沈俊，1991）。

青白口纪周家村组、牛屋岩组、井潭组等地层中及晋宁期片麻状花岗岩和花岗质糜棱岩带内，赋存有含金石英脉、含金蚀变岩和含金糜棱岩金矿。如休宁天井山、璜尖金矿等；同时在东至一带，青白口纪邓家组至南华系休宁组地层中的近东西向断裂破碎带中赋存有构造蚀变岩型和石英脉型金矿，如东至中畈金矿赋存于铺岭组（陈寿椅等，2012a，b），余村金矿赋存于邓家组，赵家岭一带金矿赋存于邓家组和休宁组地层中（聂张星等，2013）等。榧树坑—和阳一带金矿化主要层位为南沱组，岩性为蚀变含砾凝灰岩。

（2）震旦纪—寒武纪黑色岩系：黑色岩系初始富集 Au、As、Mo、Cu、Pb、Zn、Sb 等元素，如寒武系黄柏岭组底部的碳质页岩金丰度从 $n×10^{-9}$ 至 $n×10×10^{-9}$，易于迁移或富集，构成本区金成矿初始矿源层（谢祖军，2011）。经岩浆热液叠加改造、淋滤迁移，可形成微细浸染型金（锑）矿。主要蚀变有硅化、黄铁矿化、大理岩化、碳酸盐化、高岭土化、绢云母化等。矿石自然类型以氧化矿石为主，具有微细浸染型金矿的特征（聂张星等，2015）。如花山锑金矿、路源金矿。

（3）奥陶纪泥质瘤状灰岩中泥炭质含量高且孔隙度大，金的丰度值为其他地层的数倍至十几倍，金可能以胶体状质点被泥质所吸附，为金成矿提供了物质基础（盛中烈等，1991；谢祖军，2011）。同时奥陶纪红花园组和仑山组中泥灰岩、白云岩界面，尤其奥陶纪泥灰岩、白云岩中层间断裂破碎带对区内微细浸染型、夕卡岩型金矿具有重要控制作用（盛中烈等，1991；聂张星等，2015）。如尹家榨金矿、吕山金矿等。

（4）泥盆系—志留系等地层界面及志留系砂岩中，赋存有脉状金多金属矿体。经历了自古生代以来多期次的构造运动及燕山期岩浆岩侵入活动，致使该地层中发育规模不等的褶皱构造、断裂构造等，形成了北东向主干断裂构造以及派生的次级构造裂隙，为后期含矿热液矿液移运、充填、沉积、富集提供了有利空间，后期岩浆岩的侵入带来了大量的铜金元素同时又萃取活化了部分地层中的金，形成了构造蚀变岩型金矿床（Duan et al., 2017）。泾县乌溪、南大山、紫金山，铜陵杨冲里、亮石山金矿，贵池来龙山、渚湖岭、石门庵等金矿床（点），主要产于志留纪地层分布区内，与构造破碎带及小斑岩体或岩脉密切相关（段留安等，2020）。

（5）泥盆系—石炭系等不同时代地层的平行不整合面或层间断层，岩石破碎强烈，断续可见断层角砾岩分布，同时见闪长玢岩脉顺其侵入，是区内成矿有利部位，赋存有硫化物型金多金属矿。五通组顶部存在 0.35 ~ 0.50m 厚的含砾砂岩，普遍含细脉状、浸染状及散粒状黄铁矿，构成含金铁矿体的直接底板，金品位一般小于 1.00×10^{-6}，地表形成铁帽型金矿。如铜陵董店金矿，Ⅰ号主矿体赋存在五通组上段石英砂岩与黄龙船山组下部白云岩、白云质灰岩层面之间，金主要伴生在铁矿中（段留安等，2020）。

（6）三叠纪碳酸盐（如南陵湖组和塔山组灰岩）与燕山期中酸性花岗岩接触带，岩浆气液与碳酸盐岩围岩发生交代作用，并经历了从高温到低温热液蚀变过程，形成石榴夕卡岩、透辉石榴夕卡岩、透辉夕卡岩。围绕岩体形成的夕卡岩带与金矿化空间关系密切，形成夕卡岩型金矿床（高庚等，2006；任云生等，2006），如铜陵包村、朝山金矿床。

总体上，奥陶纪—早三叠世地层是本区 Au 及多金属矿床主要的容矿层位。本区地层对金矿床的控制作用主要表现在矿化类型上存在一定的差异性，如志留系砂页岩地层易形成蚀变岩型、斑岩型金矿化。综合已知金矿床（点）特征，大概具有以下特征：造山型金矿床多产在黄山—休宁一带基底出露区；构造蚀变岩型金矿床不受围岩（地层–岩性）条件限制，可发育在青白口纪—志留纪地层中，但以赋存在志留纪地层中为主；夕卡岩型金矿床多赋存在三叠纪碳酸盐岩与燕山期岩浆岩的接触带附近；斑岩型金矿床主要产在江南过渡带中的呈北东向展布的小岩体中；微细浸染型金矿床主要呈带状分布在江南古陆北缘震旦纪—奥陶纪地层中（段留安等，2020）。

4.1.2　岩浆岩与金成矿

区内已知矿床（点）形成与燕山期岩浆活动密不可分，除一些已知夕卡岩型多金属矿化形成于大型岩体与奥陶系碳酸盐岩接触带部位外，侵位于志留系等地层中的一些小型中酸性浅成侵入岩（斑）体中发现的金、多金属矿化，如池州牛背脊铜多金属矿、来龙山、渚湖岭、毛里山金矿，泾县乌溪金矿，铜陵杨冲里金矿等都与这些小岩体有关。同时一些北东走向的斑岩体也构成了斑岩型铜金矿，如贵池抛刀岭金矿、乌石铜金矿等（Duan et al., 2018a；段留安等，2020）。

据唐永成等（2010），安徽东南地区铜金多金属矿床的主要控制因素为岩浆作用，已知矿产地中约有 95% 矿床（点）与中生代侵入岩有关，不同时代、不同成因、不同岩石类型的侵入岩具有不同的成矿专属性。

1. 晚侏罗世花岗闪长（斑）岩

这类侵入岩主要包括花岗闪长（斑）岩、斜长花岗斑岩和黑云母二长花岗斑岩，岩体形成于 151 ~ 137.3Ma，主要分布在区域主干断裂两侧及其交汇处。这些断裂包括边界断裂、深大断裂及古隆起内部后南华纪沉积盆地内寒武纪与震旦纪地层间滑脱大型拆离构造。在区域上构成北东向和近东西向构造-岩浆岩-矿化带，如北东向贵池乌石-抛刀岭，皖东南宁的国墩-五城、铜山-平里、岭南-小川以及近东西向祁门-三阳和东源-三宝-金谷山等构造-岩浆岩-矿化带。与矿化有关岩体多呈岩株、岩瘤产出，出露面积一般小于 $2km^2$。研究资料表明，这类侵入岩岩浆来自上地幔，同熔部分下地壳，浅层和超浅层定位，部分侵入体具有隐爆特征。岩石蚀变强烈，主要有硅化、绢云母化、绿泥石化、黄铁矿化、钾化等。富含 W、Mo、Au、Cu 和多金属元素。一般与花岗闪长斑岩和斜长花岗斑岩金铜铅锌矿化有关；钨钼矿化与花岗闪长斑岩和二长花岗斑岩有关。成矿类型有岩浆热液型、斑岩型和夕卡岩型矿床。

2. 早白垩世花岗岩、花岗斑岩

区内早白垩世花岗（斑）岩、二长花岗岩体多呈岩基状产出，呈北东向展布。而与矿化有关岩体多为岩株、岩枝和小岩瘤，成岩年代为 131～109Ma。这类岩石 SiO_2 为 75.2%～76.35%，K_2O+Na_2O 为 8%。属富硅富碱钙碱岩系铝过饱和岩类，富集 W、Sn、Mo、Be 等元素。花岗斑岩中发育微粒状闪长质包体，由斜长石和黑云母组成。包体中含有斜长石斑晶捕虏体。花岗斑岩及其闪长质包体的稀土配分模式和微量元素蛛网图，显示具相同成因类型。这类岩体与 W、Mo、Sn 密切相关，如西坞口钨锡矿床及古门坑、巧川钨矿床等。与这类岩体有关矿床多为岩浆热液型和夕卡岩型矿床。

区内岩浆岩对成矿的控制作用，主要表现为以下几种形式：①提供矿质及成矿流体，在岩浆及其流体分异演化过程中成矿，是金及多金属矿形成的主要物质来源；②提供热源，驱动地下水对流循环，致使来自岩浆岩和围岩中的有用组分沉淀富集；③控制矿床的空间分布，多产于岩体接触带及岩体附近围岩中；④多期、多阶段的岩浆侵入活动，造成多期次成矿作用发生，使金成矿更富集。

已有的年代学和地球化学资料显示（杨晓勇等，2016），安徽南部地区金成矿作用主要与燕山早期 140±5Ma 岩浆活动密切相关，具有高钾钙碱性特征，岩石类型以中酸性-酸性花岗闪长（斑、玢）岩为主（Deng et al.，2016），多呈岩株、岩瘤产出，出露面积一般小于 $2.0km^2$，如抛刀岭英安玢岩体。同时该类岩石具有埃达克质岩特征，富集 Sr 而贫重稀土元素（如 Y 和 Yb），具有负的 $\varepsilon_{Nd}(t)$ 值和相对富集的初始 Sr 同位素比值（>0.704），富水且有较高的氧逸度，推断其形成于燕山期太平洋板块俯冲至扬子地块深部所导致的大洋板片熔融作用的背景（Sun et al.，2012，2013；Deng et al.，2016），同时，有学者综合研究长江中下游岩浆岩、沉积盆地、构造应力等认为沿江带金及多金属成矿呈线性分布，是在早白垩世受到 Izanagi 板块和太平洋板块中间的洋脊俯冲形成（Ling et al.，2009；Sun et al.，2010；Wu et al.，2017）。总之，洋壳俯冲形成了一系列高氧逸度花岗岩，带来了大量铜金元素，利于成矿（Li et al.，2017；Sun et al.，2015；Deng et al.，2017，2019；Liu et al.，2019）。随后 5～20Ma 洋脊俯冲向北偏东方向偏移，本区发生了大规模的双峰式火山岩以及一系列 A 型花岗岩（如花园巩岩体）侵位（Li H et al.，2012；Jiang et al.，2018a，b，2019），可能代表了板片拉张背景（Duan et al.，2017，2018a），此次岩浆岩侵位为前期金成矿提供了持续的热动力，促进了含矿热水运移，同时萃取了部分地层中的金元素，使之更加富集。因此认为，本区独立的岩金矿床金成矿作用主体发生在燕山期，是受早期（140±5.0Ma）太平洋板块俯冲和晚期（120±5Ma）陆内拉张作用的双重影响，金成矿主要与早期俯冲阶段有关，晚期则叠加了少量金及多金属矿种（Duan et al., 2017, 2018a），是燕山期中国东部构造体制转换与成矿大爆发事件具体体现和响应。

4.1.3　构造与金成矿

区内深大断裂和基底断裂、层间滑脱构造、褶皱构造、韧性剪切带及隐爆角砾岩构造等发育，与金相关的控矿构造主要有褶皱构造、断裂及裂隙构造、岩体接触带、层间破碎带及韧性剪切带等（盛中烈等，1991；沈俊，1991；谢祖军，2011；邓国辉等，2005；聂张星等，2013）。已知金矿床往往受褶皱构造变形及背斜鞍翼部的层间断裂和斜交断裂构造带控制。背斜内的深大断裂构造带在成矿作用中一般起导矿作用，容矿构造则常是深大断裂带中低序次的断裂、裂隙构造（段留安等，2020）。

1. 褶皱构造与金成矿

区内已知金及多金属矿几乎都与褶皱构造有关（盛中烈等，1991），矿床主要赋存于倒转背斜的翼部及倾伏端，矿体的展布方向与褶皱轴向近于一致，矿化发育地段多处于断裂裂隙较密集处（图4-1a）。褶皱对岩体侵入活动及含矿溶液流通起到了控制作用（谢祖军，2011），尤其是褶皱轴面弯曲处、褶皱倾伏端及褶皱的方向和性质发生变化处，利于岩体的侵入和矿化的形成（图4-1b）。

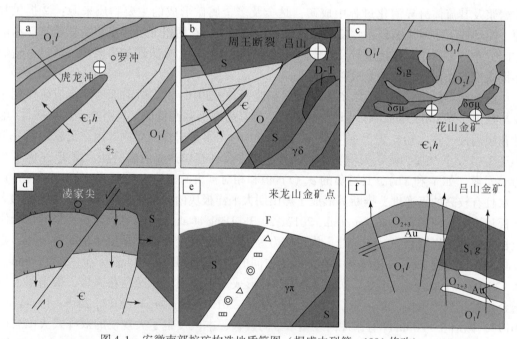

图4-1　安徽南部控矿构造地质简图（据盛中烈等，1991修改）

a、b. 褶皱与金成矿关系示意图；c、d. 断裂与裂隙与金成矿关系示意图；e. 岩体接触带与金成矿示意图；
f. 层间破碎带与金成矿示意图

2. 断裂、裂隙构造与金成矿

构造交汇部位，有利于矿液上升运移，同时也是成矿物质聚集的有利空间。一般来讲较大的断裂主要是矿液的通道，其本身矿化微弱，而次级断裂、裂隙，尤其是多组裂隙相互交叉部位，利于形成脉状、网脉状矿体（聂张星等，2013）。如东至花山金矿、凌家尖金矿等（图 4-1c、d）（段留安等，2020）。

3. 岩体接触带与金成矿

岩体接触带是区内金及多金属矿床重要的储矿构造，控制了多种矿床类型尤其是夕卡岩型矿床和蚀变岩型金矿的产出和富集（图 4-1e）。岩体的凹部以及接触带产状变化处，断裂裂隙一般较发育，围岩易碎，矿液易于集中，并能与有利围岩进行充分交代成矿（傅世昶，1999；高庚等，2006；任云生等，2006）。值得注意的是未经断裂破坏的接触带不易形成有规模的矿化，含矿的接触带一般都经受了后期比较强烈的构造变动，形成明显的构造破碎带，含矿接触带构造是由侵入体与碳酸盐岩层的接触面和断裂、裂隙构造所组成的复杂的复合构造（段留安等，2020）。

4. 层间破碎带与金成矿

盖层中的层间破碎带是金及多金属矿化的重要容矿构造，常形成似层状矿、脉状、透镜状矿体。区内不同岩性界面，由于受后期构造作用常产生层间破碎带，如碳酸盐岩、碳硅质泥质碎屑岩互层，由于岩层间物理化学条件的差异，在构造作用下产生层间剥离，形成层间破碎带，为矿液的流通和矿质的沉淀创造了良好的条件（图 4-1f）。受层间破碎带控制的矿体，呈较为规则的层状、似层状，可以出现在距侵入体较远的地段，如南陵吕山金矿（谢祖军，2011）。

5. 韧性剪切带与金成矿

韧性剪切带在研究区主要出露于黄山区休宁一带，其中北东、北东东向剪切带与金矿（化）关系密切（杨文思，1991；张国斌和吕绍远，2008；唐永成等 2010；潘国林等，2014）。新元古代火山活动为金成矿提供了丰富的物质基础，经区域变质作用形成的变质流体在天水或岩浆水的参与混入下，形成了富 CO_2 和低盐度的含矿流体，由于温、压等条件的变化，在断层阀作用控制下，流体中的金在低次级的逆冲脆-韧性剪切带内逐渐富集成矿（Duan et al.，2018b）。天井山金矿位于白际岭韧性剪切带的北缘，璜尖金矿位于白际岭韧性剪切带南缘；大阜韧性剪切带控制了铜尖下等矿床。江南古陆为元古宙碰撞造山带，其南缘剥蚀程度不高，广泛发育低级变质岩石，如绿片岩相变质的伏川蛇绿岩、低绿片岩相的浅变质岩系（牛屋岩组）等，属于有利于造山型金矿成矿的大地构造单元（Sun et al.，2013），金形成于压性、压扭性构造背景下，与挤压、破碎和韧性剪切密切相关（段留安等，2020）。

4.2　区域成矿规律

本区金及多金属矿床在平面上具有成带分布、局部集中成群的规律；矿化集中区内，矿种、矿化类型具有水平和纵向分带规律；多矿种、多类型矿并存，反映受统一地质作用、不同成矿环境下形成的成矿系列、组合特征。

4.2.1　空间分布规律

本区金成矿空间分布规律，主要体现在所处的区域构造位置、构造-岩浆岩、地层和岩石组合等不同控制因素所呈现的空间分布规律，展现了矿化分布的集中性和分带性。

北东、东西向主构造控制了区内金及多金属成矿区的分布，其次级东西、北东、北北东向构造控制了成矿带的分布，矿田空间分布受次级断裂、侵入岩及其接触带、多层多重层间滑脱构造控制。层间断裂和层间构造带、断裂破碎带、接触构造带等构成了主要容矿空间。

4.2.2　时间分布规律

本区经历了晋宁、加里东、燕山和喜马拉雅期构造-岩浆活动旋回，区内与晚侏罗世—早白垩世岩浆作用有关的金矿床占90%以上，矿床形成时代大约151～109Ma，集中于燕山期成矿，如抛刀岭金矿形成于141±1.0Ma（段留安等，2012）、铜陵杨冲里金矿形成时间为140.7～126.4Ma（Duan et al.，2017）、铜陵朝山金矿形成于138～139Ma（王建中等，2008），这可能与这一时期太平洋板块转向相关（Sun et al.，2007，2013；Liu et al.，2020）。Sun 等（2013）指出，太平洋板块转向使东亚大陆由原来的拉张背景转变为挤压背景，从而造成了上覆岩石圈特别是古缝合线等薄弱部位，发生变形、变质，释放出富硅、富二氧化碳变质流体，活化、萃取金等亲硫元素。成矿流体沿破碎带上涌，由于温压等改变，产生了相应富含碳酸盐的石英脉型，或与围岩反应形成蚀变岩型、夕卡岩、造山型等金矿（段留安等，2020）。

本区除燕山期金集中成矿外，其他时间阶段金成矿作用则稍差，鲜有报道。Duan 等（2018b）测得了天井山金矿韧性剪切带中的糜棱岩中的绿泥石 Ar-Ar 年龄 331.5±3.2Ma 的坪年龄，为海西期；与天井山金矿密切相关的花岗斑岩锆石 LA-ICP-MS U-Pb 年龄为765.9±3.7Ma，为晋宁期，燕山期岩浆活动对该金矿的影响则不太明显，因此结合前人资料，认为天井山金矿形成是多期次多阶段的结果，但其主要成矿时代应为晋宁期和海西期，晋宁期形成了蚀变岩型金矿体，海西期则形成石英脉型金矿体，这与区域上江西金山金矿、浙江璜山金矿形成时间、条件、地质特征等大致一致，都属于造山型金矿床（Duan et al.，2018b），因此今后在本区江南古陆南缘绿片岩相变质岩中寻找海西期韧性剪切作用形成的金矿床也是重要的找矿方向（段留安等，2020）。

综上，晋宁运动奠定了区域性构造格架，也控制着本区的矿产分布。金矿成矿期主要为晋宁期和燕山期，中生代的成矿作用是在晋宁期变质基底上局部演化的结果，即中生代的矿产分布仍反映了基底格局对区域成矿的控制（张国斌和吕绍远，2008）。区内金矿床大多数形成于燕山期，成矿与岩浆热液作用、构造条件密切相关。在同一个成矿带中，同源岩浆-热液的演化富集过程中，由于受不同时间段（次序）或者受不同的围岩条件（包括围岩的岩性条件和构造条件）的影响和控制，形成了不同成因、不同类型的金矿床（段留安等，2020）。

第5章　金预测远景区及找矿方向

自从 19 世纪 30 年代莱伊尔提出"将古论今"的现实主义方法以来,"相似类比"一直是地质学研究所遵循的基本方法原理,在矿床学和矿产勘查领域表现为各种成矿模式和找矿模型的研究和应用。"在相似的成矿地质条件下可能有类似(相同)的矿床产出",由此而来的在"同一成矿域(区、带)"、"相同的构造背景"、"相同的岩浆条件"、"相似的沉积环境"以及"相似的元素组合"、"相似的控矿因素"、"已有的成矿系列"等,总之,一切可能的"共性"(相似)特征都可能成为"预测"(类比)的依据(赵鹏大等,2001a,b;赵鹏大,2002)。赵鹏大院士将"地质异常"、"成矿多样性"与"矿床谱系"有机结合构成了现代成矿预测的新理论或新思路,并将其称之为"三联式"成矿预测。成矿是地质过程中的小概率事件,也是地质异常事件。因此,地质异常分析是从区域上有效识别、提取包含成矿事件的各类地质异常(异常圈定),成矿多样性分析是根据成矿地质特征在所有异常中筛选出成矿地质异常并评价预测单元内所有可能存在的矿产及其有利度(缩小靶区),矿床谱系分析是根据成矿规律从成矿地质异常和各类矿产中梳理出区域成矿体系(指导预测)。

圈定预测远景区遵循的准则是(朱裕生等,2006):①最小面积最大含矿率准则;②优化排序准则;③综合评价准则;④水平对等准则。重点要求:①矿产预测成果比例尺与使用的地、物、化、遥的比例尺一致,比预测成果比例尺大的原始资料可以充实其中,作为填平补齐的一部分资料收录。小于预测成果比例尺的资料不允许作为预测的原始资料使用。②在多元信息"类比求同"过程中,已知对象和评价对象获取的定位标志,控矿因素和找矿标志必须相同,否则失去求"同"的基础。③同一研究区(或成矿区带,或行政管辖区)内提交统一要求的预测评价成果,其比例尺一致。在需要进一步说明单个勘查靶区的可靠程度时,可以提交比预测成果比例尺更大的单个勘查靶区的成果。

皖南地区金矿分布广泛,金矿类型复杂多样,有石英脉型、蚀变岩型、斑岩型、中低温热液型(卡淋型)、铁帽型、砂砾岩型金矿等。在下扬子台凹南部、江南过渡带、江南隆起带均有不同类型金矿出露,因此根据区内金的地质、物化探资料及成矿规律,依据"三联式"及"相似类比"成矿预测理论,拟提出以下找矿远景区。

5.1　东至–石台–贵池金预测远景区

预测区内北东向和北北东向及近东西向断裂构造发育,岩浆活动及成矿作用均受其控制,金矿床(点)分布与上述断裂构造关系密切,以金为主的多元素化探异常也常沿断裂构造发育。燕山期岩浆岩活动强烈,为本区金成矿提供了部分热源和物质来源。区内已发现的矿化类型较多,主要有层控夕卡岩型、热液型、斑岩型、低温热液型、蚀变岩、石英脉型金矿等,金在休宁组、邓家组、木坑岩组、皮园村组、高家边组等地层中均有出露。

已发现有赵家岭金矿、牛头高家金矿、花山锑金矿、铜锣尖硫金矿、中畈金矿，土地坑、查册桥、石台银村，贵池抛刀岭、来龙山、云山、渚湖岭、童溪等金及多金属矿床（点），显示较好的找矿前景。

据1∶5万航磁等物探资料，本区存在多条总体北东、部分近东西向的布格重力异常带，结合地质和磁异常可以推断它们为半隐伏酸性和中酸性岩体引起。测区的西北边缘为密集的重力梯级带，为东至-青阳断裂引起。本区除已知地表有明显出露的岩体、断裂外，存在一些隐伏的岩体和断裂构造，具备金成矿的必要条件。区内圈出的1∶5万重砂异常区有程村黄金、铋族、白钨矿异常，库山白钨矿、铋族、黄金异常，杨村黄金异常，东坑黄金异常，上方黄金异常，余公庙黄金异常，许村黄金、白钨矿、黑钨矿异常，程家黄金异常，洪源山黄金异常。与已知矿产地吻合较好。1∶5万化探资料显示，本区Au异常伴生Ag、Cu、Pb、Zn等组合异常，多元素组合异常指示深部有较好的找矿潜力。

综上，本区地质物化探资料显示有较好的金成矿条件和前景。下一步找矿方向：①沿高坦断裂及其次级断裂寻找与北东、北北东及近东西向断裂构造相关的构造蚀变岩型金矿床。特别是断裂构造附近有燕山期花岗岩出露的地区要引起重视，相关的地层主要为青白口系、寒武系、志留系。如东至赵家岭金矿、贵池云山金矿等。②寻找斑岩型金矿床，高坦-周王断裂附近有一系列北东向-近东西向展布的小型浅成或超浅成侵入岩体（斑岩），构成了与江南隆起带南缘赣东北斑岩带对称产出的另一斑岩带，区内金（银）及多金属矿化与这些中酸性小斑岩体关系密切，如抛刀岭金矿。沿抛刀岭金矿北东展布的一系列小斑岩体是金及多金属斑岩型矿床的重要找矿方向。同时在已知含矿斑岩体的外围注意寻找多金属硫化物型金及多金属矿。③寻找浅成热液型金矿，在寒武—奥陶纪地层分布区发现的层控叠改型金、银多金属矿，主要产于杨田埂向斜和横北岭背斜北部的青阳地区，以产于奥陶纪碳酸盐岩地层中层间破碎带的热液型金矿为代表，如青阳尹家榨金矿、南陵吕山金矿、贵池云山金矿等，在寒武纪地层中出现的低温热液型银（金）锑矿也具有一定的工业意义。④寻找层间滑脱带控制的金矿。这类金矿近年来在志留纪地层中屡有发现，且具备中型以上金矿规模，如铜陵杨冲里金矿床。金矿点如贵池渚湖岭、来龙山、牛背脊等金矿点。⑤对区内已知以金为主的化探异常进行异常验证，如东至-石台Au、As、Sb、Hg元素异常区，花山Au、Ag、As、Sb、Hg等多元素异常区，梅村-刘街Au、Ag、As、Sb、Hg异常带，自来山Au、Ag、As、Sb、Hg、Cu、Pb、Zn异常区，朱家冲Au、Cu、As、Sb及Hg、Pb、Zn异常区，黄山岭安子山Au、Ag、As、Sb、Hg、Cu、Pb、Zn异常带，化探异常查证有望发现一批以金为主的多金属矿点。

5.2　青阳-泾县金及多金属预测远景区

本区位于石台复背斜的北东部，出露震旦纪—奥陶纪地层。分布有青阳岩体、椰桥岩体等燕山期岩浆岩。近东西向的周王断裂与北东向的高坦断裂在本区交汇，形成一系列的北东向及北北东、近东西向断裂构造。1∶20万重砂资料显示本区有6处重砂异常区，同时1∶20万化探资料显示Au、Sb是本区的主要异常，伴随有Ag、Cu、Pb、Zn等中低温元素单异常或组合异常，上述异常与已知矿床（点）吻合较好，说明化探异常在本区金找矿中有重要指示作用。1：5 万化探异常圈定 Au、Ag 为主的异常 20 余处，显示较好找矿潜力。主攻的矿化类型有中低温热液型和斑岩型金及多金属矿。

找矿方向：①按照地层、构造、岩浆岩"三位一体"的原则，围绕已知金矿点，加强基础研究继而开展深部勘探，已知的小矿点有望取得大的突破。②围绕 1：5 万化探异常继续开展探槽、钻孔等工程验证，已发现金及多金属矿点的区域，有望取得新的认识和突破。③在贵池云山至青阳叶山岩体附近一带，是寻找云山奥陶纪地层破碎带中硫金矿和接触交代金及多金属矿的靶区。④在泾县云岭—乌溪一带，需找石英脉型（如小岭）和层间破碎带热液充填型（乌溪、云岭等）及斑岩型金矿的有望靶区。⑤在青阳岩体的周边地区，尤其是北东侧，受周王断裂和江南断裂夹持部位是金及多金属有利成矿地段，注意在青阳王家山、泾县鸦雀窝和汪山岗一带的金及多金属矿的找寻。⑥在南陵吕山、泾县北贡一带寻找变质热液型金矿。⑦对 1：20 万化探金异常进行验证，如泾县汀溪–溪口 Au、Ag、Cu、Pb、Zn、As、Sb、Bi 异常区，泾县茂林 Au、Ag、Cu、Pb、Zn 异常区等。

5.3　宣城绩溪–宁国–广德金及多金属预测远景区

本区目前地质找矿效果不是太明显，工作程度低，但金异常规模大，实地调查发现，本区有望取得新的突破和认识。

主要的找矿方向和类型：①寻找构造带蚀变岩型金矿。围绕大断裂开展地质调查，如周王镇大李村金矿点、宣州区碐石山金矿点、郎溪铜管山金矿点等等，围绕上述金矿点开展地质勘查工作，一定会取得突破。在碐石山发现含黄铁矿蚀变岩，经化验金品位为 3.5×10^{-6}，银品位高达 286×10^{-6}，且构造带规模大，呈北东向展布；大李村北东向构造带中，金品位最高为 8.5×10^{-6}，银品位可达 40×10^{-6}。显示较好的找矿前景。②寻找斑岩型金矿。例如周王镇大李村附近发现花岗斑岩中普遍存在金矿化显示，金品位在 0.2×10^{-6} 左右，显示一定的找矿潜力。绩溪何阳有斑岩型金矿的特征等。③对化探异常区进行工程验证，如旌德祥云 Au 异常区、广德庙西 Au 异常区等。

5.4　休宁汪村–小连口–冯村金矿预测远景区

本区位于九岭–障公山隆起带锡金–铜金成矿带的北端，与九岭锡钨多金属成矿带的金家坞–大背坞金多金属矿成矿远景区直接相连（图版Ⅸ），在"浙赣皖相邻区 AuAgCuPbZn 矿床定位规律及成矿预测研究"中，评价区划为多金属成矿远景区。主要矿种有金、银、铜、钨、钼、铅、锌等多金属矿产。金矿的主要类型为构造破碎带蚀变岩型和石英脉型。

出露地层主要是中元古界浅变质岩，自下而上为樟前岩组、板桥岩组、木坑岩组、牛屋岩组，其中板桥岩组、木坑岩组等的千枚岩、板岩、变基性岩等为主要控矿围岩，大部分金等多金属矿点发育于千枚岩、变基性岩中，尤以千枚岩、变基性岩的接触带上最为突出。本区位于北东向的景德镇–祁门断裂构造带和北西西–近东西向的障公山韧性剪切构造变形带的复合叠加变形部位，其中北东向断裂带为主要的控矿容矿构造，已发现的金矿点主要赋存于该组构造中。如休宁大丘田的控矿构造与邻省金家坞金矿相似，为典型的石英脉再构造破碎、低温热液蚀变控矿容矿，具有较好成矿前景。发育有冯村–樟前岩浆岩带和里东坑–郭坑岩浆岩带等两条岩浆岩带，为本区金成矿提供了足够的物质来源和热动力。

1:20 万水系沉积物测量表明：祁门—屯溪一线以南浅变质岩分布区，地球化学总体特征是 Cr、Ni、Cu、Sn 高背景和 Pb、V、Ba 低背景。Au 异常分布于本区中部，也可划分为两个亚带，即小连口–里广山亚带和障源–通天湾亚带。据局部的矿产勘查和异常查证资料，前者产于板桥岩组地层中，受北东东向断裂控制，Au、As 原生晕同步起伏。后者与木坑岩组内近顺层产出的蚀变玄武岩顶底板构造蚀变岩有关。依据区域化探异常、成矿规律及已知金矿点分布信息，目前划分有白石塔–障源金成矿远景区、小连口–冯村金成矿远景区等两个金成矿远景区。

找矿方向主要是，围绕小连口–里广山和障源–通天湾 Au 化探异常区带，按北东向寻找石英脉和蚀变型金矿（十里亭、小连口金矿）。

5.5　皖东南地区（天井山–岭南）金矿预测远景区

位于皖浙赣构造–岩浆岩带中段，属德兴–歙县成矿带的一部分。本区分布中元古代地层，晋宁期和燕山期岩浆岩发育，北东向的韧性剪切带为本区主要控矿构造。多期次的构造岩浆岩事件，使金多次活化萃取并最终在主体为北东向构造带中富集沉淀成矿。

1:20 重砂区内圈出多个黄金异常，如上草市黄金异常、山岭头黄金异常、月潭黄金异常、大岭脚黄金异常、五里亭黄金异常，上村黄金异常等。1:20 万化探资料显示多个以 Au 为主的多元素组合异常区，部分异常区与已知发现的金、铅、锌、铜矿产地较好地吻合，化探异常显示较好的找矿潜力。

已知本区金矿床的形成，主要因素为构造–岩浆作用，地层作为成矿与赋矿的主要场所，为金成矿提供了部分物质基础。成矿热液主要发育于北东向构造及其次生裂隙中，形成石英脉型及蚀变岩型金矿，主体呈北东向展布，如天井山金矿、璜尖金矿等。区内以金为主多金属矿床，典型的有天井山石英脉+破碎蚀变岩型金矿，璜尖石英脉型金矿，里东坑斑岩型铜钼矿（伴生金）等。目前本区发现金矿床（点）5 处（中型 1 处，矿点 3 处，砂金矿点 1 处），与相邻的江西省同一条构造岩浆岩带上金矿规模相比，本地区有巨大的找矿潜力和前景。

第6章 金矿找矿靶区圈定

6.1 靶区圈定的原则和依据

预测远景区分类的原则是综合考察成矿条件有利程度，预测依据是否充分，矿化强度、成矿信息浓缩程度、资源潜力大小等因素，有些地区还应考虑自然地理条件。通过优选，将预测远景区分 A、B、C、D、E 五类和勘查靶区及重点突破区五类（朱裕生，1988）。

A 类：成矿条件十分有利，与已知矿床找矿模型表达的预测准则的吻合程度较高，预测依据充分，资源潜力大或较大，地表可见矿化露头或隐伏（盲）矿床存在可能性很大，可优先安排矿产预查的地区。

B 类：成矿条件有利，与已知找矿模型的预测准则有较好的相似程度，预测依据较可靠，成矿信息集中，有一定资源潜力，可考虑安排地质工作的地区。

C 类：具有成矿条件，与找矿模型的预测标志和已知区类比，有可能发现资源，又根据现有资料（或成矿信息）推断具有一定的资源潜力的地区。

D 类：勘查靶区，属大比例尺预测圈定的可供普查和指示矿床定位后布置勘查工程的地区，一般来说是在已知矿床或开采矿山的外围和深部赋存隐伏矿床、难识别矿床可能性较大的三维空间范围。

E 类：重点突破区，属详查和勘查工作区域，是建立新的矿物原料的基地。在矿产勘查中，通常将中小比例尺（小于等于 1:10 万）成矿预测所圈定的有利地段称为"找矿远景区"，而将大比例尺（大于等于 1:5 万）成矿预测所圈定的有利地段称为"找矿靶区"（夏庆霖，2008）。依据前述，重点圈定了属于 D 类大比例尺勘查靶区。

通常讲找矿靶区是指位于成矿有利构造部位、具有良好成矿前提的可能赋存有工业矿床或矿体的地区。一般靶区面积在 $4km^2$ 以内，而以 $1\sim2km^2$ 为佳。在预测标志优化基础上最大限度地缩小靶区面积，加强靶区含矿率研究，以提高钻探验证的见矿率，提高发现矿床（体）的命中率，提高地质找矿效果。找矿靶区是找矿远景区的延伸，因此，靶区的圈定，是以最小面积和最大含矿率作为基本准则。与成矿预测的基本原理一样，在圈定靶区时也多采用"逐步分级原则"、"相似类比原则"、"求异原理"、"矿床谱系"、"趋势外推"和"综合信息评价原则"等。

根据上述靶区圈定的原则，并通过野外实际调查，拟提出以下几个区为下一步重点找矿靶区。

6.2　贵池抛刀岭矿区深部金成矿靶区

抛刀岭金矿采矿权面积 $1.485km^2$，近年来经钻探验证，为池州首例大型斑岩型金矿床。依据"相似类比"原理、"趋势外推"原理及地质经验判断本区深部大有可为，为进一步勘查的靶区。

就抛刀岭金矿自身矿区而言，由于受鑫诚矿业公司探矿资金和深部探矿权（-286m 采矿标高）限制，虽然历次工作累计施工了 69 个钻孔，18621.33m 进尺，但勘查程度相对还是较低，尚未对已知矿体控制完全。除矿区中部范围勘查程度略高外（图版Ⅳ-2），北东段、西南段甚至普查程度都没有达到。中部矿体虽然控制程度较高，但只是相对于整个矿区而言，已知矿体的倾斜延深均未系统控制或控制不完全（图 3-16a～f），加强对已知矿体的控制，金资源量将进一步加大。同时，西南段 42 线单孔见到最大视厚度 10m，品位 $4.73×10^{-6}$ 的金矿体；44 线见到最厚达 22m，品位 2.05g/t 的金矿体（图 3-16a）；48 线单孔见到视厚度 8m，品位 $1.49×10^{-6}$ 的金矿体，显示了西南段很好的找矿前景和空间，需要对已知矿体倾斜沿深或两侧进行工程控制。另外 48 线向西南至 64 线矿界还有 300m 的探索空间，这些地段都有与主矿体类似的成矿条件。北东地段 25 线向北东方向延伸至 57 线约 700m 的矿区范围只施工了 ZK2904 等 4 个钻孔，且均为见矿孔，说明该地段仍有较大的找矿空间。

综上，抛刀岭矿区范围内尚有巨大的找矿空间，通过进一步对已知矿体进行工程控制和对北东、南西段未知区域进行探索控制，本区有望接近或达到特大型金矿床规模。

6.3　抛刀岭外围乌石、石门庵金及多金属矿成矿靶区

根据"逐步分级原则"、"相似类比原则"、"矿床谱系"、"趋势外推"和"综合信息评价原则"等原则，认为抛刀岭外围目前石门庵矿权及乌石、白虎山等矿权可以分别作为金矿勘查的靶区。

6.3.1　乌石金成矿靶区

据 1:5 万殷汇幅区调报告，抛刀岭、乌石、白虎山等地区，为淮阳山字型构造前弧东翼所构成的北东向褶皱、断裂带等构造控制，主要表现为位于长江深断裂南东侧的乌石–丁冲构造–岩浆岩活动带上，乌石预测区位于抛刀岭金矿西南端（图版Ⅳ-1）。主干断裂及侵入岩呈北东 50° 延伸分布，断续出露长 30km，印支期形成的断裂由于燕山运动进一步得到加强并和后期构造共同控制了早期中偏基性的辉石石英闪长岩、中酸性的石英闪长玢岩、花岗闪长岩及晚期中偏碱性的粗面岩、正长斑岩岩脉群的侵入和分布。断裂带沿线表现为区域性磁场升高区，并具 Au、Cu、Mo、Pb 等化探异常特征。

如前文所述，乌石地区位于抛刀岭金矿西南 4km，与抛刀岭金矿具有类似的地质特征，其乌石花岗斑岩的 U-Pb 年龄（Duan et al.，2018a）与抛刀岭英安玢岩的 U-Pb 年龄一

致，为同一时期早白垩世产物；和抛刀岭位于同一条构造带上；出露的地层也一致，主要为志留纪地层。围岩蚀变特征与抛刀岭也一致。同时本区具有物化探异常，多元素组合异常发育，推测深部有铜金矿床存在。目前本矿区发现含金斑岩矿（化）体 3 条，含铅锌银金多金属矿体一条，展示了较好的成矿前景，可以作为一个勘查靶区。

6.3.2　石门庵金成矿靶区

斑岩型铜-金矿床在空间上通常与夕卡岩型和低温热液型铜-金矿床是一个统一的成矿系统。如在菲律宾的东南部矿床顶部，产有一个高硫化低温热液金矿床，而菲律宾远东南矿床周围有 4 个低硫化、低温热液金矿床产出。斑岩型矿床与低温热液矿床在空间上存在叠置现象，即在低温热液矿床下面可能有斑岩型矿床产出，对于指导深部找矿具有重大意义；同时说明在已知含矿斑岩体的边部可能存在低温热液金及多金属矿床。热液爆破角砾岩常常与富金斑岩型铜矿床共生，包含早期正岩浆期、后期火山喷气期和岩浆蒸气期（phreatomagmatic）产物，以及最后形成的火山通道。角砾岩通常形成较早，是典型的中期岩浆侵入体相的岩浆流体释放的产物。热液爆破角砾岩金属含量通常较高，高于周围的网脉状、浸染状的矿化，如加拿大西岸 Mount Polley 铜金矿区所见。所以，在已知含矿斑岩体周边存在热液爆破角砾岩型金及多金属的可能性。依据"矿床谱系"和"相似类比"原则，认为抛刀岭东侧的石门庵矿权为金多金属矿找矿靶区。

1. 物探异常特征

2006 年紫金矿业公司优选白叶冲一带开展综合物探工作，以视极化率大于 6% 圈定异常，共圈出 6 处激电异常。各异常总体走向北东，呈长度不等的椭圆状异常分布，6 处激电异常特征见表 6-1。2010 年武警黄金第六支队在矿区许村矿段、铜山排矿段、西冲矿段分别开展了激电联合剖面测量工作，共发现 8 条激化体 J-1 ~ J-8，其中许村矿段 3 条 J-1 ~ J-3、铜山排矿段 3 条 J-4 ~ J-6、西冲矿段 2 条 J-7 ~ J-8。发现 6 条断裂破碎带 D-1 ~ D-6。

表 6-1　工作区大功率激电测量异常特征表

异常编号	异常中心坐标		走向	长度/m	宽度/m	异常峰值
	X	Y				
J1	48900	75750	NE35°	200	50	14%
J2	49000	75425	NE35°	500	50	12%
J3	48925	75050	NE40°	250	60	7%
J4	49125	75100	NE40°	125	40	7%
J5	49050	74675	NE35°	250	25	6%
J6	49350	74300	NE35°	150	50	12%

1）许村测区

本测区内共发现两条低阻破碎带，分别为 D-1、D-2 断裂：D-2 断裂位于测区西部，控制长度约 2000m，宽 10 ~ 30m，推断其为 F1 构造；D-2 断裂位于测区中部，控制长度约

2800m，宽 10～50m，推断其为 F3 断裂。

J-1 极化体：该极化体位于测区西侧，极化体经过位置出露岩性为粉砂质页岩。该极化体控制长度约 800m，宽 10～50m。推断其为抛刀岭金矿脉在南西方向上的延伸。

J-2 极化体：该极化体位于测区中部，为第四系所覆盖。控制长度约为 2400m，宽 10～20m，推断其为 F3 断裂中的金属硫化物地质体，其含金性有待查证。

J-3 极化体：位于工作区的东侧，极化体经过位置出露岩性为粉砂质页岩，控制长度约 2700m，宽 10～50m，推断其为强硫化物地质体引起。

本区通过物探工作发现，工作区东部的粉砂质页岩极化率高，岩体中普遍含有金属硫化物，局部金属硫化物含量较多，局部硅化较强；工作区西部的粉砂质页岩、花岗岩极化率较低，金属硫化物含量较低。初步推断断裂及金属硫化物地质体在走向上呈串珠状分布，在倾向上延深不大。

2）铜山排测区

D-3：F1 在测区内控制长度约 500m，宽 10～20m。

D-4：位于测区中部，控制长度约 600m，宽 10～20m。

J-4 极化体：该极化体位于测区铜山排测区西侧，极化体经过位置出露岩性为粉砂质页岩，局部可见英安玢岩。该极化体控制长度约 500m，宽 10～20m。走向北西，倾向与地层一致，倾角较大。推断其为隐伏的含金属硫化物地质体。

J-5 极化体：该极化体位于测区铜山排测区中部，极化体经过位置出露岩性为粉砂质页岩，局部可见英安玢岩。控制长度约为 600m，宽 10～20m。极化体走向北西，倾向与地层一致，倾角较陡。推断该极化体由铜山排 4 号矿脉引起。

J-6 极化体：位于铜山排工作区的东侧，极化体经过位置出露岩性为粉砂质页岩，局部可见英安玢岩，控制长度约 400m，宽 10～20m，极化体走向北西，倾向与地层一致，倾角较陡。推断该极化体为铜山排 1、2 号脉所引起。

3）西冲测区

测区共发现两条破碎带，D-5 断裂位于测区的西北边，控制长度约 500m，宽 10～20m；D-6 断裂位于测区的东南边，控制长度约 1000m，宽 10～30m，两条破碎带均具低阻特征，推断其为角砾岩体与围岩的接触面。

J-7 极化体：该极化体位于测区西北侧，极化体经过位置出露岩性为粉砂岩，局部可见角砾岩。该极化体控制长度约 600m，宽 10～20m，极化体走向北东，倾向南东，倾角较陡。推断其为赋存于低阻破碎带内的金属硫化物地质体。

J-8 极化体：该极化体位于测区南东侧，极化体经过位置出露岩性为粉砂岩，局部可见角砾岩。该极化体控制长度约为 1000m，宽 10～20m，极化体走向北东，倾向北西，倾角较陡。推断其为 D-6 断裂中的金属硫化物地质极化体所引起，其含金性有待查证。

2. 化探异常特征

紫金矿业集团股份公司于 2001 年在本区开展过 1∶1 万基岩地球化学测量工作，分别作了 Au、Ag、As、Sb、Pb、Cu、Zn、Bi 等 8 种元素的地球化学图。其中 Au、Ag 元素含量特征如下：

（1）Au 异常分布特征。整个测区几乎都是金元素的异常区，且大部分边界没有封闭。表明本区是处于一个大的异常区内。根据 Au 20×10^{-9} 来圈定，则区内可以分为 3 个强异常带。其中一号异常带最大，长达 3km，宽 1～2km，且异常浓集中心明显，该异常区现已发现有多处矿体和矿化体存在；二号异常带沿北东向分布，区内有 7 处异常断续分布，浓集中心金元素含量大于 100×10^{-9}；三号异常带为西冲硫铁矿所在位置，因没完全控制，延伸方向不清。

（2）Ag 异常分布特征。整个测区几乎全为 Ag 元素异常区。大于 0.30×10^{-6} 的强异常与 Au 一样有三个异常带：一号异常带为前两个阶段工作的详查区，也是 Ag 异常最大分布处，其中心可大于 5.0×10^{-6}；二号异常带沿北东向分布，有 7 个浓集中心断续分布，其中有两个异常浓集中心 Ag 含量大于 10×10^{-6}；三号异常带为西冲硫铁矿所在地。

3. 已知矿化体情况

根据 2010 年武警黄金第六支队资料，区内矿床（点）主要有西冲矿段、铜山排矿段、许村矿段、白叶冲矿段。其中西冲矿段发现 7 条金矿化体，主要分布于西冲 F7 角砾岩带膨大部位的边部及其中间的挤压破裂面上。矿化体以含金铁帽、含金铁质角砾岩形式于地表不规则出露，其规模小，厚度变化大，地表长度 20～30m，厚度 0.52～1.58m，呈透镜状、囊状产出，矿化体特征见表 6-2。铜山排矿段发育英安玢岩（花岗闪长斑岩）小岩株（岩脉）。目前在铜山排一带发现有小规模、低品位金矿体，产状：250°∠70°～80°，矿体主要赋存于花岗闪长斑岩体内及与围岩接触带上下盘。成矿机制与抛刀岭金矿类似。该地段为有利成矿地段。在 F3 断裂带的北东地段施工 1 个钻孔工程（ZK3303），圈出 5 个含矿层，总厚度 18m，平均品位 1.98×10^{-6}。许村金矿段位于抛刀岭金矿南西，与抛刀岭矿区邻接，出露地层为志留系下统高家边组页岩，有 5 条北东向分布的英安玢岩脉侵入，英安玢岩脉长 250～900m、宽 50～100m，产状 310°～330°∠50°～70°。深部由 1 个钻探工程 ZK11801 控制，钻孔中 176.50～200.12m 见与地表对应的英安玢岩脉，穿层厚度为 33.63m，英安玢岩脉全岩黄铁矿化，硅化普遍存在。在英安玢岩脉下盘与围岩接触部位（198.27～198.82m）发现一层金矿体，具黄铁矿化，黄铁矿呈团块状分布或沿裂隙充填呈细脉状分布，最高含量可达 10%，矿体穿层厚度 0.55m，金品位 1.06×10^{-6}。

表 6-2　西冲矿段矿化体特征一览表

矿脉编号	平均厚度/m	平均品位 /10^{-6}	矿脉走向	矿石类型	产状
1	1.08	2.97	北东向	硅化蚀变岩型	312°∠70°
2	1.40	4.92	北东向	角砾岩型	312°∠70°
3	1.38	6.70	北北东向	角砾岩型	122°∠63°
4	0.83	6.81	北东向	角砾岩型	122°∠63°
5	1.03	6.72	北东东向	角砾岩型	165°∠64°
6	1.58	1.39	北东向	角砾岩型	165°∠64°
7	0.52	1.55	北东向	角砾岩型	135°∠56°

　　抛刀岭金矿矿体产状为倾向北西，根据钻孔见矿情况分析，超出其西侧矿权边界的石门庵矿权仍有较大探矿空间。

　　综上，依据斑岩型铜金矿矿床谱系、相似类比、趋势分析及本矿区已知的物化探特征、金及多金属矿化特征分析，综合信息显示，本区可以作为一个重点勘查的靶区。

参 考 文 献

安徽省地质矿产局, 1987. 安徽省区域地质志. 北京: 地质出版社.

安徽省地质矿产勘查局311地质队, 2016. 安徽省东至地区铅锌金多金属矿调查评价报告.

安徽省地质矿产勘查局311地质队, 中国科技大学, 2019. 安徽东至查册桥—石台县小河一带金多金属矿成矿作用与成矿规律研究.

安徽省地质矿产勘查局321地质队, 2007. 安徽省东至县中畈金矿详查地质报告.

安徽省地质矿产勘查局324地质队, 2003. 安徽省东至县中畈金矿普查地质报告.

安徽省地质矿产勘查局332地质队, 2009. 安徽省休宁县小贺金矿详查设计.

安徽省地质调查院, 2001. 江南过渡带银的找矿研究报告.

安徽省地质调查院, 2004. 安庆幅1∶25万区域地质调查报告.

安徽省物化探研究院, 1987. 安徽省水系沉积物区域化探报告 (1∶20万).

白凤军, 1999. 嵩县小公峪金矿区构造蚀变岩型金矿的基本特征与找矿标志. 有色金属矿产与勘查, 8: 493-497.

蔡鹏捷, 许荣科, 朱本杰, 等, 2016. 湖北嘉鱼蛇屋山红土型金矿研究回顾与展望. 地质评论, 62 (2): 389-397.

曹毅, 杜杨松, 蔡春麟, 等, 2008. 安徽庐枞地区中生代A型花岗岩类及其岩石包体: 在碰撞后岩浆演化过程中的意义. 高校地质学报, 14 (4): 109-120.

常印佛, 刘湘培, 吴言昌, 1991. 长江中下游铜铁成矿带. 北京: 地质出版社.

常印佛, 周涛发, 范裕, 2012. 复合成矿与构造转换: 以长江中下游成矿带为例. 岩石学报, 28 (10): 3067-3075.

常印佛, 邓晋福, 杜建国, 等, 2013. 长江中下游铜铁成矿带大别–台湾走廊域成矿区带形成的四维结构. 北京: 地质出版社.

陈斌, 翟明国, 邵济安, 2002. 太行山北段中生代岩基的成因和意义: 主量和微量元素地球化学证据. 中国科学 (D辑), 32 (11): 896-907.

陈昌明, 曾令高, 张均, 2015. 皖南地区天井山金矿的矿化时空结构及矿体定位规律. 地质找矿论丛, 30 (2): 199-207.

陈国光, 应祥熙, 2002. 安徽省贵池铺庄金矿地质特征. 地球学报, 23 (3): 213-216.

陈江峰, 周泰禧, 邢凤鸣, 等, 1989. 皖南浅变质岩和沉积岩的钕同位素演化及其大地构造意义. 科学通报, (20): 290-299.

陈寿椿, 段留安, 赵明传, 2012a. 安徽东至县中畈金矿地质特征及找矿标志浅析. 安徽地质, 22 (4): 33-36.

陈寿椿, 段留安, 杨晓勇, 等, 2012b. 安徽省东至县中畈金矿金的赋存状态及富集规律浅析. 安徽地质, 22 (1): 19-23.

陈四新, 张梁宇, 丁宁, 2014. 安徽省铜陵县杨冲里金 (银) 矿详查阶段性地质报告.

陈衍景, 2006. 造山型矿床、成矿模式及找矿潜力. 中国地质, 33 (6): 1181-1196.

陈衍景, 2013. 大陆碰撞成矿理论的创建及应用. 岩石学报, 29 (1): 1-17.

陈衍景, 倪培, 范宏瑞, 等, 2007. 不同类型热液金矿系统的流体包裹体特征. 岩石学报, 23 (9): 2085-2108.

储国正, 2010. 安徽金矿主要特征及找矿方向. 安徽地质, 20 (4): 255-259.

崔来运, 2005. 河南赵岭构造蚀变岩型金矿床微量元素地球化学特征. 地质与勘探, 41: 33-34.

邓国辉, 刘春根, 冯晔, 2005. 赣东北–皖南元古代造山带构造格架及演化. 地球学报, 26 (1): 9-16.

邓晋福, 刘厚祥, 赵海玲, 1996. 燕辽地区燕山期火山岩与造山模型. 现代地质, 10: 137-148.

邓晋福, 赵国春, 赵海玲, 等, 2000. 中国东部燕山期火成岩构造组合与造山–深部过程. 地质论评, 46: 41-48.

邓晋福, 戴圣潜, 赵海玲, 等, 2002. 铜陵 Cu-Au (Ag) 成矿区岩浆–流体–成矿系统和亚系统的识别. 矿床地质, 21 (4): 317-322.

邓军, 王庆飞, 黄定华, 等, 2004. 铜陵矿集区构造–流体–成矿系统演化格架. 地学前缘, 11 (1): 121-129.

邓军, 王庆飞, 黄定华, 2006. 铜陵矿集区浅层含矿岩浆输运网络与运移机制. 中国科学 (D 辑), 36 (3): 252-260.

丁宁, 2012. 安徽省钨矿成矿规律. 合肥: 合肥工业大学.

董胜, 2006. 安徽省贵池地区区域地球化学特征及找矿意义. 物探与化探, 30 (3): 215-223.

董树文, 张岳桥, 龙长兴, 等, 2007. 中国侏罗纪构造变革与燕山运动新诠释. 地质学报, 81 (11): 1450-1461.

董树文, 马立成, 刘刚, 等, 2011. 论长江中下游成矿动力学. 地质学报, 85 (5): 612-625.

董学发, 2014. 浙江璜山造山型金矿的确认及其意义. 地质学刊, 28 (3): 347-351.

杜杨松, 秦新龙, 田世洪, 2004. 安徽铜陵铜官山矿区中生代岩浆–热液过程: 来自岩石包体及其寄主岩的证据. 岩石学报, 20 (2): 339-350.

杜杨松, 李顺庭, 曹毅, 等, 2007. 安徽铜陵铜官山矿区中生代侵入岩的形成过程: 岩浆底侵、同化混染和分离结晶. 现代地质, 21 (1): 71-77.

段留安, 2016. 安徽南部地区典型金矿床地质及成矿地球化学研究. 合肥: 中国科学技术大学.

段留安, 杨晓勇, 孙卫东, 等, 2011. 皖南天井山金矿床地质–地球化学特征及找矿前景. 地质学报, 85: 965-978.

段留安, 杨晓勇, 汪方跃, 等, 2012. 长江中下游成矿带贵池抛刀岭金矿含矿岩体年代学及地球化学研究. 岩石学报, 28: 3612-3622.

段留安, 杨晓勇, 刘晓明, 等, 2013. 铜陵舒家店地区志留纪地层中金矿的发现及其意义. 大地构造与成矿学, 37 (2): 333-339.

段留安, 杨晓勇, 汪方跃, 2014. 长江中下游成矿带抛刀岭大型斑岩型金矿特征及找矿前景. 地球科学与环境学报, 36 (1): 161-170.

段留安, 古黄玲, 杨晓勇, 等, 2015. 长江中下游李湾铜钼矿岩石地球化学研究. 岩石学报, 31 (7): 1943-1961.

段留安, 杨晓勇, 魏有峰, 等, 2020. 安徽南部地区金矿控矿条件及其成矿规律研究. 岩石学报, 36 (1): 225-244.

范宏瑞, 谢奕汉, 王英兰, 1998. 豫西上官构造蚀变岩型金矿成矿过程中的流体–岩石反应. 岩石学报, 14 (4): 529-541.

范羽, 周涛发, 张达玉, 等, 2014. 中国钼矿床的时空分布及成矿背景分析. 地质学报, 88 (4): 784-804.

范裕, 周涛发, 袁峰, 等, 2008. 安徽庐江–枞阳地区 A 型花岗岩的 LA-ICP-MS 定年及其地质意义. 岩石学报, 24 (8): 1715-1724.

付怀林, 辛厚勤, 2004. 皖南白际岭地区金的地球化学特征及找矿预测. 桂林工学院学报, 24 (1): 14-18.

傅世昶, 1999. 铜陵朝山金矿床成矿地质特征和成矿预测. 地质找矿论丛, 14 (2): 69-74.

高帮飞, 江少卿, 周迎春, 2011. 湖北蛇屋山金矿床含金碳酸盐岩风化成矿过程, 地质与勘探, 47 (3):

361-369.

高庚, 徐兆文, 杨小男, 等, 2006. 安徽铜陵朝山金矿床地质特征及成因研究. 地质找矿论丛, 21 (3): 162-167.

高冉, 闫峻, 李全忠, 2017. 皖南谭山岩体成因: 年代学和地球化学制约. 高校地质学报, 23: 227-243.

古黄玲, 2017. 长江中下游贵池矿集区燕山期岩浆作用与铜 (钼) 金成矿关系研究. 合肥: 中国科学技术大学.

顾连兴, 1984. 江西武山中石炭世海相火山岩和块状硫化物矿床. 桂林冶金地质学院学报, 4 (4): 91-102.

郭维民, 陆建军, 章荣清, 等, 2010. 安徽铜陵冬瓜山矿床中磁黄铁矿矿石结构特征及其成因意义. 矿床地质, 29 (3): 405-414.

郭维民, 陆建军, 章荣清, 等, 2011. 安徽铜陵冬瓜山铜矿床的叠加改造成矿机制: 来自矿石结构的证据. 地质学报, 85 (7): 1223-1232.

侯明金, 郑光文, 蔡连友, 等, 2006. 安徽省休宁县西南部金多金属矿调查评价报告.

侯明金, 朱光, Mercier J, 等, 2007. 郯庐断裂带 (安徽段) 及邻区的动力学分析与区域构造演化. 地质科学, 42 (2): 362-381.

侯增谦, 2004. 斑岩 Cu-Mo-Au 矿床: 新认识与新进展. 地学前缘, 11 (1): 131-144.

胡瑞德, 毛景文, 范蔚茗, 等, 2010. 华南陆块陆内成矿作用的一些科学问题. 地学前缘, 17 (2): 13-26.

黄传冠, 刘春根, 丁少辉, 等, 2013. 钦杭成矿带东段 (江西段) 矿产预测类型谱系. 地质学刊, 37 (3): 387-392.

黄山矿产资源储量动态检测中心, 2008. 安徽省休宁县山斗金矿天井山矿段资源储量核实报告.

嵇福元, 李音平, 周粟, 等, 1991. 皖南地区微细浸染型金矿地球化学特征. 江苏地质, (3): 137-143.

贾大成, 胡瑞忠, 2001. 滇黔桂地区卡林型金矿床成因探讨. 矿床地质, 20 (4): 378-384.

江迎飞, 2009. 富金斑岩铜矿床研究进展. 地质学报, 83 (12): 1997-2017.

姜妍岑, 谢玉玲, 唐燕文, 等, 2013. 安徽天井山金矿成矿流体特征及成矿过程初探. 岩石矿物学杂志, 32 (3): 329-340.

蒋少涌, 李亮, 朱碧, 等, 2008. 江西武山铜矿区花岗闪长斑岩的地球化学和 Sr-Nd-Hf 同位素组成及成因探讨. 岩石学报, 24 (8): 1679-1690.

孔祥儒, 熊绍伯, 周文星, 等, 1995. 浙江省深部地球物理研究新进展: 屯溪–温州、诸暨–临海地学断面及区域重力研究成果. 浙江地质, 11 (1): 50-62.

赖小东, 杨晓勇, 孙卫东, 等, 2012. 铜陵舒家店岩体年代学、岩石地球化学特征及成矿意义. 地质学报, 83 (3): 470-485.

李得刚, 曾小华, 关有国, 等, 2012. 中国卡林型金矿床成矿地质特征探讨. 有色金属 (矿山部分), 64 (1): 24-30.

李海滨, 贾东, 武龙, 等, 2011. 下扬子地区中–新生代的挤压变形与伸展改造及其油气勘探意义. 岩石学报, 27 (3): 770-778.

李惠, 张文华, 刘宝林, 等, 1999. 中国主要类型金矿的原生晕轴向分带序列研究及其应用准则. 地质与勘探, 35 (1): 32-35.

李江海, 穆剑, 1999. 我国境内格林威尔期造山带的存在及其对中元古代末期超大陆再造的制约. 地质科学, 34 (3): 259-272.

李金祥, 秦克章, 李光明, 等, 2006. 富金斑岩型铜矿床的基本特征、成矿物质来源与成矿高氧化岩浆–流体演化. 岩石学报, 22 (3): 678-688.

李锦轶, 1998. 中国东北及邻区若干地质构造问题的新认识. 地质论评, 44: 474-480.

李进文, 裴荣富, 张德全, 等, 2007. 铜陵矿集区燕山期中酸性侵入岩地球化学特征及其地质意义. 地球学报, 28 (1): 11-22.

李晶, 陈衍景, 刘迎新, 2004. 华北克拉通若干脉状金矿的黄铁矿标型特征与流体成矿过程. 矿物岩石, 24 (3): 93-102.

李鹏举, 余心起, 邱骏挺, 等, 2013. 浙赣皖相邻区燕山期花岗质岩类含矿性及其氧逸度特征. 中山大学学报 (自然科学版), 52 (5): 161-168.

李双, 杨晓勇, 孙卫东, 2012. 皖南歙县邓家坞钼矿床年代学及 Hf 同位素地球化学研究. 岩石学报, 28 (12): 3980-3992.

李双, 杨晓勇, 孙卫东, 等, 2014. 皖南泾县榔桥岩体锆石 U-Pb 定年、Hf 同位素和地球化学特征及其找矿指示意义, 地质学报, 88 (8): 1561-1578.

李双, 孙赛军, 杨晓勇, 等, 2015. 皖南乌溪斑岩型金矿床赋矿侵入岩体的岩石地球化学及年代学研究. 大地构造与成矿学, 39 (1): 153-166.

李松生, 1998. 再论蛇屋山红土型金矿的成因. 矿床地质, 17 (2): 15-23.

梁发辉. 1992. "江南古陆" 北缘东段 (皖南) 地层含金性浅析. 华东铀矿地质, (2): 49-58.

刘施民, 黎家祥, 1995. 湖北蛇屋山卡林型金矿地质及成因. 贵金属地质, 4 (3): 180-192.

刘湘培, 1989. 长江中下游地区成矿系列和成矿模式. 地质论评, 35 (5): 398-408.

刘英俊, 曹励明, 李兆麟. 1984. 元素地球化学. 北京: 科学出版社.

刘裕庆, 刘兆廉, 杨成兴, 1984. 铜陵地区冬瓜山铜矿的稳定同位素研究//中国地质科学院矿床地质研究所文集. 北京: 地质出版社: 70-101.

刘源骏, 2005. 对中国南方某些 "红土型" 金矿取名的质疑. 资源环境与工程, 19 (3): 172-174.

刘源骏, 2016. 有关湖北蛇屋山金矿成因的几点浅识. 资源环境与工程, 30 (S): 105-108.

刘蕴光, 王敏芳, 肖凡, 2012. 鄂南地区蛇屋山与富水卡林型金矿床的矿床地质特征对比及找矿标志研究. 黄金, 33 (3): 17-19.

卢焕章, 朱笑青, 单强, 等, 2013. 金矿床中金与黄铁矿和毒砂的关系. 矿床地质, 32 (4): 823-842.

陆浩, 1998. 江山-绍兴断裂带中的金矿: 以桐树林-潘村韧性剪切带为例. 浙江地质, 14 (2): 19-28.

陆志刚, 陶魁元, 谢家莹, 等, 1997. 中国东南大陆火山地质及矿产. 北京: 地质出版社.

吕承训, 吴淦国, 陈小龙, 等, 2011. 新城金矿蚀变带构造与地球化学特征. 大地构造与成矿学, 35 (4): 618-627.

吕启良, 胡青, 沈来富, 等. 2017. 皖南花山锑 (金) 矿床地质特征及其成因分析. 安徽地质, 27 (1): 23-28.

吕庆田, 侯增谦, 杨竹森, 等, 2004. 长江中下游地区的底侵作用及动力学演化模式: 来自地球物理资料的约束. 中国科学 (D 辑), 34 (9): 783-794.

吕庆田, 史大年, 汤井田, 等, 2011. 长江中下游成矿带及典型矿集区深部结构探测: SinoProbe-03 年度进展综述. 地球学报, 32 (3): 257-268.

吕庆田, 刘振东, 董树文, 等, 2015. "长江深断裂带" 的构造性质: 深地震反射证据. 地球物理学报, 58 (12): 4344-4359.

吕玉琢, 2012. 安徽铜陵舒家店铜矿床地球化学特征及成因. 合肥: 合肥工业大学.

马东升, 1992. 江南元古界浅变质岩系金矿床的基底-盖层双层构造控矿特征. 华东矿产地质, (1): 1-3.

马东升, 刘英俊, 1992. 江南金成矿带层控金矿的地球化学特征和成因研究. 中国科学 (B 辑), (4): 424-433.

马荣生, 2002. 皖南前南华纪岩石地层. 华东地质, 23 (2): 94-106.

马荣生, 王爱国, 1994. 皖南晚元古代碰撞造山带构造轮廓. 安徽地质, (Z1): 14-22.

马荣生, 余心起, 程光华. 2001. 论皖南邓家组、铺岭组. 安徽地质, 11 (2): 95-105.

毛景文, 2001. 西秦岭地区造山型与卡林型金矿床. 矿物岩石地球化学通报, 20 (1): 11-13.

毛景文, 王志良, 2000. 中国东部大规模成矿时限及其动力学背景的初步探讨. 矿床地质, 19 (4): 289-296.

毛景文, 胡瑞忠, 陈毓川, 等, 2006. 大规模矿工成矿作用与大型矿集区. 北京: 地质出版社: 117-179.

毛景文, 谢桂青, 郭春丽, 等, 2007. 南岭地区大规模钨锡多金属成矿作用: 成矿时限及地球动力学背景. 岩石学报, 23 (10): 2329-2338.

毛景文, 谢桂青, 郭春丽, 等. 2008. 华南地区中生代主要金属矿床时空分布规律和成矿环境. 高校地质学报, 14: 510-526.

毛景文, 邵拥军, 谢桂青, 等, 2009. 长江中下游成矿带铜陵矿集区铜多金属矿床模型. 矿床地质, 28 (2): 109-119.

毛景文, 陈懋弘, 袁顺达, 等, 2011. 华南地区钦杭成矿带地质特征和矿床时空分布规律. 地质学报, (5): 40-62.

毛景文, 张作衡, 裴荣富, 2012. 中国矿床模型概论. 北京: 地质出版社: 275-280.

莫江平, 黄杰, 杨明德, 等, 2007. 桂北构造蚀变岩型金矿的发现及成矿规律研究. 矿产与地质, 21 (3): 237-239.

聂凤军, 江思宏, 赵省民, 2000. 斑岩型铜金矿床研究新进展. 内蒙古地质, 95 (2): 1-11.

聂凤军, 江思宏, 刘妍, 2005. 内蒙古黑鹰山富铁矿床磷灰石稀土元素地球化学特征. 地球学报, 26: 435-442.

聂张星, 钱祥, 石磊, 等, 2012. 安徽省东至县牛头高家金矿地质特征及找矿意义. 安徽地质, 22 (S): 107-110.

聂张星, 李敏, 沈欢喜, 等, 2013. 安徽省东至地区金矿类型及找矿方向. 安徽地质, 23 (2): 81-85.

聂张星, 钱祥, 杨敬明, 等, 2015. 安徽东至查册桥金矿断裂构造型式、控岩控矿和区域构造意义. 安徽地质, 25 (2): 99-106.

聂张星, 石磊, 古黄玲, 等, 2016a. 皖南东至查册桥金矿岩浆岩锆石 U-Pb 年龄及其地质意义. 地质学报, 90 (6): 1146-1166.

聂张星, 石磊, 古黄玲, 等, 2016b. 安徽东至查册桥—石台县小河一带金多金属矿成矿作用与成矿规律. 矿床地质, 35 (S1): 93-94.

聂张星, 石磊, 古黄玲, 等, 2017. 江南过渡带东至查册桥金矿床 [40]Ar-[39]Ar 年代学及成矿条件研究. 大地构造与成矿学, 41 (3): 502-515.

潘国林, 胡召齐, 朱强, 等, 2014. 皖浙赣相邻区中生代以来构造活动及古应力场特征. 地质科学, 49 (2): 417-430.

彭戈, 闫峻, 初晓强, 等, 2012. 贵池岩体的锆石定年和地球化学: 岩石成因和深部过程. 岩石学报, 28 (10): 3271-3286.

邱正杰, 范宏瑞, 丛培章, 等, 2015. 造山型金矿床成矿过程研究进展. 矿床地质, 34 (1): 21-28.

曲晓明, 侯增谦, 黄卫, 2001. 冈底斯斑岩铜成矿带: 西藏第二条 "玉龙" 斑岩铜矿带. 矿床地质, 20: 355-366.

任启江, 刘效善, 徐兆文, 等, 1991. 安徽庐枞中生代火山构造洼地及其成矿作用. 北京: 地质出版社.

任云生, 刘连登, 万相宗, 2006. 安徽铜陵包村金矿床地质特征及成因探讨. 地球学报, 27 (6): 583-589.

芮宗瑶，黄崇轲，齐国明，等，1984. 中国斑岩铜（钼）矿床. 北京：地质出版社.

芮宗瑶，侯增谦，曲晓明，等，2003. 冈底斯斑岩铜矿成矿时代及青藏高原隆升. 矿床地质，22（3）：217-225.

芮宗瑶，李光明，张立生，等，2004a. 西藏斑岩铜矿对重大地质事件的响应. 地学前缘，11：145-152.

芮宗瑶，张立生，陆振宇，等，2004b. 斑岩铜矿的源岩及其源区探讨. 岩石学报，20（2）：229-238.

邵陆森，刘振东，吕庆田，等，2015. 安徽贵池矿集区深部精细结构：来自综合地球物理探测结果的认识. 地球物理学报，58（12）：4490-4504.

沈欢喜，石磊，聂张星，等，2016. 安徽东至查册桥金矿岩浆岩岩石地球化学特征及意义. 地质调查与研究，39（1）：24-30.

沈俊，1991. 皖南上元古界金矿成矿条件及找矿方向. 华东铀矿地质，（2）：16-25.

盛中烈，稽福元，李音平，等，1991. 皖南地区微细浸染型金矿地层与构造控制因素. 河北地质学院学报，14（2）：131-143.

石磊，聂张星，钱祥，等，2015. 安徽省东至县牛头高金矿硫铅同位素示踪性浅析. 地质与矿产，30（2）：284-288.

水涛，1987. 中国东南大陆基底构造格局. 中国科学（B辑），（4）：414-422.

水涛，徐步台，梁如华，等，1987. 绍兴-江山古陆对接带. 科学通报，31（6）：444-448.

宋传中，李加好，任升莲，等，2014. 长江中下游地区中生代陆内构造作用与成因分析. 地质科学，49（2）：339-354.

宋国学，秦克章，李光明，2010. 长江中下游池州地区夕卡岩型-斑岩型 W-Mo 矿流体包裹体与 H、O、S 同位素研究. 岩石学报，26（9）：2768-2782.

孙卫东，凌明星，杨晓勇，等，2010. 洋脊俯冲与斑岩铜金矿成矿. 中国科学：地球科学，（2）：4-14.

唐仁鲤，罗怀松，1995. 西藏玉龙斑岩铜（钼）矿带地质. 北京：地质出版社.

唐永成，吴言昌，储国正，等，1998. 安徽沿江地区铜金多金属矿床地质. 北京：地质出版社.

唐永成，曹静平，支利庚，等，2010. 皖东南区域地质矿产评价. 北京：地质出版社.

陶奎元，毛建仁，杨祝良，等，1998. 中国东南部中生代岩石构造组合和复合动力学过程的记录. 地学前缘，5（4）：183-192.

陶奎元，毛建仁，邢光福，等，1999. 中国东部燕山期火山-岩浆大爆发. 矿床地质，18（4）：316-322.

田朋飞，杨晓勇，袁万明，等，2012. 长江中下游成矿带抛刀岭金矿裂变径迹研究及大地构造意义. 地质学报，86（3）：400-409.

涂光炽，1975. 叠加与再造：被忽视了的成矿作用. 湖南地质科技情报，（1）：68-75.

万天丰，2011. 论碰撞作用时间. 地学前缘，（3）：52-60.

汪应庚，任明君，王秀蓉，2013. 皖南地区金矿类型与成矿地质条件分析. 江苏科技信息，（11）：71-74.

汪在聪，李胜荣，申俊峰，2008. 河南省前河构造蚀变岩型金矿的夕卡岩化及其找矿意义. 矿床地质，27：751-761.

王彪，2010. 舒家店铜矿床地质地球化学特征及成因分析. 合肥工业大学学报（自然科学版），33（6）：906-910.

王登红，2000. 卡林型金矿找矿新进展及其意义. 地质地球化学，28（1）：92-96.

王建中，李建威，赵新福，等，2008. 铜陵地区朝山夕卡岩型金矿床及含矿岩体的成因：$^{40}Ar/^{39}Ar$ 年龄、元素地球化学及多元同位素证据. 岩石学报，24（8）：1875-1888.

王鹏程，赵淑娟，李三忠，等，2015. 长江中下游南部逆冲变形样式及其机制. 岩石学报，31（1）：230-244.

王璞, 潘兆橹, 翁玲宝, 1987. 系统矿物学 (下册). 北京: 地质出版社: 168-170.

王强, 许继峰, 赵振华, 等, 2003. 安徽铜陵地区燕山期侵入岩的成因及其对深部动力学过程的制约. 中国科学 (D辑), 33 (4): 323-334.

王强, 赵振华, 许继峰, 等, 2004. 鄂东南铜山口、殷祖埃达克质 (adakitic) 侵入岩的地球化学特征对比: (拆沉) 下地壳熔融与斑岩铜矿的成因. 岩石学报, 20 (2): 351-360.

王庆飞, 邓军, 黄定华, 等, 2004. 铜陵矿集区浅层隐伏岩体预测及其形态分析. 矿床地质, 23 (3): 405-410.

王庆飞, 万丽, 刘学飞, 2007. 典型构造蚀变岩型金矿远景资源量数学模型与预测. 矿床地质, 26: 341-345.

王世伟, 周涛发, 袁峰, 等, 2011. 铜陵舒家店岩体的年代学和地球化学特征研究. 地质学报, 85 (5): 849-861.

王世伟, 周涛发, 袁峰, 等, 2012. 铜陵舒家店斑岩铜矿成矿年代学研究及其成矿意义. 岩石学报, 28 (10): 3170-3180.

王义天, 毛景文, 李晓峰, 等, 2014. 与剪切带相关的金成矿作用. 地学前缘, 11 (2): 393-400.

王元龙, 王焰, 张旗, 等, 2004. 铜陵地区中生代中酸性侵入岩的地球化学特征及其成矿–地球动力学意义. 岩石学报, 20 (2): 325-338.

王自强, 高林志, 丁孝忠, 等, 2012. "江南造山带" 变质基底形成的构造环境及演化特征. 地质论评, 58 (3): 401-413.

魏菊英, 王关玉, 1988. 同位素地球化学. 北京: 地质出版社.

吴才来, 陈松年, 史仁灯, 等, 2003. 铜陵中生代中酸性侵入岩特征与成因. 地球学报, 24 (1): 41-48.

吴福元, 李献华, 郑永飞, 等, 2007a. Lu-Hf 同位素体系及其岩石学应用. 岩石学报, 23 (2): 185-220.

吴福元, 李献华, 杨进辉, 等, 2007b. 花岗岩成因研究的若干问题. 岩石学报, (6): 1217-1238.

吴建阳, 张均, 2010. 从天井山金矿和金山金矿的成矿特征对比谈天井山金矿的找矿前景及突破方向. 矿床地质, 29 (增刊): 1003-1004.

吴礼彬, 2013. 皖南地区金及多金属成矿规律及找矿远景//皖南地区金及多金属矿找矿研讨会会议材料: 17-52.

吴利仁, 1985. 中国东部中生代花岗岩类. 岩石学报, 1 (1): 1-10.

吴荣新, 郑永飞, 吴元保, 2005. 皖南新元古代花岗闪长岩体锆石 U-Pb 定年以及元素和氧同位素地球化学研究. 岩石学报, 21 (3): 587-606.

吴荣新, 郑永飞, 吴元保, 2007. 皖南新元古代井潭组火山岩锆石 U-Pb 定年和同位素地球化学研究. 高校地质学报, 13 (2): 282-296.

武警黄金第六支队, 2009a. 安徽省休宁地区金及多金属预查报告.

武警黄金第六支队, 2009b. 安徽省休宁地区金及多金属矿预查漳前—郭源一带 1:2.5 万沟系沉积物测量专题报告.

武警黄金第六支队, 2009c. 安徽省休宁—绩溪一带遥感地质工作报告.

武警黄金第六支队, 2010. 安徽省池州市石门庵矿区及外围岩金普查总结.

夏庆霖, 2008. 矿产勘查靶区优选理论与方法//第九届全国矿床会议论文集: 737-738.

谢家莹, 陶奎元, 尹家衡, 等, 1996. 中国东南大陆中生代火山地质及火山–侵入杂岩. 北京: 地质出版社.

谢建成, 杨晓勇, 杜建国, 等, 2008. 铜陵地区中生代侵入岩 LA-ICP-MS 锆石 U-Pb 年代学及 Cu-Au 成矿指示意义. 岩石学报, 24 (8): 1782-1800.

谢建成, 杨晓勇, 杜建国, 等, 2009. 安徽铜陵新桥 Cu-Au-Fe-S 矿床黄铁矿 Re-Os 定年及成矿意义. 地质科学, 44 (1): 183-192.

谢建成, 杨晓勇, 肖益林, 等, 2012. 铜陵矿集区中生代侵入岩成因及成矿意义. 地质学报, 86 (3): 423-459.

谢建成, 夏冬梅, 方德, 等, 2016. 皖南晚中生代花岗闪长岩地球化学: 成岩成矿制约. 岩石学报, 32 (2): 439-455.

谢卓君, 夏勇, 王泽鹏, 等, 2013. 美国、中国卡林型金矿一些最新研究进展及展望. 高校地质学报, 22 (S): 395-397.

谢祖军, 2011. 安徽省南陵县吕山金矿床地质特征及找矿方向探讨. 安徽地质, 21 (3): 180-185.

邢凤鸣, 1991. 皖南晋宁早期花岗闪长岩带微量元素与稀土元素地球化学特征与成因模式. 地球化学, 2: 186-196.

邢凤鸣, 徐祥, 1995. 安徽沿江地区中生代岩浆岩的基本特点. 岩石学报, 11 (4): 409-422.

邢凤鸣, 徐祥, 1996. 铜陵地区高钾钙碱性系列侵入岩. 地球化学, 25 (1): 29-38.

邢凤鸣, 徐祥, 1999. 安徽扬子岩浆岩带与成矿. 合肥: 安徽人民出版社.

邢凤鸣, 徐祥, 任思明, 等, 1988. 皖南歙县岩体的岩石地球化学特征、形成时代和成岩条件. 地质论评, 34 (5): 400-413.

邢凤鸣, 徐祥, 李应运, 等, 1989. 皖南晋宁早期花岗闪长岩带的确定及其岩石学特征. 岩石学报, 5 (4): 34-44.

邢凤鸣, 陈江峰, 徐祥, 等, 1991. 皖南浅变质岩和沉积岩的钕同位素特点及其大地构造意义. 现代地质, 5 (3): 290-299.

邢凤鸣, 徐翔, 陈江峰, 等, 1992. 江南古陆东南缘晚元古代大陆增生史. 地质学报, 66 (1): 59-72.

徐德明, 蔺志永, 骆学全, 等, 2015. 钦-杭成矿带主要金属矿床成矿系列. 地学前缘, 22 (2): 7-24.

徐磊, 李三忠, 刘鑫, 等, 2012. 华南钦杭结合带东段成矿特征与构造背景. 海洋地质与第四纪地质, 32 (5): 57-65.

徐萌萌, 徐广东, 孙祥民, 等, 2012. 湖北嘉鱼县蛇屋山金矿硅质岩地球化学特征及成矿环境约束. 现代地质, 26 (2): 269-276.

徐晓春, 楼金伟, 尹滔, 等, 2009. 论安徽铜陵地区侵入岩的岩石系列. 矿物学报, 29 (S1): 34 -35.

徐晓春, 楼金伟, 谢巧勤, 等, 2011. 安徽铜陵狮子山矿田铜、金共生与分离的热力学研究. 地质学报, 85 (5): 731-743.

徐晓春, 刘雪, 张赞赞, 等, 2014. 安徽东至兆吉口铅锌矿区岩浆岩锆石 U-Pb 年龄及其地质意义. 地质科学, 49 (2): 431-455.

徐有华, 吴新华, 楼法生, 2008. 江南古陆中元古代地层的划分与对比. 资源调查与环境, 29 (1): 1-11.

徐志刚, 盛继福, 孙善平, 1999. 关于"橄榄玄粗岩系列 (组合)"特征及某些问题的讨论. 地质论评, 45 (S1): 43-62.

许继峰, 王强, 徐义刚, 等, 2001. 宁镇地区中生代安基山中酸性侵入岩的地球化学: 亏损重稀土和钇的岩浆产生的限制. 岩石学报, 17 (4): 576-584.

薛怀民, 汪应庚, 马芳, 等, 2009. 高度演化的黄山 A 型花岗岩: 对扬子克拉通东南部中生代岩石圈减薄的约束? 地质学报, 83 (2): 247-259.

薛怀民, 马芳, 宋永勤, 等, 2010. 江南造山带东段新元古代花岗岩组合的年代学和地球化学: 对扬子与华夏地块拼合时间与过程的约束. 岩石学报, 26 (11): 3215-3244.

杨建鹏, 孙磊, 薛超, 等, 2013. 卡林型金矿及其成矿若干问题的探讨. 矿产勘查, 4 (6): 655-661.

杨明桂, 梅勇文, 1997. 钦-杭古板块结合带与成矿带的主要特征. 华南地质与矿产, (3): 52-59.

杨明桂，黄水保，楼法生，等，2009. 中国东南陆区岩石圈结构与大规模成矿作用. 中国地质，36（3）：528-543.

杨书桐，1992. 安徽省东南部东至地区金矿化作用的独特性. 矿床地质，11（4）：325-330.

杨书桐，1993. 皖南花山金矿化域蚀变岩体的地质地球化学特征及成因探讨. 安徽地质，12（1）：42-48.

杨四春，2009. 安徽黄山地区萤石矿地质特征及找矿方向. 中国科技信息，（1）：18-19.

杨文思，1991. 皖浙赣深断裂带的挖岩挖矿作用和找矿标志. 冶金地质动态，（11）：22-25.

杨晓勇，古黄玲，严志忠，等，2016. 安徽贵池地区燕山期岩浆岩与铜金钼成矿关系：来自地质-地球化学-地球物理证据. 地球科学与环境学报，38（4）：444-463.

姚书振，周宗桂，宫勇军，等，2011. 初论成矿系统的时空结构及其构造控制. 地质通报，30（4）：469-477.

易万亿，杨庆坤，2013. 钦杭成矿带金属矿产时空分布特征，有色金属（矿山部分），65（5）：33-39.

尹意求，李嘉兴，胡兴平，等，2004. 新疆萨吾尔山布尔克斯岱浅成岩-构造蚀变岩型金矿床. 地质与勘探，40：1-6.

余心起，江来利，许卫，等，2007. 皖浙赣断裂带的界定及其基本特征. 地学前缘，14（3）：102-113.

俞沧海，2001. 贵池铜山铜矿床成因探讨. 地质与勘探，37（2）：12-16.

俞沧海，袁小明，1999. 贵池铜山岩体岩石化学与地球化学特征. 安徽地质，9（3）：194-198.

虞人育，1994. 湖北蛇屋山金矿区风化型金矿床地质特征及成因浅析. 矿床地质，13（1）：28-37.

曾普胜，裴荣富，蒙义峰，等，2004. 铜陵矿集区铜金矿床叠加改造过程中的排金效应. 矿床地质，23（2）：216-224.

翟文建，齐小兵，章泽军，2009. 江南断裂构造属性及成生环境初探. 大地构造与成矿学，33（3）：372-380.

翟裕生，等，1997. 大型构造与超大型矿床. 北京：地质出版社：97-125.

翟裕生，姚书振，林新多，等，1992. 长江中下游地区铜（金）成矿规律. 北京：地质出版社.

翟裕生，王建平，彭润民，等，2009. 叠加成矿系统与多成因矿床研究. 地学前缘，16（6）：282-290.

翟裕生，姚书振，蔡克勤，2011. 矿床学. 北京：地质出版社：50-51.

张德，1999. 皖南罗冲-宋冲锑矿成因探讨. 安徽地质，（4）：284-288.

张灯堂，冯建之，崔燮祥，等，2014. 豫西金矿集区控矿因素分析. 地质找矿论丛，（2）：206-209.

张复新，肖丽，齐亚林，2004. 卡林型-类卡林型金矿床勘查与研究回顾及展望. 中国地质，31（4）：407-412.

张国斌，吕绍远，2008. 皖南浅变质岩区的构造演化及矿产分布规律. 大地构造与成矿学，32（4）：509-515.

张俊杰，王光杰，杨晓勇，等，2012. 皖南旌德花岗闪长岩与暗色包体的成因：地球化学、锆石 U-Pb 年代学与 Hf 同位素制约. 岩石学报，28（12）：4047-4063.

张乐骏，周涛发，范裕，等，2011. 宁芜盆地陶村铁矿床磷灰石的 LA-ICP-MS 研究. 地质学报，85（5）：834-848.

张平，段留安，刘宇潇，等，2012. 安徽省池州市抛刀岭金矿资源核实报告.

张旗，王焰，钱青，等，2001. 中国东部燕山期埃达克岩的特征及其构造-成矿意义. 岩石学报，17（2）：236-244.

张少兵，郑永飞，2007. 扬子陆核的生长和再造：锆石 U-Pb 年龄和 Hf 同位素研究. 岩石学报，23（2）：393-402.

张绍立，王联魁，朱为方，1985. 用磷灰石中稀土元素判别花岗岩成岩成矿系列. 地球化学，（1）：

47-57.

张岳桥, 徐先兵, 贾东, 等, 2009. 华南早中生代从印支期碰撞构造体系向燕山期俯冲构造体系转换的形变记录. 地学前缘, 16 (1): 234-247.

张智宇, 杜杨松, 张静, 等, 2011. 安徽贵池铜山岩体 SHRIMP 锆石 U-Pb 年代学与岩石地球化学特征研究. 地质论评, 57 (3): 366-378.

张作衡, 2002. 西秦岭地区造山型金矿床成矿作用和成矿过程. 北京: 中国地质科学院.

赵德奎, 汪梅生, 朱永胜, 等, 2009. 安徽省贵池抛刀岭金矿地质特征及成因. 安徽地质, 19 (2): 107-110.

赵玲, 陈志洪, 2014. 皖南谭山岩体的锆石定年及地质意义. 资源调查与环境, 35 (3): 185-191.

赵鹏大, 2002. "三联式"资源定量预测与评价——数字找矿理论与实践探讨. 地球科学, 27 (5): 485-489.

赵鹏大, 陈建平, 陈建国, 2001a. 成矿多样性与矿床谱系. 地球科学, 26 (2): 111-117.

赵鹏大, 池顺都, 李志民, 等, 2001b. 矿产勘查理论与方法. 武汉: 中国地质大学出版社.

赵玉琛, 1994. 皖南两花岗岩体的岩石学特征及成矿专属性判别. 安徽地质, 4 (4): 31-43.

赵越, 张拴宏, 徐刚, 等, 2004. 燕山板内变形带侏罗纪主要构造事件. 地质通报, 23 (9/10): 854-863.

钟志林, 1998. 蛇屋山金矿矿区第四纪地质. 湖北地质, 12 (2): 6-9.

周曙光, 2003. 安徽铜山矿床成矿物质来源及成矿作用探讨. 矿床与地质, 17 (5): 610-612.

周术召, 徐生发, 余心起, 等, 2016. 皖南太平岩体锆石 U-Pb 年代学和地球化学特征: 对华南中生代岩石圈伸展减薄的启示. 地质论评, 62 (6): 1549-1564.

周涛发, 岳书仓, 袁峰, 等, 2000. 长江中下游两个系列铜、金矿床及其成矿流体系统的氢、氧、硫、铅同位素研究. 中国科学 (D辑), 30 (S): 122-128.

周涛发, 岳书仓, 袁峰, 等, 2001. 安徽月山岩体地球化学特征及成因机理分析. 高校地质学报, 7 (1): 70-80.

周涛发, 袁峰, 侯明金, 等, 2004. 江南隆起带东段皖赣相邻区燕山期花岗岩类的成因及形成. 矿物岩石, 24 (3): 65-71.

周涛发, 范裕, 袁峰, 2008. 长江中下游成矿带成岩成矿作用研究进展. 岩石学报, 24 (8): 1665-1678.

周涛发, 范裕, 袁峰, 等, 2012. 长江中下游成矿带地质与矿产研究进展. 岩石学报, 28 (10): 3051-3066.

周新民, 李显武, 2000. 中国东南部晚中生代火成岩成因: 岩石圈消减和玄武岩底侵相结合的模式. 自然科学进展, 10 (3): 240-247.

周永章, 曾长育, 李红中, 等, 2012. 钦州湾–杭州湾构造结合带 (南段) 地质演化和找矿方向. 地质通报, 31 (Z1): 486-491.

周永章, 郑义, 曾长育, 等, 2015. 关于钦–杭成矿带的若干认识. 地学前缘, 22 (2): 1-6.

周真, 1984. 铜陵马山金矿床成因研究. 地质论评, 30 (5): 467-476.

朱光, 刘国生, 牛曼兰, 等, 2003. 郯庐断裂带的平移运动与成因. 地质通报, 22 (3): 200-207.

朱钧, 张景垣, 1964. 试论浙皖赣深断裂带. 地质论评, 22 (2): 91-98.

朱裕生, 1988. 成矿预测方法. 中国地质, (11): 28-30.

朱裕生, 肖克炎, 张晓华, 等, 2006. 预测远景区的优选和勘查靶区定位//第八届全国矿床会议论文集: 821-828.

祝红丽, 杨晓勇, 孙卫东, 2015. 皖南祁门三堡地区花岗闪长斑岩的成因: 地球化学、年代学和 Hf 同位素特征制约. 岩石学报, 31 (7): 1917-1928.

左延龙, 翁望飞, 2014. 皖南新脚岭金矿地质特征及找矿远景. 安徽地质, 24 (3): 176-181.

Aguillón-Robles A, Calmus T, Benoit M, et al., 2001. Late Miocene adakites and Nb-enriched basalts from Vizcaino Peninsula, Mexico: indicators of East Pacific Rise subduction below southern Baja California. Geology, 29 (6): 531-534.

Amelin Y, Lee D C, Halliday A N, et al., 1999. Nature of the Earth's earliest crust from hafnium isotopes in singledetrital zircons. Nature, 399 (6733): 1497-1503.

Anderson I C, Frost C D, Frost B R, 2003. Petrogenesis of the Red Mountain pluton, Laramie anorthosite complex, Wyoming: implications for the origin of A-type granite. Precambrian Research, 124 (2/3/4): 243-267.

Arehart G B, Chryssoulis S L, Kesler S E, 1993. Gold and arsenic in iron sulfides from sediment-hosted disseminated gold deposits: implications for depositional processes. Economical Geology, 88: 171-185.

Arribas A, Hedenquist J W, Itaya T, et al., 1995. Contemporaneous formation of adjacent porphyry and epithermal Cu-Au deposits over 300 ka in north Luzon, Philippines. Geology, 23: 337-340.

Audéta A, Pettke T, Dolejš D, 2004. Magmatic anhydrite and calcite in the ore-forming quartz-monzodiorite magma at Santa Rita, New Mexico (USA): genetic constraints on porphyry-Cu mineralization. Lithos, 72 (3): 147-161.

Babcock R C J, Ballantyne G H, Phillips C H, 1995. Summary of the geology of the Bingham District, Utah. Arizona Geological Society Digest, 20: 316-335.

Bakken B M, Hochella M F, Marshall A F, et al., 1989. High-resolution microscopy of gold in unoxidized ore from the Carlin mine, Nevada. Economic Geology, 84: 171-179.

Ballard J R, Palin J M, Campbell I H, 2002. Relative oxidation states of magmas inferred from Ce (IV)/Ce (III) in zircon: application to porphyry copper deposits of northern Chile. Contributions to Mineralogy and Petrology, 144: 347-364.

Barbarin B, 1999. A review of the relationships between granitoid types, their origins and geodynamic environments. Lithos, 46: 605-626.

Barker S L L, Hickey K A, Cline J S, et al., 2009. Uncloaking invisible gold: use of nano-SIMS to evaluate gold, trace elements, and Sulphur isotope in pyrite from Carlin-type gold deposits. Economic Geology, 104: 897-904.

Bau M, Moller P, Dulski P, 1996. Yttrium and lanthanides in eastern Mediterranean seawater and their fractionation during redox cycling. Marine Chemistry, 56: 123-131.

Beane R E, Titley S R, 1981. Porphyry copper deposits: part II. Hydrothermal alteration and mineralization. Society of Economic Geologists, USA, 75: 235-269.

Bedard J A, 1999. Petrogenesis of boninites from the Betts Cove ophiolite, New foundland, Canada: identification of subducted source components. Journal of Petrology, 40: 1853-1889.

Bektas O, Vassileff L, Stanisheva V G, 1990. Porphyry copper systemsas markers of the Mesozoic-Cenozoic active margin of Eurasia: discussion and reply. Tectonophysics, 172: 191-194.

Belousova E A, Griffin W L, Suzanne Y O R, et al., 2002. Igneous zircon: trace element composition as an indicator of source rock type. Contributions to Mineralogy and Petrology, 143 (5): 602-622.

Blevin P L, 2004. Redox and compositional parameters for interpreting the granitoid metallogeny of Eastern Australia: implication for goldrich ore systems. Resource Geology, 54 (3): 241-252.

Blevin P L, Chappell B W, 1992. The role of magma sources, oxidation states and fractionation in determining the granite metallogeny of eastern Australia. Transactions of the Royal Society of Edinburgh: Earth Sciences, 83: 305-316.

Blundy J, Wood B, 1994. Prediction of crystal- melt partition- coefficients from elastic moduli. Nature, 372 (6505): 452-454.

Bonnemaison M. 1986. Les "filons de quartz aurifère": un casparticulier de shear zone aurifère. Chronique de la Recherche Minière, 482: 55-66.

Burrows D R, Jemielita R A, 1989. Lithophile- element systematics of Archean greenstone belt Au- Ag vein deposits: implications for source processes: Discussion. Canadian Journal of Earth Sciences, 26: 2741-2743.

Cabri L J, Newville M, Gordon R A, et al., 2000. Chemical speciation of gold in arsenopyrite. The Canadian Mineralogist, 38 (5): 1265-1281.

Camus F, Silltion R H, Petersen R, 1996. Andean copperdeposits: new discoveries, mineralization style and metallogeny. Society of Economic Geologists Special Publication, 5: 198.

Candela P A, 1992. Controls on ore metal ratios in granite-related ore systems: an experimantal and computational approach. Transactions of the Royal Society of Edinburgh: Earth Sciences, 83: 317-326.

Cathles L M, Guber A L, Lenagh T C, et al., 1983. Kuroko-type massive sulfide deposits of Japan: products of an aborted island- arc rift. Economic Geology, 78: 96-114.

Chao E C T, Minkin J A, Back J M, et al., 1986. Occurrence of gold in an unoxidized Carlin-type ore sample: a preliminary synchrotron and micro- optical restudy. Geological Society of America Abstracts with Program, 18: 562.

Chappell B W, 1974. Two contrasting granite type. Pacific Geology, 8: 173-174.

Chappell B W, 1999. Aluminium saturation in I- and S-type granites and the characterization of fractionated haplogranites. Lithos, 46 (3): 535-551.

Chaussidon M, Lorand J P, 1990. Sulphur isotope composition of orogenic spinel lherzolite massifs from Ariege (N. E. Pyrenees France): an ion microprobe study. Geochimica et Cosmochimica Acta, 54: 2835-2846.

Chen J F, Jahn B M, 1998. Crustal evolution of Southeastern China: Nd and Sr isotopic evidence. Tectonophysics, 284: 101-133.

Chen J F, Foland K A, Zhou T X, 1985. Mesozonic granitiods of the Yangtze fold belt, China: isotopic constrains on the magma sources//Wu L R, et al. The crust—the Significance of Granites Gneisses in the Lithosphere. Athens Theophrastus: 217-237.

Chen J F, Yan J, Xie Z, et al., 2001. Nd and Sr isotopic compositions of igneous rocks from the Lower Yangzte region in Eastern China: constraints on sources. Physics and Chenistry of the Earth, 26: 719-731.

Chen Z H, Xing G F, 2016. Geochemical and zircon U-Pb-Hf-O isotopic evidence for a coherent Paleoproterozoic basement beneath the Yangtze Block, South China. Precambrian Research, 279: 81-90.

Chiaradia M, 2014. Copper enrichment in arc magmas controlled by overriding plate thickness. Nature Geoscience, 7 (1): 43-46.

Clark G H, 1990. Panaguna copper-gold deposit//Hughes F E. Geology of the Mineral Deposits of Australia and Papua New Guinea. Australasian Institute of Mining and Metallurgy, Monograph, 14: 1807-1816.

Clemens J D, Holloway J R, White A J R, 1986. Origin of an A-type granite: experimental constraints. American Mineralogist, 71: 317-324.

Cline J S, Bodnar R J, 1991. Can economic porphyry copper mineralization be generated by a typical calc-alkaline melt. Journal of Geophysical Research-Solid Earth and Planets, 96: 8113-8126.

Cline J S, Hofstra A H, Muntean J L, et al., 2005. Carlin-type gold deposits in Nevada: critical geologic characteristics and viable models. Economic Geology 100th Anniversary Volume: 451-484.

Collins W J, Beams S D, White A J R, et al., 1982. Nature and origin of A-type granites with particular reference to southeastern Australia. Contributions to Mineralogy and Petrology, 80 (2): 189-200.

Condie K C, 1982. Plate tectonics and crustal evolution. New York: Pergamon Press: 310.

Cooke D R, Hollings P, Walshe J L, 2005. Giant porphyry deposits: characteristics, distribution, and tectonic controls. Econ Geol, 100: 801-818.

Davis G A, Qian X, Zheng Y, et al., 1996. Mesozioc deformation and pluonsim in the Yunmeng Shan: a Chinese metamorphic coore complex north of Beijing, China//Yin A, Harrison T M. The Tectonics Evolution of Asia. Cambridge: Cambridge University Press: 253-280.

Davis G A, Zheng Y, Wang C, et al., 2001. Mesozoic tectonic evolution of the Yanshan fold and thrust belt, with emphasis on Hebei and Liaoning provinces, northern China//Hendrix M S, Davis G A. Paleozoic and Mesozoic Tectonics of Central Asia: From Continental Assembly to Intracontinental Deformation. Boulder, Colorado: Geological Society of America: 171-197.

Defant M J, Drummond M S, 1990. Derivation of some modern arc magmas by melting of young subducted lithosphere. Nature, 347 (6294): 662-665.

Defant M J, Kepezhinskas P, 2001. Adakites: a review of slab melting over the past decade and the case for a slab-melt component in arcs EOS Trans. AGU, 82 (65) : 68-69.

Deniel C, Vidal P, Fernandez A, et al., 1987. Isotopic study of the Manaslu granite (Himalaya, Nepal): inferences on the age and source of Himalayan leucogranites. Contributions to Mineralogy and Petrology, 96: 78-92.

Deng J, Wang Q F, Xiao C H, et al., 2011. Tectonic-magmatic-metallogenic system, Tongling ore cluster region, Anhui Province, China. International Geology Review, 53 (5/6): 449-476.

Deng J H, Yang X Y, Sun W D, et al., 2012. Petrology, geochemistry, and tectonic significance of Mesozoic shoshonitic volcanic rocks, Luzong volcanic basin, eastern China. International Geology Review, 54 (6): 714-736.

Deng J H, Yang X Y, Li S, et al., 2016. Partial melting of subducted paleo-Pacific plate during the early Cretaceous: constraint from adakitic rocks in the Shaxi porphyry Cu-Au deposit, Lower Yangtze River Belt. Lithos, 262: 651-667.

Deng J H, Yang X Y, Qi H S, et al., 2017. Early Cretaceous high-Mg adakites associated with Cu-Au mineralization in the Cebu Island, Central Philippines: implication for partial melting of the paleo-Pacific Plate. Ore Geology Reviews, 88: 251-269.

Deng J H, Yang X Y, Qi H S, et al., 2019. Early Cretaceous adakite from the Atlas porphyry Cu-Au deposit in Cebu Island, Central Philippines: partial melting of subducted oceanic crust. Ore Geology Reviews, 110: 102937.

DePaolo D J, Daley E E, 2000. Neodymium isotopes in basalts of the southwest basin and range and lithospheric thinning during continental extension. Chemical Geology, 169: 157-185.

Drummond M S, Defant M J, Kepezhinskas P K, 1996. Petrogenesis of slab derived tonalite-dacite/adakite magmas. Earth Sciences, 87: 205-215.

Duan L A, Gu H L, Yang X Y, et al., 2017. Geological and geochemical constraints on the newly discovered yangchongli gold deposit in Tongling Region, Lower Yangtze Metallogenic Belt. Acta Geologica Sinica (English Edition), 91 (6): 2078-2108.

Duan L A, Yang X Y, Deng J H, et al., 2018a. Mineralization, geochemistry and zircon U-Pb ages of the Paodaoling porphyry gold deposit in the Guichi Region, Lower Yangtze Metallogenic Belt, Eastern China. Acta Geologica Sinica (English Edition), 92 (2): 706-732.

Duan L A, Gu H L, Deng J H, et al., 2018b. Geological study and significance of typical gold deposits in eastern-Qinzhou-Hangzhou metallogenic belt: constraint from Tianjingshan gold deposit in south Anhui Province. Journal of Geochemical Exploration, 190: 87-108.

Ercier-Langevin P M, 2007. The LaRonde Penna Au-rich volcanogenic massive sulfide deposit, Abitibi Greenstone Belt, Quebec: Part I. Geology and geochronology. Economic Geology, 102 (4): 585-609.

Faure M, Sun Y, Shu L, et al., 1996. Extensional tectonics within a subduction-type orogen: the case study of the Wugongshan Dome (Jiangxi province, southeastern China). Tectonophysics, 263: 77-106.

Ferreira V P, Valley J W, Sial A N, et al., 2003. Oxygen isotope compositions and magmatic epidote from two constrasting metaluminous granitoids, NE Brazil. Contributions to Mineralogy and Petrology, 145: 205-216.

Fleet M E, Mumin A H, 1997. Gold-bearing arsenian pyrite and marcasite and arsenopyrite from Carlin Trend gold deposits and laboratory synthesis. American Mineralogist, 82: 182-193.

Förster H J, Tischendorf G, Trumbull R B, 1997. An evaluation of the Rb vs. (Y+Nb) discrimination diagram to infer tectonic setting of silicic igneous rocks. Lithos, 40: 261-293.

Frost B R, Baranes C G, Collins W J, et al., 2001. A geochemical classification for granitic rocks. Journal of Petrology, 42 (11): 2033-2048.

Goldfarb R J, Baker T, Dube B, et al., 2005. Distribution, character and genesis of gold deposits in metamorphic terranes. Economic Geology 100th Anniversary Volume: 407-450.

Green T H, 1995. Significance of Nb/Ta as an indicator of geochemical processes in the crust-mantle system. Chemical Geology, 120 (3/4): 347-359.

Griffin W L, Wang X, Jackon S E, et al., 2002. Zircon chemistry and magma genesis, SE China: in-situ analysis of Hf isotopes, Tonglu and Pingtan igneous complexes. Lithos, 61: 237-269.

Griffin W L, Belousova E A, Shee S R, et al., 2004. Archean crustal evolution in the northern Yilgarn craton: U-Pb and Hf-isotope evidence from detrital zircons. Precambrian Research, 131 (3/4): 231-282.

Groves D I, Goldfarb R J, Gebre-Mariam M, et al., 1998. Orogenic gold deposits: a proposed classification in the context of their crustal distribution and relationship to other gold deposit types. Ore Geology Reviews, 13 (1/2/3/4/5): 7-27.

Groves D I, Goldfarb R J, Robert F, et al., 2003. Gold deposits in metamorphic belts: overview of current understanding, outstanding problems, future research, and exploration significance. Economic Geology, 98 (1): 1-29.

Groves D I, Vielreicher R M, Goldfarb J, et al., 2005. Controls on the heterogeneous distribution of mineral deposits through time. Mineral Deposits and Earth Evolution, 248 (1): 71-101.

Gu H L, Yang X Y, Nie Z X, et al., 2018. Study of Late-Mesozoic magmatic rocks and their related copper-gold-polymetallic deposits in the Guichi ore-cluster district, Lower Yangtze River Metallogenic Belt, East China. International Geology Review, 60: 1404-1434.

Guilbert J M, 1995. Geology, alteration, mineralization, and genesis of the Bajo de la Alumbrera porphyry copper-gold deposit, Catamarca province, Argentina. Arizona Geological Society Diges, 20: 646-656.

Gustafson L B, Hunt J P, 1975. The porphyry copper deposit at El Salvador, Chile. Economic Geology, 70 (5): 857-912.

Hayes M, Lambert I B, Strauss H, 1992. The sulfur-isotopic record//Schopf J W, Klein C. The Proterozoic Biosphere. Cambridge: Cambridge University Press: 129-132.

Hedenquist J W, Lowenstern J B, 1994. The role of magmas in the formation of hydrothermal ore deposits. Nature, 370: 519-527.

Heitt D G, Dunbar W W, Thompson T B, et al., 2003. Geology and geochemistry of the Deep Star gold deposit, Carlin trend, Nevada. Economic Geology, 98: 1107-1136.

Hinton R W, Upton B G J, 1991. The chemistry of zircon: variations within and between large crystals from syenite and alkalibasalt xenoliths. Geochimica et Cosmochimica Acta, 55: 3287-3302.

Hofmann A W, 1986. Nb in Hawaiian magmas: constraints on source composition and evolution. Chemical Geology, 57: 17-30.

Hofmann A W, 2003. Sampling mantle heterogeneity through oceanic basalts: isotopes and trace elements. Treatise on Geochemistry, 2 : 61-101.

Hoskin P W O, 2000. Patterns of chaos: fractal statistics and the oscillatory chemistry of zircon. Geochimica Et Cosmochimica Acta, 64 (11): 1905-1923.

Hoskin P W O, 2005. Trace-element composition of hydrothermal zircon and the alteration of Hadean zircon from the Jack Hills, Australia. Geochimica Et Cosmochimica Acta, 69 (3): 637-648.

Hoskin P W O, Black L P, 2000. Metamorphic zircon formation by solid-state recrystallization of protolith igneous zircon. Journal of Metamorphic Geology, 18: 423-439.

Hou Z Q, Ma H W, Zaw K, et al., 2003. The Himalayan Yulong porphyry copper belt: product of large-scale strike-slip faulting in eastern Tibet. Economic Geology, 98: 125-145.

Hou Z Q, Gao Y F, Qu X M, et al., 2004. Origin of adakitic intrusives generated during mid-Miocene east-west extension in southern Tibet. Earth and Planetary Science Letters, 220: 139-155.

Hou Z Q, Zhou Y, Wang R, et al., 2017. Recycling of metal-fertilized lower continental crust: origin of non-arc Au-rich porphyry deposits at cratonic edges. Geology, 45 (6): 563-566.

Huang F, Li S G, Dong F, et al., 2008. High-Mg adakitic rocks in the Dabie orogen, central China: implications for foundering mechanism of lowercontinental crust. Chemical Geology, 255: 1-13.

Ishihara S, 1981. The granitoid series and mineralization. Economic Geology, 76 (2): 458-484.

Ishihara S, 1988. Granitoid series and mineralization in the Circum Pacific Phanerozoic granitic belts. Resource Geology, 48: 219-224.

Jahn B M, Zhou X H, Li J L, 1990. Formation and tectonic evolution of southeastern China and Taiwan: isotopic and geochemical constraints. Tectonphysics, 183: 145-160.

Jiang X Y, Li H, Ding X, et al., 2018a. Formation of A-type granites in the Lower Yangtze River Belt: a perspective from apatite geochemistry. Lithos, 304: 125-134.

Jiang X Y, Ling M X, Wu K, et al., 2018b. Insights into the origin of coexisting A_1- and A_2-type granites: implications from zircon Hf-O isotopes of the Huayuangong intrusion in the Lower Yangtze River Belt, eastern China. Lithos, 318: 230-243.

Jiang X Y, Wu K, Luo J C, et al., 2019. An A_1-type granite that borders A_2-type: insights from the geochemical characteristics of the Zongyang A-type granite in the Lower Yangtze River Belt, China. International Geology Review: 18.

Jiang Y H, Zhao P, Zhou Q, et al., 2011. Petrogenesis and tectonic implications of Early Cretaceous S- and A-type granites in the northwest of the Gan-Hang rift, SE China. Lithos, 121: 55-73.

John D A, Henry C D, Colgan J P, 2008. Magmatic and tectonic evolution of the Caetanocaldera, north-central Nevada: a tilted, mid-Tertiary eruptive center and source of the Caetano tuff. Geosphere, 4: 75-106.

Jorhan T E, Isacks B L, Allmendinger R W, et al., 1983. Andean tectonic related to geometry of subdcuted Nazca plate. GSA Bulletin, 94 (3): 341-361.

Jugo P J, Candela P A, Piccoli P M, 1999. Magmatic sulfides and Au : Cu ratios in porphyry deposits: an experimental study of copper and gold partitioning at 850℃, 100MPa in a haplogranitic melt- pyrrhotite- intermediate solid solution- gold metal assemblage, at gas saturation. Lithos, 46: 573-589.

Jugo P J, Luth R W, Richards J P, 2005. Experimental data on the speciation of sulfur as a function of oxygen fugacity in basaltic melts. Geochimica et Cosmochimica Acta, 69: 497-503.

Kelley K A, Cottrell E, 2009. Water and the oxidation state of subduction zone magmas. Science, 325: 605-607.

Kepezhinskas P, McDermott F, Defant M J, et al., 1997. Trace element and Sr- Nd- Pb isotopic constraints on a three- component model of Kammchatka Arc petrogenesis. Geochimica Et Cosmochimica Acta, 61: 577-600.

Kerrich R, Goldfarb R, Groves D, et al., 2000. The geodynamics of world- class gold deposits: characteristics, space-time distributions, and origins. Reviews in Economic Geology, 13: 501-551.

Kinny P D, 2003. Lu- Hf and Sm- Nd isotope systems in zircon. Reviews in Mineralogy and Geochemistry, 53 (1): 327-341.

Knudsen T L, Griffin W L, Hartz E H, et al., 2001. In-situ hafnium and lead isotope analyses of detrital zircons from the Devonian sedimentary basin of NE Greenland: a record of repeated crustal reworking. Contributions to Mineralogy and Petrology, 141: 83-94.

Lang J R, Thompson J F H, Stanley C R, 1995. Na-K-Ca magmatic hydrothermal alteration associated with alkalic porphyry Cu- Au deposits, British Columbia. Mineralogical Association of Canada Short Course, 23: 339-366.

Lapierre H, Jahn B M, Charvet J, et al., 1997. Mesozoic felsic arc magmatism and continental olivine tholeiites in Zhejiang Province and their relationship with the tectonic acticity in southeastern China. Tectonphysics, 274: 321-338.

Large S J E, Bakker E Y N, Weis P, et al., 2016. Trace elements in fluid inclusions of sediment- hosted gold deposits indicate a magmatic-hydrothermal origin of the Carlin ore trend. Geology, 44 (12): 1016-1018.

Lee C T, Luffi P, Chin E J, et al., 2012. Copper systematics in arc magmas and implications for crust- mantle differentiation. Science, 336 (6077): 64-68.

Lee J, Williams I, Ellis D, 1997. Pb, U and Th diffusion in nature zircon. Nature, 390 (13): 159-162.

Li C Y, Zhang H, Wang F Y, et al., 2012. The formation of the Dabaoshan porphyry molybdenum deposit induced by slab rollback. Lithos, 150: 101-110.

Li C Y, Hao X L, Liu J Q, et al., 2017. The formation of Luoboling porphyry Cu- Mo deposit: constraints from zircon and apatite. Lithos, 272: 291-300.

Li H, Zhang H, Ling M X, et al., 2011. Geochemical and zircon U-Pb study of the Huangmeijian A-type granite: implications for geological evolution of the Lower Yangtze River belt. International Geology Review, 53 (5/6): 499-525.

Li H, Ling M X, Li C Y, et al., 2012. A- type granite belts of two chemical subgroups in central eastern China: indication of ridge subduction. Lithos, 150: 26-36.

Li J W, Zhao X F, Zhou M F, et al., 2009. Late Mesozoic magmatism from the Daye region, eastern China: U-Pb ages, petrogenesis, and geodynamic implications. Contributions to Mineralogy and Petrology, 157 (3): 383-409.

Li P J, Yu X Q, Qiu J T, et al., 2013. The ore-bearing potential and oxygen fugacity of the Yanshanian granites in the intersection area of Zhejiang, Jiangxi, and Anhui Provinces, SE China. Acta Scientiarum Naturalium Universitatis Sunyatseni, 52 (5): 161-168.

Li W J, Pei R F, Zhang D Q, et al., 2007. Geochemical characteristics of the Yanshanian intermediate- acid intrusive rocks in the Tongling mineralization area, Anhui Province and their geological implications. Acta Geoscientica Sinica, 28 (1): 11-22.

Li X H, 2000. Cretaceous magmatism and lithospheric extension in Southeast China. Journal of Asian Earth Sciences, 18: 293-305.

Li X H, Li Z X, Ge W C, et al., 2003. Neoproterozoic granitoids in South China: crustal melting above a mantle plume at ca 825 Ma? Precambrian Research, 122: 45-83.

Li X H, Li W X, Li Z X, et al., 2008. 850-790 Ma bimodal volcanic and intrusive rocks in northern Zhejiang, South China: a major episode of continental rift magmatism during the breakup of Rodinia. Lithos, 102: 341-357.

Li X H, Li W X, Li Z X, et al., 2009. Amalgamation between the Yangtze and Cathaysia Blocks in South China: constrains from SHRIMP U-Pb zircon ages, geochemistry and Nd-Hf isotopes of the Shuangxiwu volcanic rocks. Precambrain Research, 174: 117-128.

Li Z, Peters S G, 1998. Comparative geology and geochemistry of sedimentary-rock-hosted (Carlin Type) gold deposits in the People's Republic of China and in Nevada, USA. Open-File Report: 98-466.

Li Z X, Li X H, 2007. Formation of the 1300-km-wide intracontinental orogen and postorogenic magmatic province in Mesozoic South China: a flat-slab subduction model. Geology, 35 (2): 179-182.

Li Z X, Bogdanova S V, Collins A S, et al., 2008. Assembly, configuration, and break-up history of Rodinia: a synthesis. Precambrian Research, 160: 179-210.

Liang H Y, Campbell I H, Allen C, et al., 2006. Zircon Ce^{4+}/Ce^{3+} ratios and ages for Yulong ore-bearing porphyries in eastern Tibet. Mineralium Deposita, 41: 152-159.

Liang J L, Ding X, Sun X M, et al., 2009. Nb/Ta fractionation observed in eclogites from the Chinese Continental Scientific Drilling Project. Chemical Geology, 268 (1-2): 27-40.

Liégeois J P, Navez J, Hertogen J, et al., 1998. Contrasting origin of post-collisional high-K calc-alkaline and shoshonitic versus alkaline and peralkaline granitoids: the use of sliding normalization. Lithos, 45: 1-28.

Ling M X, Wang F Y, et al., 2009. Cretaceous ridge subduction along the Lower Yangtze River Belt, eastern China. Economic Geology, 104 (2): 303-321.

Ling M X, Wang F Y, Ding X, et al., 2011. Different origins of adakites from the Dabie Mountains and the Lower Yangtze River Belt, eastern China: geochemical constraints. International Geology Review, 53 (5/6): 727-740.

Liu H, Liao R Q, Zhang L P, et al., 2020. Plate subduction, oxygen fugacity, and mineralization. Journal of Oceanology and Limnology, DOI: 10. 1007/s00343-019-8339-y.

Liu S A, Li S G, He Y S, et al., 2010. Geochemical contrasts between early Cretaceous ore-bearing and ore-barren high-Mg adakites in central-eastern China: implications for petrogenesis and Cu-Au mineralization. Geochimica et Cosmochimica Acta, 74 (24): 7160-7178.

Liu Y S, Hu Z C, Gao S, et al., 2008. In situ analysis of major and trace elements of anhydrous minerals by LA-ICP-MS without applying an internal standard. Chemical Geology, 257 (1/2): 34-43.

Liu Y S, Hu Z C, Zong K Q, et al., 2010. Reappraisement and refinement of zircon U-Pb isotope and trace element analyses by LA-ICP-MS. Chinese Science Bulletin, 55 (15): 1535-1546 .

Loiselle M C, Wones D R, 1979. Characteristics of anorogenic granites. Geological Society of America Abstracts with Programs, 11: 468.

Ludwig K R, 2003. ISOPLOT 3. 00: A geochronological toolkit for Microsoft Excel. California, Berkeley: Berkeley Geochronology Center.

Lynton S J, Candela P A, Piccoli P M, 1993. An experimental study of the partitioning of copper between pyrrhotite and a high silica rhyolitic melt. Economic Geology and the Bulletin of the Society of Economic

Geologists, 88: 901-915.

Macdonald G D, Arnold L C, 1994. Geological and geochemical zoning of the Grasberg igneous complex, Irian, Jaya, Indonesia. Journal of Geochemical Exploration, 50: 145-178.

Maniar P D, Piccoli P M, 1989. Tectonic discrimination of granitoids. Geological Society of America Bulletin, 101: 635-643.

Mao J W, Qiu Y M, Goldfarb R J, et al., 2002. Geology, distribution, and classification of gold deposits in the western Qinling Belt, Central China. Mineralium Deposita, 37 (3/4): 352-377.

Mao J W, Wang Y T, Lehmann B, et al., 2006. Molybdenite Re-Os and albite^{40}Ar/^{39}Ar dating of Cu-Au-Mo and magnetite porphyry systems in the Yangtze River Valley and metallogenic implications. Ore Geology Reviews, 29 (3/4): 307-324.

Martin H, Smithies R H, Rapp R, et al., 2005. An overview of adakite, tonalite-trondhjemite-granodiorite (TTG), and sanukitoid: relationships and some implications for crustal evolution. Lithos, 79 (1/2): 1-24.

Maruyama S, Isozaki Y, Kimura G, et al., 1997. Paleogeographic maps of the Japanese Islands: plate tectonic synthesis from 750 Ma to the present. Island Arc, 6 (1): 121-142.

McCuaig T, Kerrich R, 1998. *PTt*-deformation-fluid characteristics of lode gold deposits: evidence from alteration systematics. Ore Geology Reviews, 12 (6) : 381-453.

McDonough W F, Sun S S. 1995. The composition of the earth. Chemical Geology, 120 (3/4): 223-253.

Meen J K, 1990. Elevation of potassium content of basaltic magma by fractional crystallization: the effect of pressure. Contributions to Mineralogy and Petrology, 58: 309-331.

Meldrum S J, Aquino R S, Gonzales R I, et al., 1994. The Batu Hijau porphyry copper-gold deposit, Sumbawa Island, Indonesia. Journal of Geochemical Exploration, 50: 203-220.

Mengason M J, 2011. Metals in arc magmas: the role of Cu-rich sulfide plates. Maryland: University of Maryland.

Menzies M A, Xu Y, 1998. Geodynamics of the North China Craton//Flower M, Chung S L, Lo C H, et al. Mantle Dynamics and Plate Interaction in East Asia. Washington, D C: American Geophysical Union, 27: 155-165.

Middlemost E A K, 1985. Magma and Magmatic Rocks. London: Longman.

Middlemost E A K, 1994. Naming materials in the magma/igneous rock system. Earth Science Reviews, 37 (3/4): 215-224.

Mitchell A H G, Garson M S, 1972. Relationship of porphyry copper and circum-pacific deposits to paleo-Benioff zones. Inst Min Metall Trans, 81: 810-825.

Möller A, O'Brien P J, Kennedy A, 2003. Linking growth episodes of zircon and metamorphictextures to zircon chemistry: an example from the ultrahigh-temperature granulites of Rogaland (SW Norway) . Geological Society of London Special Publications, 220: 65-81.

Mungall J E, 2002. Roasting the mantle: slab melting and the genesis of major Au and Au-rich Cu deposits. Geology, 30: 915-918.

Muntean J L, Cline J S, Simon A C, et al., 2011. Magmatic-hydrothermal origin of Nevada's Carlin-type gold deposits. Nature Geoscience, 4 (4): 122-127.

Nier A O, 1950. A redetermination of the relative abundances of the isotopes of carbon, nitrogen, oxygen, argon, and potassium. Physical Review, 77 (6): 789-793.

Ohmoto H, Goldhaber M B, 1997. Sulfur and carbon isotopes//Barnes H L. Geochemistry of hydrothermal ore deposits. 3rd ed. New York: John Wiley and Sons: 517-611.

Oyarzun R, Marquez A, Lillo J, et al., 2001. Giant versus small porphyry copper deposits of Cenozoic age in northern Chile: adakitic versus normal calc-alkaline magmatism. Mineralium Deposita, 36: 794-798.

Pan Y M, Dong P, 1999. The Lower Changjiang (Yangzi/ Yangtze River) metallogenic belt, east central China: intrusion- and wall rock- hosted Cu- Fe- Au, Mo, Zn, Pb, Ag deposits. Ore Geology Reviews, 15 (4): 177-242.

Pasteris J D, 1996. Mount Pinatubo volcano and "negative" porphyry copper deposits. Geology, 24: 1075-1078.

Patchett P J, Kouvo O, Hedge C E, et al., 1981. Evolution of continental crust and mantle heterogeneity: evidence from Hf isotopes. Contributions to Mineralogy and Petrology, 78: 279-297.

Pearce J A, 1996. Sources and settings of granitic rock. Episodes, 19 (4): 120-125.

Pearce J A, Harris N B W, Tindle A G, 1984. Trace- element discrimination diagrams for the tectonic interpretation of granitic-rocks. Journal of Petrology, 25: 956-983.

Peccerillo A, Taylor S R, 1976. Geochemistry of Eocene calc-alkaline volcanic rocks from the Kastamonu area, northern Turkey. Contributions to Mineralogy and Petrology, 58: 63-81.

Peng B, Frei R, 2004. Nd-Sr-Pb isotopic constraints on metal andfluid sources in W-Sb-Au mineralization at Woxi and Liaojiaping (Western Hunan, China). Mineralium Deposita, 39: 313-327.

Peng G, 2012. Petrogenesis and deep processes of latemesozoic A-type granite in the Lower Yangtze region. Hefei: Hefei University of Technology.

Peterson E C, Mavrogenes J A, 2014. Linking high- grade gold mineralization to earthquake- induced fault- valve processes in the Porgera gold deposit, Papua New Guinea. Geology, 42 (5): 383-386.

Petford N, Atherton M, 1996. Na-rich partial melts from newly underplated basaltic crust: the Cordillera Blanca Batholith, Peru. Journal of Petrology, 37 (6): 1491-1521.

Phillips G N, Powell R, 2009. Formation of gold deposits: review and evaluation of the continuum model. Earth Science Reviews, 94 (1): 1-21.

Phillips G N, Powell R, 2010. Formation of gold deposits: a metamorphic devolatilization model. Journal of Metamorphic Geology, 28 (6): 689-718.

Philpotts J A, 1970. Redox estimation from a calculation of Eu^{2+} and Eu^{3+} concentration in natural phases. Earth and Planetary Scicence Letters, 9 (3): 257-268.

Qi L, Hu J, Gregoire D C, 2000. Determination of trace elements in granites by inductively coupled plasma mass spectrometry. Talanta, 51 (3): 507-513.

Qiu J T, Yu X Q, Santosh M, et al., 2013. Geochronology and magmatic oxygen fugacity of the Tongcun molybdenum deposit, northwest Zhejiang, SE China. Mineralium Deposita, 48 (5): 545-556.

Ressel M W, Henry C D, 2006. Igneous geology of the Carlin trend, Nevada: development of the Eocene plutonic complex and significance for Carlin-type gold deposits. Economic Geology, 101 (2): 347-383.

Richards J P, 2009. Postsubduction porphyry Cu- Au and epithermal Au deposits: products of remelting of subduction- modified lithosphere. Geology, 37: 247-250.

Richards J P, Kerrich R, 1993. The Porgera gold mine, Papua New Guinea: magmatic hydrothermal to epithermal evolution of an alkalic-type precious metal deposit. Economic Geology, 88: 1017-1052.

Ridley J R, Diamond L W, 2000. Fluid chemistry of orogenic lode gold deposits and implications for genetic models. Reviews in Economic Geology, 13: 141-162.

Rollinson H R, 1993. Using Eeochemical Data: Evaluation, Presentation Interpretation. Longma: Scientific and Technical Limited.

Roberts M P, Clemens J D, 1993. Origin of high-potassium, calc-alkaline, I-type granitoids. Geology, 21 (9):

825-828.

Robert P R, Xiao L, Shimizu N, 2002. Experimental constrains on the origin of potassium rich adakites in eastern China. Acta Petrologica Sinica, 18 (3): 293-302.

Rubatto D, Gebauer D, 2000. Use of cathodoluminescence for U-Pb zircon dating by IOM Microprobe: some examples from the western Alps. Cathodoluminescence in Geoscience. Heidelberg, Germany: Springer-Verlag Berlin: 373-400.

Rudnick R L, Gao S, 2003. Composition of the continental crust// Rudnick R L, Holland H D, Turekian K K. The Crust Vol. 3 Treatise on Geochemistry. Oxford: Elsevier-Pergamon: 1-64.

Rush P M, Seegers H J, 1990. Ok Tedi copper-gold deposits//Hughes F E. Geology of the Mineral Deposits of Australia and Papua New Guinea. Australian: Australian Institute of Mining and Metallurgy: 1747-1754.

Sakuyama M, Nesbitt R W, 1986. Geochemistry of the Quaternary volcanic rocks of the northeast Japan arc. Journal of Volcanology and Geothermal Research, 29: 413-450.

Seghedi I, Downes H, Pecskay Z, et al., 2001. Magmagenesis in a subduction-related post-collisional volcanic arc segment: the Ukrainian Carpathians. Lithos, 57: 237-262.

Sillitoe R H, 1972. A plate tectonic model for the origin of porphyry copper deposits. Economic Geology, 67: 184-197.

Sillitoe R H, 1997. Characteristics and controls of the largest porphyry copper-gold and epithermal gold deposits in the circum-Pacific region. Australian Journal of Earth Sciences, 44: 373-388.

Sillitoe R H, Gappe I M Jr, 1984. Phillippine porphyry copper deposits: geologic setting and characteristics. Bangkok, United Nations ESCAP, CCOP Technical Publication, 14: 89.

Smith D R, Noblett J, Wobus R A, et al., 1999. Petrology and geochemistry of late-stage intrusions of the A-type, Mid-Proterozoic Pikes Peak batholith (Central Colorado, USA): implications for petrogenetic models. Precambrian Research, 98 (3/4): 271-305.

Solomon M, 1990. Subduction, arc reversal, and the origin of porphyry copper-gold deposits in island arcs. Geology, 18 (7): 630-633.

Song G X, Qin K, Li G, et al., 2014. Mesozoic magmatism and metallogeny in the Chizhou area, Middle-Lower Yangtze Valley, SE China: constrained by petrochemistry, geochemistry and geochronology. Journal of Asian Earth Sciences, 91 (3): 137-153.

Stern C R, Kilian R, 1996. Role of the subducted slab, mantle wedge and continental crust in the generation of adakites from the Andean Austral volcanic zone. Contributions to Mineralogy and Petrology, 123 (3): 263-281.

Strauss H, 1997. The isotope composition of sedimentary sulfur through time. Palaeogeography Palaeoclimatology Palaeoecology, 132: 97-118.

Streckeisen A, 1976. To each plutonic rock its proper name. Earth Science Reviews, 12 (1): 1-33.

Su W C, Heinrich C A, Pettke T, et al., 2009. Sediment-hosted gold deposits in Guizhou, China: products of wall-rock sulfidation by deep crustal fluids. Economic Geology, 104 (1): 73-93.

Sun S S, McDonough W F, 1989. Chemical and isotopic systematics of oceanic basalts: implications for mantle composition and processes Geological Society of London Special Publications, 42 (1): 313-345.

Sun W D, Xie Z, Chen J F, et al., 2003. Os-Os dating of copper and molybdenum deposits along the Middle and Lower Reaches of the Yangtze River, China. Economic Geology, 98 (1): 175-180.

Sun W D, Arculus R J, Kamenetsky V S, et al., 2004. Release of gold-bearing fluids in convergent margin magmas prompted by magnetite crystallization. Nature, 431: 975-978.

Sun W D, Ding X, Hu Y H, et al., 2007. The golden transformation of the Cretaceous plate subduction in the west Pacific. Earth and Planetary Science Letters, 262 (3/4): 533-542.

Sun W D, Ling M X, Yang X Y, et al., 2010. Ridge subduction and porphyry copper-gold mineralization: an overview. Science China Earth Sciences, 53 (4): 475-484.

Sun W D, Zhang H, Ling M X, et al., 2011. The genetic association of adakites and Cu-Au ore deposits. International Geology Review, 53 (5/6): 691-703.

Sun W D, Ling M X, Chung S L, et al., 2012. Geochemical constraints on adakites of different origins and copper mineralization. The Journal of Geology, 120 (1): 105-120.

Sun W D, Li S H, Yang X Y, et al., 2013. Large-scale gold mineralization in eastern China induced by an Early Cretaceous clockwise change in Pacific plate motions. International Geology Review, 55 (3): 311-321.

Sun W D, Huang R F, Li H, et al., 2015. Porphyry deposits and oxidized magmas. Ore Geology Reviews, 65: 97-131.

Taylor S R, Mclennan S M, 1985. The continental crust: its composition and evolution. Oxford: Blackwell Scientific Press.

Thornton C, Tuttle O, 1960. Chemistry of igneous rocks, part 1: differentiation index. American Journal of Science, 280: 664-684.

Tomkins A G, Grundy C, 2009. Upper temperature limits of orogenic gold deposit formation: constraints from the granulite-hosted Griffin's Find deposit, Yilgarn craton. Economic Geology, 104 (5): 669-685.

Tomkins A G, Mavrogenes J A, 2001. Redistribution of gold within arsenopyrite and lollingite during pro- and retrograde metamorphism: application to timing of mineralization. Economic Geology, 96 (3): 525-534.

Tooker E W, 1990. Gold in the Bingham District, Utah. U. S. Geological Survey Bulletin, 1857E: 1-16.

Trail D, Watson E B, Tailby N D, 2012. Ce and Eu anomalies in zircon as proxies for oxidation state of magmas. Geochimica et Cosmochimica Acta, 97: 70-87.

Turner S P, Foden J D, Morrison R S, 1992. Derivation of some A-type magmas by fractionation of basaltic magma: an example from the padthaway ridge, South Australia. Lithos, 28 (2): 151-179.

Ulrich T, Gunther D, Heinrich C A. 1999. Gold concentrations of magmatic brines and the metal budget of porphyry copper deposits. Nature, 399: 676-679.

Uyeda S, Kanamori H, 1979. Back-arc opening and the mode of subduction. Journal of Geophysical Research, 84: 1040-1061.

Vervoort J D, Patchett P J, Albarède F, et al., 2000. Hf-Nd isotopic evolution of the lower crust. Earth and Planetary Scicence Letters, 181: 115-129.

Vidal P, Cocherie A, Le Fort P, 1982. Geochemical investigations of the origin of the Manaslu leucogranite (Himalaya, Nepal). Geochimica et Cosmochimica Acta, 46: 2279-2292.

Wang F Y, Ling M X, Ding X, et al., 2011. Mesozoic large magmatic events and mineralization in SE China: oblique subduction of the Pacific plate. International Geology Review, 53: 704-726.

Wang G G, Ni P, Zhu A D, et al., 2017. 1.01-0.98 Ga mafic intra-plate magmatism and related Cu-Au mineralization in the eastern Jiangnan orogeny: evidence from Liujia and Tieshajie basalts. Precambrian Research, 309: 6-21.

Wang Q, Xu J F, Zhao Z H, et al., 2003. Petrogenesis of the Mesozoic intrusive rocks in the Tongling area, Anhui Province, China and their constraint on geodynamic process. Science in China Series D-Earth Sciences, 46: 801-815.

Wang Q, Zhao Z H, Bao Z W, et al., 2004. Geochemistry and petrogenesis of the Tongshankou and Yinzu adakitic intrusive rocks and the associated porphyry copper molybdenum mineralization in Southeast Hubei, East China. Resource Geology, 54 (2): 137-152.

Wang Q, Wyman D A, Xu J F, et al., 2006. Petrogenesis of Cretaceous adakitic and shoshonitic igneous rocks in the Luzong area, Anhui Province (eastern China): implications for geodynamics and Cu-Au mineralization. Lithos, 89 (3/4): 424-446.

Wang Q, Wyman D A, Xu J F, et al., 2007. Partial melting of thickened or delaminated lower crust in the middle of eastern China: implications for Cu-Au mineralization. Journal of Geology, 115 (2): 149-161.

Wang S W, Zhou T F, Yuan F, et al., 2015. Geological and geochemical studies of the Shujiadian porphyry Cu deposit, Anhui Province, Eastern China: implications for ore genesis. Journal of Asian Earth Sciences, 103: 252-275.

Wang S W, Zhou T F, Yuan F, et al., 2016. Geochemical characteristics of the Shujiadian Cu deposit related intrusion in Tongling: petrogenesis and implications for the formation of porphyry Cu systems in the Middle-Lower Yangtze River Valley metallogenic belt, eastern China. Lithos, 252-253: 185-199.

Wang X C, Li X H, Li Z X, et al., 2012. Episodic Precambrian crust growth: evidence from U-Pb ages and Hf-O isotopes of zircon in the Nanhua Basin, central South China. Precambrian Research, 222-223: 386-403.

Watson E B, Wark D A, Thomas J B, 2006. Crystallization thermometers for zircon and rutile. Contributions to Mineralogy and Petrology, 151 (4): 413-433.

Whalen B J, Currie K L, Chappell B W, 1987. A-type granites: geochemical characteristics, discrimination and petrogenesis. Contributions to Mineralogy and Petrology, 95: 407-419.

Williams-Jones A E, Heinrich C A, 2005. Vapor transport of metals and the formation of magmatic-hydrothermal ore deposits. Economic Geology, 100: 1287-1312.

Wilson M, 1989. Igneous Petrogenesis: A Global Tectonic Approach. London: Unwin and Hyman: 1-457.

Winchester J A, Floyd P A, 1976. Geochemical magma type discriminations; application to altered and metamorphosed basic igneous rocks. Earth and Planetary Science Letters, 28: 459-469.

Wong J, Sun M, Xing G F, et al., 2009. Geochemical and zircon U-Pb and Hf isotopic study of the Baijuhuajian metaluminous A-type granite: extension at 125-100Ma and its tectonic significance for South China. Lithos, 112 (3/4): 289-305.

Wu F Y, Ji W Q, Sun D H, et al., 2012. Zircon U-Pb geochronology and Hf isotopic compositions of the Mesozoic granites in southern Anhui Province, China. Lithos, 150: 6-25.

Wu K, Ling M X, Sun W D, et al., 2017. Major transition of continental basalts in the Early Cretaceous: Implications for the destruction of the North China Craton. Chemical Geology, 470: 93-106.

Wu R X, Zheng Y F, Wu Y B, et al., 2006. Reworking of juvenile crust: element and isotope evidence from Neo-proterozoic granodiorite in South China. Precambrian Research, 146 (3/4): 179-212.

Xie G Q, Mao J W, Li R L, et al., 2008. Geochemistry and Nd-Sr isotopic studies of Late Mesozoic granitoids in the southeastern Hubei Province, Middle-Lower Yangtze River belt, Eastern China: petrogenesis and tectonic setting. Lithos, 104 (1/2/3/4): 216-230.

Xie G Q, Mao J, Zhao H J, 2011. Zircon U-Pb geochronological and Hf isotopic constraints on petrogenesis of Late Mesozoic intrusions in the southeast Hubei Province, Middle-Lower Yangtze River belt (MLYRB), East China. Lithos, 125 (1/2): 693-710.

Xie J C, Yang X Y, Sun W D, et al., 2009. Geochronological and geochemical constraints on formation of the Tongling metal deposits, middle Yangtze metallogenic belt, east-central China. International Geology Review, 51 (5): 388-421.

Xie J C, Yang X Y, Sun W D, et al., 2012. Early Cretaceous dioritic rocks in the Tongling region, eastern China: implications for the tectonic settings. Lithos, 150: 49-61.

Xu D, Deng T, Chi G, et al., 2017. Gold mineralization in the Jiangnan Orogenic Belt of South China: geological, geochemical and geochronological characteristics, ore deposit- type and geodynamic setting. Ore Geology Reviews, 88: 565-618.

Xu J F, Shinjo R, Defant M J, et al., 2002. Origin of Mesozoic adakitic intrusive rocks in the Ningzhen area of east China: partial melting of delaminated lower continental crust? Geology, 30 (12): 1111-1114.

Xu X C, Lou J W, Yin T, et al., 2009. Discuss the rock series of intrusive rocks in Tongling, Anhui Province. Acta Mineralogica Sinica, 29 (S1): 34-35.

Xu X S, Suzuki K, Liu L et al., 2010. Petrogenesis and tectonic implications of Late Mesozoic granites in the NE Yangtze Block, China: further insights from the Jiuhuashan- Qingyang complex. Geological Magazine, 147: 219-232.

Yang W, Zhang H F, 2012. Zircon geochronology and Hf isotopic composition of Mesozoic magmatic rocks from Chizhou, the Lower Yangtze Region: constraints on their relationship with Cu- Au mineralization. Lithos, 150: 37-48.

Yang X Y, Lee I S, 2011. Review of the stable isotope geochemistry of Mesozoic igneous rocks and Cu-Au deposits along the Middle- Lower Yangtze Metallogenic Belt, China. International Geology Review, 53 (5-6): 741-757.

Yang Y Z, Chen F K, Siebel W et al., 2014. Age and composition of Cu-Au related rocks from the lower Yangtze River belt: constraints on paleo-Pacific slab roll-back beneath eastern China. Lithos, 202: 331-346.

Yuan H L, Gao S, Liu X M, et al., 2004. Accurate U-Pb age and trace element determinations of zircon by laser ablation inductively coupled plasma mass spectrometry. Geostandards and Geoanalytical Research, 28 (3): 353-370.

Zartman R E, Haines S M, 1988. The plumbotectonic model for Pb isotopic systematics among major terrestrial reservoirs—A case for bi-directional transport. Geochimica et Cosmochimica Acta, 52 (6): 1327-1339.

Zhang C L, Santosh M, Zou H B, et al., 2013. The Fuchuan ophiolite in Jiangnan Orogen: geochemistry, zircon U-Pb geochronology, Hf isotope and implications for the Neoproterozoic assembly of South China. Lithos, 179: 263-274.

Zhang H, Gao S, Zhong Z, et al., 2002. Geochemical and Sr- Nd- Pb isotopic compositions of Cretaceous granitoids: constraints on tectonic framework and crustal structure of the Dabieshan ultrahigh- pressure metamorphic belt, China. Chemical Geology, 186: 281-299.

Zhang H, Zhong Z, Gao S, et al., 2004. Pb and Zn isotopic composition of the Jigongshan granite: constraints on crustal structure of Tongbaishan in the middle part of the Qinling-Tongbai-Dabie orogenic belt, Central China. Lithos, 73: 215-227.

Zhao G C, 2014. Jiangnan Orogen in South China: developing from divergent double subduction. Gondwana Research, 27 (3): 1173-1180.

Zhao G C, Cawood P A, 2012. Precambrian geology of China. Precambrian Research, 222-223: 13-54.

Zhao J H, Zhou M F, 2008. Neoproterozoic adakitic plutons in the northern margin of the Yangtze Block, China: partial melting of a thickened lower crust and implications for secular crustal evolution. Lithos, 104 (1/2/3/4): 231-248.

Zheng Y F, Wu F Y, Wu Y B, et al., 2008. Rift melting of juvenile arc-derived crust: geochemical from Neoproterozoic volcanic and granitic rocks in the Jiangnan Orogen, South China. Precambrian Research, 163 (3): 351-383.

Zhou F, Yan D P, Wang C L, et al., 2006. Subduction-related origin of the 750 Ma Xuelongbao adakitic complex (Sichuan Province, China): implications for the tectonic setting of the giant Neoproterozoic magmatic event in South China. Earth and Planetary Science Letters, 248 (1/2): 286-300.

Zhou T F, Yue S C, 2000. Forming conditions and mechanism for the fluid ore-forming system of the copper, gold deposits in the Middle and Lower Reaches of the Yangze River Area. Acta Scientiarum Naturalium Universitatis Pekinensis, 36: 697-707.

Zhou T F, Fan Y, Yuan F, et al., 2008. Geochronology of the volcanic rocks in the Lu-Zong basin and its significance. Science in China (Series D), 51 (10): 1470-1482.

Zhou X M, Li X H, 2000. Origin of Late Mesozoic igneous rocks in Southeastern China: implications for lithosphere subduction and underplating of mafic magma. Tectonophysics, 326 (3/4): 269-287.

Zhu R X, Fan H R, Li J W, et al., 2015. Decratonic gold deposits. Science China Earth Sciences, 58 (9): 1523-1537.

Zindler A, Hart S R, 1986. Chemical geodynamics. Annual Review of Earth and Planetary Sciences, 14: 753-775.

图 版

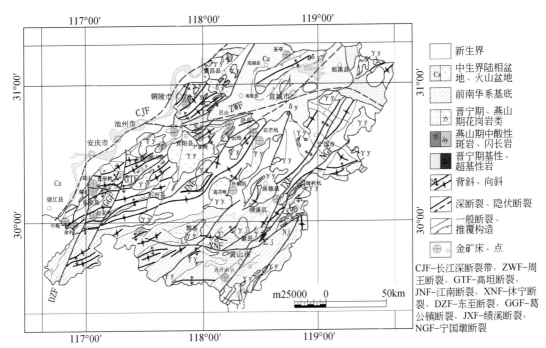

图版 I-1 安徽南部地区金矿床(点)分布及区域地质简图

图例:
- 新生界
- Cz 中生界陆相盆地、火山盆地
- 前南华系基底
- γγ 晋宁期、燕山期花岗岩类
- ηγ δy 燕山期中酸性斑岩、闪长岩
- 晋宁期基性、超基性岩
- 背斜、向斜
- 深断裂、隐伏断裂
- 一般断裂、推覆构造
- 金矿床、点

CJF-长江深断裂带,ZWF-周王断裂,GTF-高坦断裂,JNF-江南断裂,XNF-休宁断裂,DZF-东至断裂,GGF-葛公镇断裂,JXF-绩溪断裂,NGF-宁国墩断裂

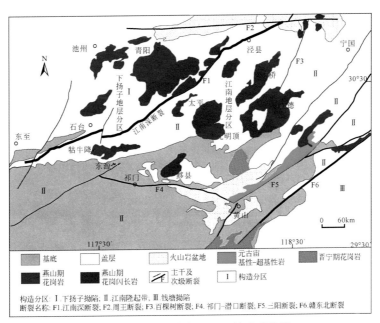

构造分区:Ⅰ.下扬子拗陷,Ⅱ.江南隆起带,Ⅲ.钱塘拗陷。
断裂名称:F1.江南深断裂,F2.周王断裂,F3.百棵树断裂,F4.祁门-潜口断裂,F5.三阳断裂,F6.赣东北断裂

图例:
- 基底
- 盖层
- 火山岩盆地
- 元古宙基性-超基性岩
- 晋宁期花岗岩
- 燕山期花岗岩
- 燕山期花岗闪长岩
- 主干及次级断裂
- Ⅰ 构造分区

图版 I-2 安徽南部地区区域地质简图

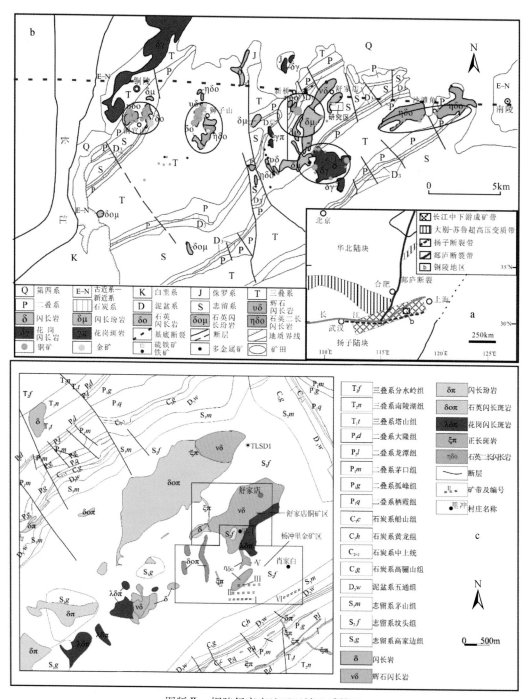

图版 Ⅱ   铜陵舒家店地区区域地质简图

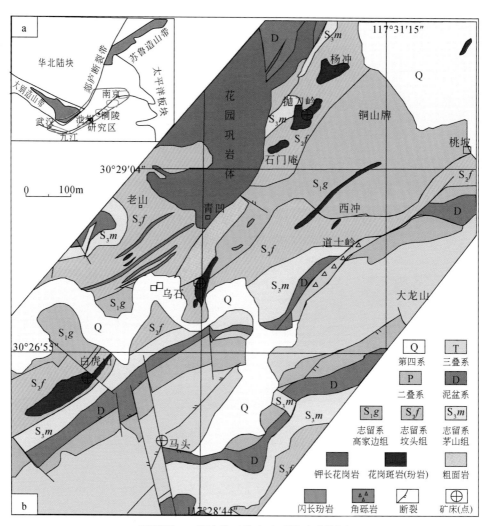

图版 IV-1　贵池抛刀岭金矿区域地质简图

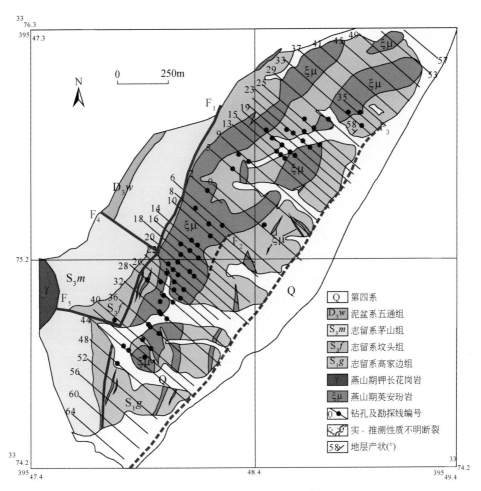

图版Ⅳ-2　贵池抛刀岭金矿区地质简图

图例：

Q	第四系
D_3w	泥盆系五通组
S_3m	志留系茅山组
S_2f	志留系坟头组
S_1g	志留系高家边组
γ	燕山期钾长花岗岩
ξμ	燕山期英安玢岩
0	钻孔及勘探线编号
	实、推测性质不明断裂
58	地层产状(°)

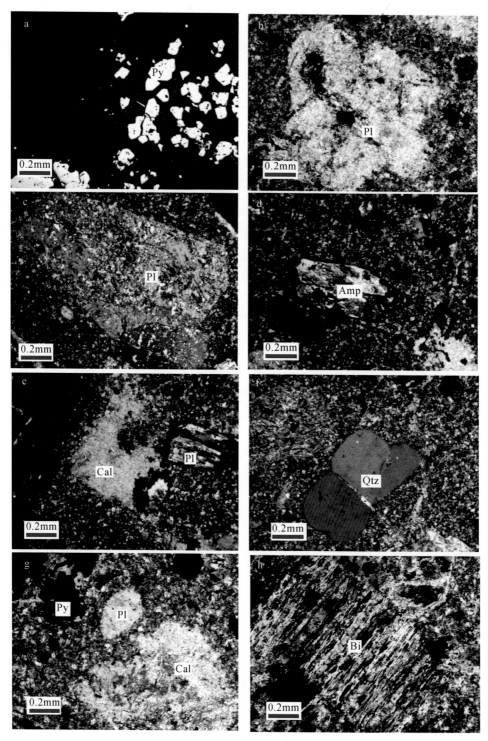

图版 V　贵池抛刀岭金矿含矿岩体镜下特征

Py. 黄铁矿；Pl. 斜长石；Amp. 角闪石；Cal. 方解石；Qtz. 石英；Bi. 黑云母

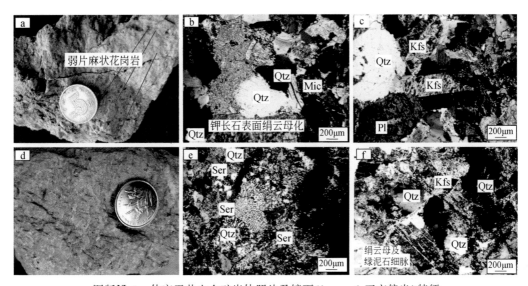

图版Ⅵ-1　休宁天井山金矿岩体照片及镜下(b、c、e、f,正交偏光)特征

a.弱片麻状花岗岩;b、c.蚀变的花岗岩(斜长石绢云母化,可见钾长石表面硅化、绢云母化);d.绢英岩化花岗斑岩;e、f.绢英岩化花岗斑岩(长石普遍硅化、绢云母化,可见绢云母细脉;石英碎裂结构,破碎的石英间绢云母化)。

Kfs.钾长石;Mic.微斜长石;Pl.斜长石;Qtz.石英;Ser.绢云母

图版Ⅵ-2　休宁天井山金矿矿石照片及光片特征

a.浸染状黄铁矿石英脉;b.黄铁矿、黄铜矿及方铅矿浸染状或细脉状分布于石英中;c.绢云母黄铁矿细脉分布于石英中;d.晚阶段石英脉穿插早阶段黄铁矿、黄铜矿化石英脉;e.含石英角砾岩;f.黄铁矿化花岗质碎裂岩;g.含明金石英脉(手标本);h.自然金浑圆状包体形式赋存在黄铁矿中(反射光);i.分布于石英裂隙中的自然金(反射光)

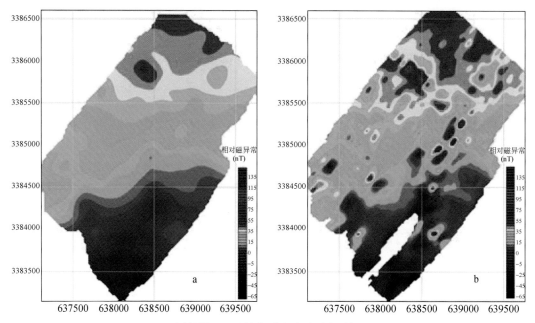

图版Ⅶ-1 泾县乌溪金矿磁异常图解

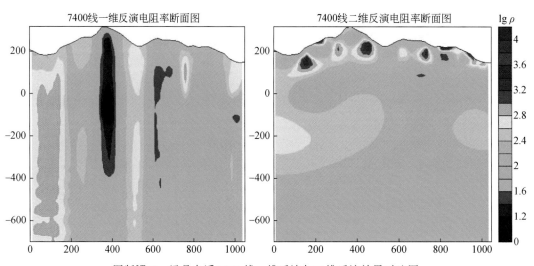

图版Ⅶ-2 泾县乌溪7400线一维反演与二维反演效果对比图

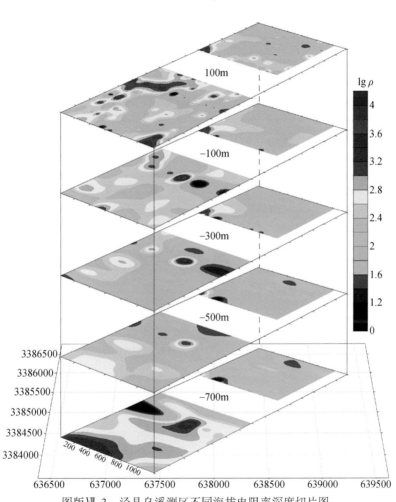

图版Ⅶ-3　泾县乌溪测区不同海拔电阻率深度切片图

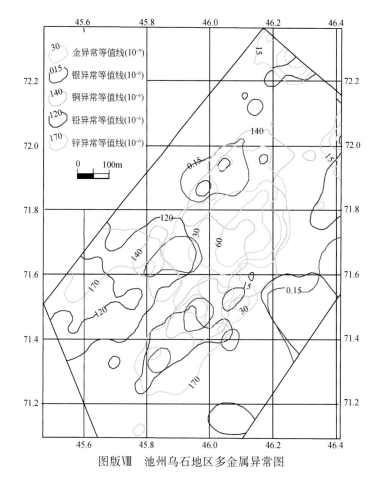

图版Ⅷ 池州乌石地区多金属异常图

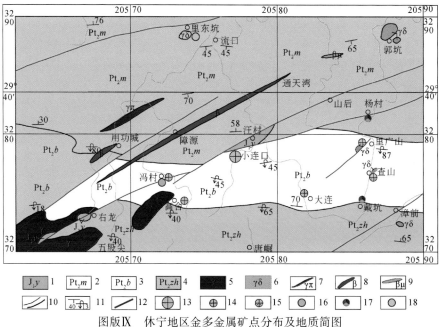

图版Ⅸ 休宁地区金多金属矿点分布及地质简图

1. 下侏罗统月潭组;2. 中元古界木坑岩组;3. 中元古界板桥岩组;4. 中元古界樟前岩组;5. 燕山早期花岗岩;6. 燕山晚期花岗闪长岩脉;7. 花岗斑岩脉;8. 玄武岩;9. 灰绿玢岩;10. 地层界线;11. 正常、倒转地层产状;12. 逆冲断层;13. 小型金矿床;14. 金矿点;15. 金锑矿点;16. 铜矿点;17. 铅锌多金属矿点;18. 钼矿点